A.E. VAN VOGT

La faune de l'espace

TRADUIT DE L'AMÉRICAIN
PAR JEAN ROSENTHAL

ÉDITIONS J'AI LU

Ce roman a paru sous le titre original :

THE VOYAGE OF THE SPACE BEAGLE

1

Zorl rôdait inlassablement. La nuit noire, sans lune et presque sans étoiles, cédait comme à regret sa place à une aube rougeâtre et désolée qui se levait à la gauche de Zorl. Pour le moment, la lumière naissante était pâle et n'annonçait aucune chaleur. Elle dévoilait, en s'étalant, un paysage de cauchemar.

Zorl se détacha, peu à peu, sur le fond des rochers noirs et déchiquetés qui hérissaient la plaine nue. Un soleil d'un rouge pâle montait à l'horizon. Des doigts de lumière s'insinuèrent dans les coins les plus sombres du paysage. Zorl ne voyait toujours aucune trace de la tribu d'êtres pourvus d'id qu'il suivait à la piste depuis près de cent jours.

Il s'arrêta enfin, glacé par cette réalité. Ses énormes membres de devant se crispèrent, et il fut traversé d'un frisson qui se communiqua jusqu'à chacune de ses griffes acérées comme des lames de rasoir. Les puissants tentacules qui partaient de ses épaules ondulèrent, eux aussi. Zorl tourna d'un côté à l'autre sa grosse tête de chat et, sur chacune de ses oreilles, les poils vibrèrent fiévreusement, happant, pour les identifier, la petite brise vagabonde, la plus infime palpitation de l'atmosphère.

Rien. Pas le moindre frémissement ne parcourait le réseau de son système nerveux. Où qu'il se tournât, aucun indice ne lui laissait espérer la proximité des receleurs d'id, sa seule nourriture sur cette planète déserte. Désespéré, Zorl s'accroupit, et sa silhouette de gigantesque chat se découpa sur le ciel rougeâtre, comme la caricature d'un tigre noir dans un monstrueux théâtre d'ombres. Ce qui le troublait, c'était qu'il eût perdu le contact. Normalement, son système sensoriel lui permettait de détecter la présence d'un organisme chargé d'id dans un rayon de plusieurs kilomètres. Donc, il n'était plus normal. Le fait qu'il n'eût pas réussi, cette nuit, à maintenir le contact, prouvait assez son état de dépression. Ainsi, c'était là la maladie mortelle dont il avait déjà entendu parler. Sept fois, au cours du siècle passé, il avait lui-même rencontré des zorls trop faibles pour faire le moindre mouvement, et dont les corps, autrement immortels, s'étaient effondrés, tout émaciés, par manque de nourriture. Chaque fois, il s'était avidement jeté sur ces corps sans défense et les avait déchiquetés pour en extraire le peu d'id qui les maintenait encore en vie.

Zorl frissonna de plaisir au souvenir de ces festins. Puis il émit un puissant grognement qui retentit dans l'air, et dont les rochers se transmirent l'un après l'autre l'écho avant de le renvoyer jusqu'à Zorl, qui en sentit les ondes courir le long de ses nerfs. C'était l'expression instinctive de sa volonté de survivre.

Brusquement, il se raidit.

Très haut au-dessus de l'horizon, il venait d'apercevoir un point scintillant. Le point se rapprochait. Il grandissait et, avec une stupéfiante rapidité, se transformait en boule métallique. La boule devint un grand vaisseau rond. Celui-ci, brillant comme de l'argent poli, passa en sifflant au-dessus de Zorl qui le vit alors ralentir. Il se profila au-dessus d'une ligne noire de collines, sur la droite, resta un moment presque immobile, puis descendit et disparut.

Zorl, un instant paralysé de stupéfaction, se secoua. Il se précipita parmi les rochers avec la rapidité d'un tigre. Ses yeux noirs et ronds brûlaient d'un désir exacerbé. Les poils vibratiles de ses oreilles, en dépit de leurs forces diminuées, lui signalaient la présence d'id en telle quantité que Zorl sentit les crampes de la faim le tenailler douloureusement.

Le soleil, rosâtre maintenant, était haut dans le ciel pourpre et noir quand Zorl parvint à un sommet et, se dissimulant derrière une masse de rochers, promena son regard sur les ruines de la cité qui s'étendait à ses pieds. Le vaisseau argenté, en dépit de sa taille, paraissait petit à côté de ces ruines étalées. Cependant, de ce vaisseau émanait une vie contenue, une tranquillité dynamique qui, très vite, lui fit prendre la première place dans le paysage. Il reposait dans un lit creusé par son propre poids dans la plaine de dure rocaille qui commençait brusquement à la sortie de la ville morte.

Zorl regarda les êtres bipèdes qui étaient sortis de la coque du vaisseau. Ils étaient rassemblés, par petits groupes, au pied d'un trottoir roulant qui reliait la porte brillamment éclairée du vaisseau au sol, à une trentaine de mètres plus bas. Il sentit sa gorge se contracter tant son besoin de s'alimenter était urgent. Son cerveau fut obscurci par l'impérieux désir de charger ces créatures minuscules qu'il voyait à ses pieds et qui émettaient des vibrations d'id.

Des lambeaux de souvenirs vinrent arrêter son élan alors qu'il n'était encore qu'électricité naissant dans ses muscles. Ces souvenirs se rapportaient au lointain passé de sa race, à des machines qui pouvaient détruire, à des énergies de beaucoup plus puissantes que celles de son corps. Ses réservoirs de force s'en trouvèrent empoisonnés. Il eut le temps de voir que les bipèdes portaient quelque chose pardessus leurs corps véritables, qu'ils étaient recouverts d'un tissu brillant et transparent sur lequel se reflétaient les rayons du soleil.

L'entendement lui vint, et il comprit la présence de ces créatures. Ceci, se prit enfin à réfléchir Zorl, est une expédition scientifique venue d'une autre planète. Les savants enquêtent, ils ne détruisent pas. Ces êtres ne cherchaient pas à le tuer s'il ne les attaquait pas. Dans leur genre, les savants étaient des imbéciles.

La faim le rendant audacieux, il s'avança à découvert. Il vit que les créatures avaient pris conscience de sa présence. Elles le regardaient. Les trois qui se trouvaient le plus près de lui reculèrent lentement et allèrent rejoindre les groupes les plus importants. L'un des bipèdes, le plus petit de son groupe, tira d'une gaine qu'il portait au côté un bâton de métal sombre et le balança nonchalamment dans une main.

Zorl ressentit une certaine inquiétude devant ce geste, mais il fit un nouveau bond en avant. Il était trop tard pour tourner le dos.

Elliott Grosvenor resta où il était, bien en arrière, à côté du tapis roulant d'embarquement. Il commençait à avoir l'habitude d'être à l'arrière-plan. Étant le seul nexialiste à bord du vaisseau interplanétaire *Le Fureteur,* il s'était vu, depuis des mois, ignoré des spécialistes ; ceux-ci, outre qu'ils ne savaient pas exactement ce qu'était un nexialiste, s'en préoccupaient fort peu. Grosvenor entendait bien remédier à cet état de choses mais, pour l'instant, l'occasion ne s'en était pas présentée.

Le communicateur de sa combinaison interplanétaire s'éveilla brusquement. Il y eut un rire d'homme et une voix dit :

— Personnellement, je ne prends pas de risques devant un monstre d'une taille pareille.

Grosvenor reconnut la voix de Gregory Kent, chef de la section des chimistes. Bien qu'il fût de petite taille, Kent avait une très forte personnalité. Il avait à bord une foule d'amis et, déjà, avait laissé entendre qu'il comptait présenter sa candidature à la direction de l'expédition lors des prochaines élections. Parmi tous ceux qui voyaient s'approcher d'eux le monstre, Kent était le seul à avoir tiré une arme, et ses doigts en tâtaient le cylindre métallique.

Une seconde voix se fit entendre, plus profonde et plus détendue que celle de Kent. Grosvenor la reconnut comme étant celle de Hal Morton, le directeur de l'expédition.

— C'est une des raisons pour lesquelles vous êtes de ce voyage, Kent, dit Morton, parce que vous ne laissez jamais rien au hasard.

Cette réflexion avait été faite sur un ton des plus amicaux. Morton négligeait, semblait-il, le fait que Kent s'était déclaré son adversaire en vue des prochaines élections. Evidemment, il était possible que ce fût là, de la part de Morton, une tactique destinée à laisser entendre aux plus naïfs de ses auditeurs que l'actuel directeur ne nourrissait pas de mauvais sentiments à l'égard de son futur rival. Grosvenor le croyait assez fin politique pour cela. Il l'avait déjà jugé comme un homme rusé, raisonnablement honnête et très intelligent, un homme qui saurait faire face à toutes les situations avec une instinctive habileté.

Grosvenor vit Morton avancer de quelques mètres et dépasser légèrement ses compagnons. Son corps puissant remplissait largement sa combinaison de métalite transparent. D'où il était, le directeur regardait s'avancer vers le groupe le monstrueux félin. Déjà son communicateur transmettait aux oreilles de Grosvenor les commentaires des autres chefs de section :

— Je n'aimerais pas du tout rencontrer ce charmant enfant la nuit au coin d'un bois.

— Ne soyez pas stupide. C'est sûrement une créature intelligente. Peut-être est-ce un membre de la race qui gouvernait cette planète.

— Son développement physique, dit une voix que Grosvenor reconnut comme étant celle de Siedel, le psychologue, suggère une adaptation animale au milieu ambiant. D'un autre côté, le fait qu'il s'avance ainsi vers nous indiquerait plutôt qu'il s'agit, non pas d'un animal, mais d'un être intelligent qui a conscience d'avoir affaire à des êtres intelligents. Vous remarquerez la raideur de ses mouvements : elle prouve qu'il est prudent et qu'il a compris que nous avions des armes. J'aimerais pouvoir examiner de près l'extrémité de ces tentacules des épaules. S'ils s'amincissent pour se terminer en appendices en forme de mains ou de ventouses, nous aurons un commencement de preuve que nous voyons ici un descendant des habitants de cette ville.

Il se tut, puis conclut :

— Evidemment, nous serions beaucoup plus avancés si nous pouvions communiquer avec lui. Mais, à première vue, je croirais plutôt qu'il est d'une espèce dégénérée et retournée au stade primitif.

A trois mètres environ des êtres les plus proches, Zorl s'arrêta. Il se sentait sur le point d'être submergé par son besoin d'id. Son cerveau affolé roulait irrésistiblement vers le chaos et il dut faire un effort terrible pour se maîtriser. Il avait la sensation que tout son corps baignait dans un liquide visqueux. Sa vue se brouillait.

La plupart des hommes se rapprochèrent de Zorl. Celui-ci les vit l'examiner franchement et avec une extrême curiosité. Leurs lèvres remuaient à l'intérieur de leurs casques transparents. Leur forme d'intercommunication — car c'était cela probablement qu'il sentait — lui parvenait sur une fréquence qu'il était très capable de recevoir. Les messages qu'ils se transmettaient de l'un à l'autre n'avaient aucune signification. Dans un effort pour paraître aimable, Zorl transmit son nom par les poils vibratiles de ses oreilles tandis qu'il se désignait lui-même d'un de ses tentacules incurvés.

Une voix que Grosvenor ne reconnut pas s'exclama :

— Dites donc, Morton, j'ai eu des sortes de parasites sur mon récepteur au moment où il a remué les oreilles. Est-ce que vous croyez que...

— C'est possible, répondit le chef avant même que l'autre eût achevé sa question. En ce cas, c'est de votre ressort, Gourlay. S'il parle par radio, nous pourrions peut-être mettre au point un code qui nous permettra de communiquer avec lui.

C'était donc Gourlay, chef des communications, qui venait de parler. Grosvenor était content. Grâce à l'apparition du monstre, il allait peut-être enfin pouvoir enregistrer les voix de tous les membres importants de l'expédition. Il avait essayé d'y parvenir depuis le départ.

— Ah ! dit Siedel, le psychologue, les tentacules se terminent en ventouses. Donc, en admettant que le système nerveux soit suffisamment complexe, cette créature doit être capable, après un entraînement préalable, de faire fonctionner n'importe quelle machine.

— Je crois qu'il est temps que nous rentrions déjeuner, dit Morton. Nous aurons du pain sur la planche après cela. J'aimerais que l'on me fît une étude détaillée du développement scientifique de cette race et, en particulier, j'aimerais savoir ce qui a causé sa perte. Sur terre, à l'époque reculée qui a précédé la civilisation galactique, les cultures se succédaient, chacune atteignant son apogée puis s'écroulant pour céder la place à la suivante. Et il y avait toujours une civilisation nouvelle pour remplacer l'autre. Pourquoi n'en a-t-il pas été de même ici ? Que chaque section enquête dans le domaine qui lui est propre.

— Et minet ? demanda quelqu'un. Je suis sûr qu'il a envie de venir avec nous.

Morton pouffa puis, reprenant son sérieux, dit :

— Si seulement nous pouvions le faire monter

là-dedans avec nous, sans avoir à employer la force ? Qu'en pensez-vous, Kent ?

Le petit chimiste secoua la tête d'un air décidé :

— L'atmosphère qui nous entoure contient plus de chlore que d'oxygène, et, en fait, très peu des deux. Je crois que ses poumons ne résisteraient pas à notre oxygène.

Mais le félin, Grosvenor s'en rendit très vite compte, n'avait pas réfléchi à ce danger. Déjà il avait gravi la planche d'embarquement derrière les deux premiers hommes et, à leur suite, franchissait la porte.

Les deux hommes se retournèrent et regardèrent Morton qui leur fit un petit signe de la main et dit :

— Ouvrez la seconde porte et laissez-le prendre une bouffée d'oxygène. Cela lui donnera une leçon.

Un instant plus tard, le directeur, stupéfait, s'exclamait :

— Ça alors, je n'en reviens pas ! Il ne s'est même pas aperçu de la différence ! Autrement dit, il n'a pas de poumons ou alors, ses poumons ne se nourrissent pas de chlore. Mais bien sûr qu'il faut le laisser entrer ! Smith, voilà un trésor pour un biologiste... Tout à fait inoffensif si nous savons nous montrer prudents. Quel métabolisme !

Smith était un grand garçon osseux, au visage lugubre. Sa voix, dont la puissance étonnait dans un corps plutôt frêle, résonna dans le communicateur de Grosvenor.

— Au cours des diverses expéditions auxquelles j'ai pris part, je n'ai observé que deux formes de vie supérieures. Celles qui dépensent du chlore et celles qui dépensent de l'oxygène... c'est-à-dire des deux éléments qui supportent la combustion. J'ai vaguement entendu parler de créatures vivant dans du fluor, mais je n'en ai jamais vu d'exemple moi-même. Je crois que j'irais jusqu'à parier ma réputation qu'aucun organisme complexe ne peut s'adapter à l'inspiration simultanée des deux gaz. Morton, il faut faire l'impossible pour que cette créature ne nous file pas entre les pattes.

Morton éclata de rire, puis dit d'un ton grave :

— Il n'a nullement l'air d'avoir envie de partir.

Le directeur avait à son tour gravi la planche d'embarquement. Maintenant, il entrait dans le sas avec Zorl et les deux hommes. Grosvenor se précipita, mais seulement une douzaine d'hommes pénétrèrent avec lui dans le vaste espace. La grande porte se referma et l'air commença d'arriver avec un sifflement. Chacun se tenait à distance respectueuse du monstre. Grosvenor observait l'animal qui sentait grandir en lui une sourde inquiétude. Plusieurs pensées lui traversèrent la tête. Il aurait aimé pouvoir les communiquer à Morton. Il aurait dû pouvoir le faire. Dans ces vaisseaux d'expéditions les chefs de section avaient, en général, la possibilité de communiquer facilement avec le chef. En tant que chef de la section nexialiste — et bien qu'il en fût l'unique membre — Grosvenor aurait dû, lui aussi, bénéficier de cette facilité de communication avec Morton, à l'égal des autres chefs de sections. Mais au lieu d'un appareil émetteur, il n'avait, sur sa combinaison, qu'un récepteur général. Celui-ci lui permettait d'entendre les autres travailler. S'il désirait s'adresser à l'un de ses compagnons, ou encore s'il se trouvait en danger, il avait la possibilité de lancer un appel qui lui ouvrait un circuit au standard central.

Grosvenor ne discutait pas la valeur générale de ce système. Il y avait près de mille hommes à bord et il était évident qu'on ne pouvait pas permettre à tous de parler à Morton chaque fois que l'envie leur en prenait.

La porte intérieure du sas venait de s'ouvrir. Grosvenor se fraya un chemin vers la sortie avec les autres. Quelques instants plus tard, ils se trouvaient tous devant une série d'ascenseurs menant aux pièces d'habitation. Il y eut une brève discussion entre Morton et Smith. Finalement, le premier dit :

— Nous le ferons monter tout seul, s'il veut.

Zorl se prêta à l'opération sans aucune difficulté jusqu'au moment où il entendit la porte de l'ascenseur claquer derrière lui et où la cage se mit à monter. À ce moment, il se retourna et poussa un grognement. Instantanément, sa raison sombra dans le chaos. Il se précipita sur la porte. Le métal plia sous son poids et la douleur le rendit furieux. Il n'était plus maintenant qu'un animal pris au piège. Il se lança sur le métal, toutes griffes dehors. De ses forts tentacules, il arracha les panneaux soudés. Toute la machine crissa en signe de protestation. La cage, poussée par la force magnétique, continua à monter par soubresauts, en dépit des débris métalliques qui allaient s'écraser contre les murs extérieurs. Finalement, l'ascenseur parvint à destination et s'arrêta. Zorl arracha ce qui restait de la porte et fonça dans le couloir. Là il attendit que les hommes fussent montés, avec leurs armes à la main.

— Nous sommes stupides, dit Morton. Nous aurions dû lui montrer comment marchait l'ascenseur. Il doit croire que nous lui avons tendu un piège.

Il fit signe au monstre. Grosvenor vit l'éclat sauvage disparaître dans les yeux noirs de l'animal tandis que Morton allait ouvrir et fermer plusieurs fois la porte de l'ascenseur le plus proche. Ce fut Zorl lui-même qui mit fin à la leçon. Il s'en alla dans une grande pièce qui donnait sur le couloir.

Il s'allongea sur le tapis et lutta pour maîtriser la tension électrique dans ses muscles et dans ses nerfs. Il était furieux d'avoir montré qu'il avait peur. Il lui semblait avoir perdu, de ce fait, l'avantage qu'il y aurait eu à paraître un individu doux et placide. Il avait dû les surprendre et les inquiéter par cette exhibition de sa force.

Ainsi la tâche qu'il s'était fixée s'en trouvait rendue plus dangereuse encore : il voulait s'emparer de ce vaisseau. Sur la planète d'où venaient ces êtres, il devait y avoir de l'id en quantité illimitée.

2

Sans manifester la moindre émotion, Zorl regarda deux des hommes déblayer l'entrée de l'immense porte métallique d'un ancien bâtiment. Les êtres humains avaient déjeuné, puis, après avoir rendossé leurs combinaisons, s'étaient dispersés, individuellement ou par groupes, dans la ville morte. De quelque côté qu'il tournât son regard, Zorl apercevait des hommes occupés, supposait-il, à des recherches scientifiques.

Pour lui, il ne s'intéressait qu'à une chose : la nourriture. Tout son corps lui faisait mal tant ses cellules avaient besoin d'id. La faim lui tordait les muscles, il brûlait du désir de s'élancer derrière ceux des hommes qui s'étaient le plus enfoncés dans la ville. L'un d'eux était parti seul.

Durant leur déjeuner, les êtres humains lui avaient offert divers échantillons de leur nourriture, tous sans aucun intérêt pour lui. Ils ne semblaient pas se rendre compte que ce qu'il lui fallait c'étaient des créatures vivantes. L'id n'était pas seulement une substance, mais la configuration d'une substance que seuls pouvaient fournir des tissus encore palpitants du flux vital.

Les minutes passèrent. Zorl se contenait toujours. Il continuait à tout observer, tout en sachant que les hommes avaient conscience qu'il les observait. Il les vit amener une machine métallique jusqu'à la masse rocheuse qui bloquait la grande porte du bâtiment. Il ne perdait pas un de leurs mouvements. Malgré les frissons qui le parcouraient, il nota exactement comment fonctionnait la machine, et le mécanisme lui en parut fort simple.

Il savait très bien ce à quoi il fallait s'attendre quand le jet incandescent commença à mordre le roc. Malgré cela, il eut un grand soubresaut et grogna pour leur montrer qu'il avait peur.

Grosvenor, installé sur un petit aéronef patrouilleur, regardait Zorl. Il s'était donné à lui-même pour mission de noter toutes les réactions du monstre. Il n'avait rien d'autre à faire. Personne, à bord du *Fureteur,* ne semblait se soucier d'utiliser la science de l'unique nexialiste de l'expédition.

Bientôt, la grande porte fut entièrement dégagée. Morton s'approcha, suivi d'un autre savant. Tous deux passèrent la porte et disparurent à l'intérieur du bâtiment. Peu après, Grosvenor les entendit dans son communicateur. L'homme qui accompagnait Morton parla le premier :

— C'est une hécatombe. Il a dû y avoir une guerre. Il est facile de comprendre le fonctionnement de toutes ces machines. Elles sont du type secondaire. Ce que j'aimerais bien savoir, c'est comment elles étaient contrôlées et à quoi elles servaient ?

— Je ne vois pas très bien ce que vous voulez dire, fit Morton.

— C'est très simple, dit l'autre. Pour l'instant, je n'ai vu ici que des outils. Presque chaque machine, qu'elle soit arme ou outil, est munie d'un transformateur qui lui permet d'emmagasiner de l'énergie, d'en modifier la forme, puis de l'utiliser. Mais où sont les sources de l'énergie, les usines ? J'espère que nous trouverons la clef du problème dans les bibliothèques. Qu'a-t-il pu se passer pour que toute cette civilisation se soit ainsi écroulée ?

Une autre voix se fit entendre dans le communicateur :

— Ici Siedel. J'ai entendu votre question, monsieur Pennons. Il peut y avoir deux raisons à ce qu'un territoire soit vidé de ses occupants : l'un, c'est le manque de nourriture et l'autre, la guerre.

Grosvenor se réjouit d'avoir pu, par l'intermédiaire de Siedel, identifier le compagnon du directeur. Ainsi, il ajoutait une voix à sa collection. Pennons était le chef mécanicien du vaisseau principal.

— Peut-être, ami psychologue, dit Pennons, mais leur science aurait dû leur permettre de résoudre leurs problèmes de ravitaillement, de les résoudre en tout cas pour une petite population. Et sinon, pourquoi n'ont-ils pas cherché à explorer l'espace et à aller chercher leur nourriture ailleurs ?

— Demandez cela à Gunlie Lester. (C'était la voix de Morton). Je l'ai entendu exposer toute une théorie sur ce sujet avant notre atterrissage.

L'astronome répondit tout de suite :

— Il me reste encore à vérifier toutes les données. Mais un fait, vous l'admettrez avec moi, est significatif par lui-même. Cette planète désolée est la seule qui tourne autour de ce misérable soleil. Il n'y a rien d'autre. Pas de lune. Pas même un astéroïde. Et le système stellaire le plus proche est à neuf cents années-lumière d'ici. Ainsi donc, la race gouvernant ce monde se serait trouvée obligée de résoudre, d'un seul coup, non seulement le problème du voyage interplanétaire, mais celui, combien plus épineux, du voyage interstellaire. Voyez, pour vous faire une idée de la tâche qui se présentait à eux, comment nous-mêmes avons procédé. D'abord, nous avons atteint la Lune. Puis les planètes. De succès en succès, et au bout de longues années, nous avons accompli le premier long voyage jusqu'à une étoile proche. Et enfin, l'homme a inventé la gravitation artificielle qui a permis le voyage galactique. En réfléchissant à tout ceci, je suis parvenu à la conclusion qu'aucune race n'est en mesure d'inventer le voyage interstellaire sans expérience préalable.

D'autres commentaires s'ensuivirent, mais Grosvenor ne les écouta pas. Son regard venait de se reporter à l'endroit où, pour la dernière fois, il avait vu le gros chat. Celui-ci avait disparu. Grosvenor jura intérieurement de s'être ainsi laissé distraire. Rapidement, il survola toute la zone dans son petit appareil. Mais ses recherches furent vaines car il avait sous les yeux trop de ruines, trop de bâtiments, trop de déblais. Partout, des obstacles lui barraient la vue. Il atterrit et questionna plusieurs techniciens en plein travail. La plupart se souvenaient avoir vu le chat « il y a vingt minutes environ ». Peu satisfait de ces réponses, Grosvenor remonta dans son appareil et repartit dans le ciel de la ville.

Quelques instants plus tôt, Zorl s'était mis en mouvement et il avançait en se cachant chaque fois qu'il le pouvait. Il filait de groupe en groupe, véritable dynamo d'énergie nerveuse, hypersensible et malade de faim. Une petite voiture approcha, s'arrêta devant lui et un appareil formidable et vrombissant prit une photo de lui. Une immense perforeuse se mit en mouvement sur une langue de rocher. Toutes ces images se brouillaient dans le cerveau à demi attentif de Zorl. Tout son corps douloureux le poussait à la poursuite de l'homme qui s'était enfoncé seul dans la ville.

Soudain, il ne put plus le supporter. Une écume verte lui monta à la bouche. Personne, lui sembla-t-il, ne le regardait. Il bondit derrière un remblai de pierrailles et se mit à courir pour de bon. Il avançait par grands bonds souples. Il avait tout oublié, à l'exception de son but. Il suivit des rues désertes, prit des raccourcis à travers des trous dans des murailles et de longs corridors d'immeubles tombant en poussière. Puis il ralentit et s'accroupit car ses oreilles venaient de recueillir des vibrations d'id.

Il s'arrêta et regarda à travers une trouée dans

la pierre. Un être bipède, posté devant ce qui avait dû être une fenêtre, dirigeait les rayons de sa lampe électrique vers l'intérieur sombre. La lampe s'éteignit. L'homme, qui était râblé et d'aspect puissant, s'éloigna vivement en tournant plusieurs fois la tête d'un côté et de l'autre. Cette vivacité ne dit rien de bon à Zorl. Elle signifiait que devant le danger cet individu réagissait avec la promptitude de l'éclair. Elle présageait des difficultés.

Zorl attendit que l'homme eût disparu à un tournant puis sortit à découvert et marcha, plus vite qu'aucun homme n'eût pu le faire. Son plan était net. Comme une apparition, il se glissa dans une rue adjacente et passa devant un bloc d'immeubles. Il tourna à toute allure le premier coin, franchit d'un bond un espace découvert puis, ventre à terre, avança dans la pénombre entre l'immeuble et un immense tas de débris. La rue qui s'étendait devant lui était bordée des deux côtés d'un amas ininterrompu de rocaille. Elle se terminait en un étroit passage débouchant juste sous les pieds de Zorl.

Mais il s'était, au dernier moment, trop précipité. A l'instant même où l'homme passait en bas, Zorl vit avec effroi un petit tas de pierres se détacher de l'endroit où il était accroupi et dévaler la muraille. L'homme leva immédiatement la tête. Son visage changea, tous ses traits se tordirent. Il saisit son arme.

Zorl avança l'épaule et assena un unique coup sur le casque de la combinaison interplanétaire. Il y eut un bruit de métal déchiré et le sang jaillit. L'homme se plia en deux, comme s'il venait d'être télescopé. Pendant un moment, ses os et ses muscles réussirent encore miraculeusement à le maintenir debout. Puis il s'effondra et l'on entendit s'entrechoquer les pièces métalliques de sa combinaison.

Zorl fonça sur sa victime avec un mouvement convulsif. Déjà, il produisait un champ afin d'éviter que l'id ne s'épandît dans le sang. Sans perdre un instant, il écrasa le métal et le corps qui était dedans. Des os craquèrent. La chair se répandit. Zorl plongea son museau dans le corps chaud et les minuscules coupes aspirantes attirèrent à elles tout l'id des cellules. Il était depuis trois minutes plongé avec extase dans sa tâche quand une ombre passa devant ses yeux. Il leva la tête et aperçut un petit appareil qui approchait de la direction du soleil couchant. Un instant, Zorl fut pétrifié de terreur, mais il se reprit et alla s'abriter derrière un grand tas de débris.

Quand il leva à nouveau les yeux, le petit appareil s'éloignait paresseusement vers la gauche. Mais Zorl vit qu'il tournait en rond et qu'il risquait de revenir bientôt vers lui. Rendu presque fou furieux d'avoir dû interrompre son repas, Zorl n'en délaissa pas moins sa proie et retourna vers le vaisseau interplanétaire. Il courut comme un animal fuyant le danger et ne ralentit qu'en voyant le premier groupe de travailleurs. Prudemment, il s'approcha. Tous étaient occupés et il put les dépasser sans être vu.

Grosvenor était las de chercher Zorl. Cette ville était trop grande. Elle contenait encore plus de ruines et d'abris possibles qu'il ne l'avait cru tout d'abord. Finalement, il se résigna à regagner le vaisseau. Il fut considérablement soulagé quand il aperçut le monstre qui prenait paresseusement un bain de soleil sur un rocher plat. Il arrêta son appareil à distance respectueuse et reprit son observation. Il n'avait pas bougé lorsque, vingt minutes plus tard, lui parvint par le communicateur la nouvelle qu'un groupe d'hommes qui exploraient la ville étaient tombés sur le corps déchiqueté du Dr Jarvey, de la section des chimistes.

Grosvenor nota le lieu exact du drame et s'y rendit immédiatement. Presque tout de suite, il découvrit que Morton, lui, n'avait pas l'intention d'aller voir le corps. Le directeur ordonna, en effet, d'une voix solennelle :

— Amenez-moi les restes à bord.

Les amis de Jarvey étaient là, graves et tendus.

Au spectacle des chairs en lambeaux et des débris de métal sanguinolents, Grosvenor sentit sa gorge se serrer. Il entendit Kent s'exclamer :

— Il a fallu qu'il parte tout seul, le triple idiot !

La voix du chimiste en chef était mal assurée. Grosvenor se souvint avoir entendu dire que Kent et son principal assistant, Jarvey, étaient grands amis. Quelqu'un avait dû parler sur la bande d'ondes réservée aux chimistes, car Kent dit :

— Oui, il faut faire une autopsie.

Ces mots rappelèrent à Grosvenor qu'il manquerait le principal de la conversation s'il ne pouvait pas se brancher sur le même secteur. Il se hâta de toucher à l'épaule l'homme le plus proche et lui dit :

— Est-ce que cela vous ennuierait que j'écoute les chimistes par votre intermédiaire ?

— Allez-y.

Grosvenor garda ses doigts légèrement appuyés sur le bras de l'autre. Il entendit quelqu'un dire d'un ton frémissant :

— Ce qu'il y a de terrible, c'est qu'on dirait un meurtre sans motif. Le corps est réduit en compote, mais il semble que rien n'y manque.

Smith, le biologiste, se mêla à la conversation sur la longueur d'onde principale. Son long visage avait une expression plus lugubre que jamais.

— Qui nous dit que le tueur n'a pas attaqué Jarvey avec l'intention de le dévorer et n'a pas découvert ensuite que sa chair était immangeable ? Rappelez-vous notre gros chat. Il n'a touché à rien de ce que nous lui avons présenté... (Il réfléchit un moment puis poursuivit, lentement :) Mais, à propos, cette créature est bien assez grande et assez forte pour avoir fait ce travail de ses propres petites pattes.

Morton, qui avait dû écouter la conversation, l'interrompit :

— C'est une pensée qui a probablement déjà traversé l'esprit de beaucoup d'entre nous. Après tout, ce monstre est la seule chose vivante que nous ayons vue ici. Néanmoins, nous ne pouvons pas l'exécuter sur de simples soupçons.

— Qui plus est, dit quelqu'un, je ne l'ai pas perdu de vue un instant.

Avant que Grosvenor ait pu intervenir, la voix de Siedel, le psychologue, se fit entendre sur la longueur d'onde principale :

— Morton, j'ai communiqué par le toucher avec un certain nombre de nos hommes. Au premier abord, tous sont certains de ne pas avoir perdu le monstre en vue. Mais, en y réfléchissant un peu, tous reconnaissent qu'il a peut-être pu s'éloigner quelques minutes. Moi-même, j'avais aussi l'impression que notre animal était tout le temps resté dans les parages. Mais, maintenant que j'y repense, je découvre des trous. Il y a eu des moments, probablement de longues minutes, pendant lesquelles personne ne l'a vu.

Grosvenor soupira, décidé maintenant à garder le silence. Quelqu'un avait parlé à sa place et dit ce qu'il voulait dire.

Ce fut Kent qui parla ensuite.

— A mon avis, dit-il d'un ton farouche, nous n'avons pas à prendre de risques. Tuez cette brute, fût-ce sur de simples soupçons, avant qu'elle fasse de nouveaux dégâts.

— Korita, dit Morton, êtes-vous là ?

— Je suis ici, chef.

— Korita, vous vous êtes promené un peu partout avec Cranessy et Van Horne. Croyez-vous que ce chat soit un descendant de la race dominante de cette planète ?

Grosvenor regarda autour de lui et vit l'archéologue qui se tenait légèrement derrière Smith ; il était entouré de collègues de sa section.

Le grand Japonais dit lentement, d'un ton presque respectueux :

— Chef, nous nous trouvons ici en présence d'un mystère. Regardez tous la majesté de ces lignes. Remarquez le gabarit des monuments. En dépit de la mégalopole qu'ils ont créée, ces gens étaient près du sol. Ces bâtiments ne sont pas simplement décorés. Ils sont décoratifs en eux-mêmes. Voici l'équivalent de la colonne dorique, de la pyramide égyptienne et de la cathédrale gothique montant tout droit du sol, graves et portant en eux-mêmes leur message. Si ce monde perdu et désert peut être regardé comme une terre mère, c'est que le sol occupait une place dans le cœur de ses habitants. Les rues sinueuses accentuent encore cette impression. Leurs machines prouvent que ces êtres étaient mathématiciens, mais qu'ils étaient avant tout des artistes. Aussi n'ont-ils pas créé de villes tracées au cordeau comme notre capitale ultra-sophistiquée. Il y a un pur abandon d'artiste, une émotion profonde et joyeuse inscrits dans la courbure et les proportions irrationnelles des maisons, des édifices et des avenues ; une impression d'intensité, de divine croyance en une certitude intérieure. Ce n'est pas une civilisation décadente, blanchie par l'âge, mais une culture jeune et vigoureuse, pleine d'assurance et de foi dans l'avenir. Et puis elle s'est arrêtée brusquement, comme si elle aussi avait connu sa bataille de Poitiers et commencé à s'effondrer comme l'ancienne civilisation musulmane. Ou comme si, d'un bond, elle avait sauté des siècles de lente adaptation pour en arriver à la période des luttes entre Etats.

« On ne trouve pourtant dans l'univers nulle trace d'une culture qui ait fait un saut aussi brusque. C'est un processus qui est toujours lent. Et la première étape est une impitoyable mise en question de tout ce que l'on tenait jusque-là pour sacré. Les certitudes intérieures cessent d'exister. Les convictions jadis incontestées s'effritent devant les audacieux sondages des esprits analytiques et scientifiques. Le sceptique devient le plus haut type humain. J'affirme que cette culture a eu une fin brusque alors qu'elle était à son apogée. Une telle catastrophe aurait pour conséquences, sur le plan sociologique, une chute de la moralité et un retour à la criminalité bestiale que ne tempérerait plus le culte d'un idéal. Elle entraînerait également une totale indifférence devant la mort. Si cet être... si minet est un descendant de cette race, c'est sans doute alors une créature rusée, furtive, un meurtrier sans scrupules qui trancherait la gorge de son propre frère s'il y trouvait un bénéfice.

— Cela suffit.

C'était Kent et sa voix sèche.

— Chef, je me porte volontaire pour le rôle de bourreau.

Mais Smith intervint vivement :

— Je proteste. Ecoutez, Morton, vous n'allez pas faire tuer ce chat tout de suite, même s'il est coupable. C'est une mine pour la biologie.

Kent et Smith se regardaient avec colère. Ce dernier dit d'un ton posé :

— Mon cher Kent, je sais bien que vous autres chimistes n'aimeriez rien tant que répartir la chair et le sang de minet dans des cornues et en extirper des composés chimiques. Mais j'ai le regret de vous informer que vous allez un peu trop vite en besogne. Nous autres biologistes, nous travaillons sur la matière vivante, et non morte. De plus, j'ai le sentiment que les physiciens, eux aussi, aimeraient jeter un coup d'œil sur notre monstre tant qu'il est encore en vie. Ainsi donc, vous vous trouvez le dernier sur la liste. Faites-vous à cette idée, je vous en prie. Vous aurez peut-être votre proie dans un an d'ici, mais pas avant.

Kent répondit d'une voix contenue :

— Je ne me plaçais pas au point de vue scientifique.

— C'est pourtant ce que vous auriez dû faire, maintenant que Jarvey est mort et qu'on ne peut plus rien pour lui.

— Je suis homme avant d'être savant, répliqua Kent, furieux.

— Et, pour des raisons sentimentales, vous accepteriez de détruire un précieux spécimen scientifique ?

— Je détruirais cette créature parce qu'elle constitue un danger inconnu. Nous ne pouvons pas courir le risque qu'elle fasse une nouvelle victime.

Ce fut Morton qui mit fin à la discussion. Il dit d'un ton pensif :

— Korita, je crois que je vais accepter votre théorie comme hypothèse de travail. Mais une question encore. Est-il possible que cette civilisation dont vous parlez soit venue sur cette planète plus tard que la nôtre dans le cadre du système galactique que nous avons colonisé ?

— C'est très possible, dit Korita. Il peut s'agir du milieu de la dixième civilisation de ce monde ; alors que la nôtre, pour autant que nous ayons pu l'établir, est la huitième civilisation de la Terre. Chacune des dix civilisations de cette planète aurait, naturellement, été bâtie sur les ruines de la précédente.

— En ce cas, minet n'aurait aucune conscience de ce scepticisme qui nous a fait le soupçonner d'être un meurtrier ?

— Absolument aucune.

Le rire désabusé de Morton se fit entendre dans le communicateur.

— Vos vœux vont être exaucés, Smith, dit-il. Minet vivra. Et s'il y a encore des accidents, maintenant que nous le connaissons, ils seront dus à la négligence. Il se peut, naturellement, que nous nous trompions. Tout comme Siedel, j'ai l'impression que cette créature ne s'est jamais éloignée d'ici. Il se peut que nous soyons parfaitement injustes à son égard et qu'il y ait d'autres créatures, dangereuses, sur cette planète...

« Kent, reprit-il soudain après un silence, quels sont vos plans en ce qui concerne le corps de Jarvey ?

Le chimiste répondit d'un ton amer :

— Nous n'allons pas l'enterrer tout de suite. Ce maudit chat cherchait quelque chose dans le corps de Jarvey. Celui-ci semble entier, mais il doit y manquer quelque chose. J'en aurai le cœur net et alors, je vous démontrerai que ce monstre est coupable sans l'ombre d'un doute.

3

Revenu à bord, Elliott Grosvenor se dirigea vers sa propre section. Sur la porte, on lisait : NEXIALISME. Derrière il y avait cinq pièces couvrant en tout une surface de douze mètres sur vingt-quatre. Là se trouvaient installés la plupart des machines et des instruments que l'Institut nexialiste avait demandé au gouvernement. L'espace libre s'en trouvait assez réduit. Une fois franchie la porte extérieure, Grosvenor se trouva seul.

Il s'assit devant son bureau et commença à rédiger son rapport pour Morton. Il analysa tout d'abord la structure physique du félin qu'ils avaient découvert sur cette planète froide et déserte. Il fit remarquer qu'un monstre à ce point viril ne devait pas être considéré simplement comme un trésor biologique. Il ne fallait pas oublier, en effet, que ce monstre devait avoir ses instincts et ses besoins propres, basés sur un métabolisme non humain. « Nous possédons dès maintenant suffisamment d'éléments, dicta-t-il dans l'appareil enregistreur, pour pouvoir faire ce que les nexialistes appellent un mémoire avec recommandations. »

Il lui fallut plusieurs heures pour achever ce mémoire. Dès qu'il eut terminé, il emmena la bobine de fil chez les sténographes et demanda une transcription immédiate. Etant chef de section, il l'obtint très vite. Deux heures plus tard, il remettait son rapport au bureau de Morton. Un second secrétaire lui en donna un reçu. Convaincu qu'il avait fait tout ce qui était en son pouvoir, Grosvenor alla prendre un dîner tardif au réfectoire. Il demanda au serveur où se trouvait le chat. L'autre ne sut pas lui répondre avec certitude ; il croyait toutefois que le monstre était dans la grande bibliothèque.

Grosvenor passa une heure dans la bibliothèque à observer Zorl. Pendant tout ce temps, le monstre resta allongé sur l'épais tapis, parfaitement immobile. A la fin de cette heure, l'une des portes s'ouvrit, livrant passage à deux hommes qui portaient une grande coupe ; tout de suite derrière eux venait Kent. Le chimiste avait le regard fiévreux. Il s'arrêta au milieu de la pièce et d'une voix lasse mais résolue déclara :

— Je veux que vous regardiez tout ce qui va se passer !

Bien qu'il eût parlé à toutes les personnes présentes dans la bibliothèque, Kent s'était tourné tout spécialement vers un groupe de savants qui se tenaient dans un coin de la pièce. Grosvenor se leva pour examiner le contenu de la coupe que portaient les deux hommes : il vit une sorte de potion brunâtre.

Smith, le biologiste, s'était, lui aussi, mis debout :

— Un instant, Kent. En toute autre circonstance, je ne songerais même pas à discuter vos actes. Mais vous me paraissez malade. Vous êtes surmené. Avez-vous obtenu la permission de Morton pour votre expérience ?

Kent se retourna lentement, et Grosvenor, qui s'était assis, put constater que Smith n'avait en rien exagéré. Le chef chimiste avait des cernes noirs sous les yeux, et ses joues s'étaient comme enfoncées.

— Je l'ai invité à venir ici, dit-il. Il a refusé. Il a reconnu que si cette créature se pliait à mon expérience sans faire de difficulté, je n'aurais nui à personne.

— Mais qu'avez-vous dans cette coupe ? demanda Smith.

— J'ai identifié l'élément manquant, dit Kent. C'est le potassium. Il ne restait dans le corps de Jarvey que deux tiers ou trois quarts de la quantité normale de potassium qu'il aurait dû y avoir. Vous savez comment, dans les cellules du corps humain, le potassium se trouve en association avec une grosse molécule protéique, cette combinaison étant à l'origine de la charge électrique de la cellule. C'est une condition essentielle de la vie. D'ordinaire, après la mort, les cellules se débarrassent de leur potassium dans le flux sanguin, ce qui a pour effet d'empoisonner le sang. J'ai découvert qu'il manquait du potassium dans les cellules de Jarvey sans qu'on en retrouve trace dans le sang. Je ne vois pas bien toute la signification de ce fait, mais j'ai l'intention de la chercher.

— Mais qu'y a-t-il dans cette coupe ? lança quelqu'un.

Les hommes abandonnaient leurs magazines et leurs livres et contemplaient la scène avec intérêt.

— Elle contient des cellules vivantes et du potassium en suspension. Vous savez que nous pouvons obtenir cette composition artificiellement. C'est peut-être pour cela que minet a refusé la nourriture que nous lui avions proposée tout à l'heure, parce que le potassium ne s'y trouvait pas sous une forme utilisable pour lui. A mon avis, il en flairera la présence, ou il la sentira avec ce qui lui sert d'odorat...

— Je crois qu'il perçoit les vibrations des corps, intervient Gourlay. Parfois, quand il agite ses espèces de poils vibratiles, mes instruments enregistrent une onde distincte et très puissante de parasites. Et puis cela se passe. Je pense qu'il utilise une longueur d'ondes supérieure ou inférieure à celles que nous percevons. Il semble contrôler à volonté les vibrations. Je ne crois pas que ce soit le mouvement de ses poils vibratiles qui soit à l'origine de ces émissions.

Kent attendit avec une visible impatience que Gourlay se fût tu, puis il reprit :

— Bon, admettons que ce soient des vibrations qu'il perçoive. Nous pourrons décider ce que prouve sa réaction en face de ces vibrations quand il commencera effectivement à réagir. (Il conclut d'un ton plus conciliant :) Qu'en pensez-vous, Smith ?

— Votre plan pèche par trois points, répliqua le biologiste. D'abord, vous avez l'air de supposer que ce n'est qu'un animal. Vous semblez avoir oublié qu'il est peut-être repu après s'être nourri sur Jarvey... si tant est qu'il se soit nourri. Et vous paraissez croire également qu'il ne se méfiera pas. Mais donnez-lui toujours la coupe. Sa réaction nous révélera peut-être quelque chose.

L'expérience de Kent était tout à fait valable malgré l'élément émotif qu'elle comportait. La créature avait déjà montré qu'elle était capable de répondre violemment à une stimulation soudaine. On ne pouvait pas négliger la réaction qu'elle avait eue quand on l'avait enfermée dans l'ascenseur. Telles, du moins, étaient les réflexions de Grosvenor.

Zorl regarda sans ciller les deux hommes déposer la coupe devant lui. Ils se reculèrent précipitamment et Kent fit un pas en avant. Zorl le reconnut : c'était l'homme qui l'avait mis en joue ce matin. Il considéra un moment le bipède, puis son attention revint à la coupe. Ses poils vibratiles identifièrent la grisante émanation d'id qui s'en échappait. L'émanation était faible, si faible que, s'il ne s'était pas concentré, il ne l'aurait pas remarquée et l'id était en suspension sous une forme pratiquement inassimilable pour lui. Mais la vibration était assez forte pour faire comprendre à Zorl ce qu'on attendait de lui. Zorl se leva avec un grognement sourd. Il saisit la coupe avec les ventouses qu'il avait à l'extrémité d'un de ses tentacules et en projeta le contenu au visage de Kent qui recula en poussant un hurlement.

Zorl lança la coupe à toute volée dans un coin et encercla la taille de Kent d'un tentacule épais comme un cordage. L'arme accrochée à la ceinture de celuici n'inquiétait pas Zorl. Ce n'était, il le sentit, qu'une arme à vibrations, qui utilisait l'énergie atomique, mais ce n'était pas un désintégrateur atomique. Il envoya sa victime rouler à l'autre bout de la pièce et se rendit compte alors, avec un sifflement de dépit, qu'il aurait dû désarmer son adversaire. Il allait être obligé maintenant de révéler ses facultés défensives.

Fou de rage, Kent essuya d'une main la bouillie qui lui couvrait le visage et de l'autre chercha son arme. Le canon se releva brusquement et le faisceau du rayon traceur jaillit vers la tête massive de Zorl. Les poils vibratiles de ses oreilles bourdonnèrent en annulant automatiquement l'énergie. Il regarda d'un air mauvais les hommes qui mettaient aussitôt la main à leurs vibrateurs.

Grosvenor dit d'une voix brève :

— Arrêtez ! Si nous nous affolons, nous le regretterons tous.

Kent rengaina son arme et se retourna à moitié pour jeter à Grosvenor un coup d'œil surpris. Zorl s'accroupit, furieux contre cet homme qui l'avait forcé à révéler la faculté qu'il avait de contrôler l'énergie en dehors de son corps. Il n'y avait rien d'autre à faire maintenant qu'à rester sur le qui-vive en attendant les conséquences.

— Qu'est-ce qui vous prend de donner des ordres ? fit Kent d'un ton hargneux.

Grosvenor ne répondit pas. Son rôle, dans cet incident, était terminé. Il avait décelé une crise émotionnelle et il avait prononcé les paroles nécessaires sur le ton de commandement sans appel qui s'imposait. Peu importait si ceux qui lui avaient obéi mettaient maintenant en doute son autorité. La crise était passée. Ce qu'il avait fait n'avait pas de rapport avec l'innocence ou la culpabilité de Zorl. Quel que fût le résultat final de son intervention, toute décision sur le sort de la créature devait être prise par les autorités reconnues et non par un seul homme.

— Kent, dit Siedel, glacial, je ne crois pas que vous ayez réellement perdu la tête. Vous avez délibérément essayé de tuer minet tout en sachant que notre chef l'avait interdit. J'ai bonne envie de vous signaler en insistant pour qu'on prenne les sanctions qui s'imposent. Vous savez ce que cela signifie : perte de votre commandement dans votre service, et radiation des douze listes de vote.

Un murmure parcourut un petit groupe d'hommes que Grosvenor reconnut comme étant les partisans de Kent.

— Allons donc, Siedel, fit l'un d'eux, ne dites pas de bêtises.

Un autre fut plus cynique :

— N'oubliez pas qu'il y a des témoins pour Kent exactement comme il y en a contre lui.

Kent jeta sur l'assistance un regard méprisant :

— Korita avait raison quand il disait que nous vivions à une époque hautement civilisée. Nous en sommes même à la décadence. (Et s'échauffant, il continua :) Mon Dieu, n'y a-t-il donc personne ici qui puisse comprendre l'horreur de cette situation ? Jarvey est mort depuis quelques heures à peine, et cette créature dont nous savons tous qu'elle est coupable est là, libre de tous liens, en train de préparer son prochain meurtre. Et la victime est sans doute dans cette pièce. Quel genre d'hommes sommes-nous ? Sommes-nous des idiots, des cyniques ou des vampires ? Ou bien notre civilisation est-elle à ce point basée sur la raison que nous sommes capables de regarder même un meurtrier avec sympathie ? Morton avait raison, fit-il en regardant Zorl d'un air sombre, ce n'est pas un animal. C'est un démon issu du fond de l'enfer de cette planète oubliée.

— Ne soyez pas mélo, dit Siedel. Votre analyse se

ressent de votre instabilité psychologique du moment. Nous ne sommes ni des vampires ni des cyniques. Nous sommes simplement des savants et il nous faut étudier notre minet. Maintenant que nous le soupçonnons, il est douteux qu'il puisse coincer l'un d'entre nous. A un contre mille, il n'a pas beaucoup de chances. (Il regarda autour de lui :) En l'absence de Morton, je propose de procéder immédiatement à un vote sur cette question. Est-ce que j'exprime bien la pensée de tous ?

— Pas la mienne, Siedel.

C'était Smith qui venait de parler. Et, comme le psychologue le regardait avec ébahissement, il poursuivit :

— Dans l'excitation du moment, personne ne paraît avoir remarqué que lorsque Kent a utilisé son vibrateur, le faisceau a frappé cette créature en plein sur sa tête de chat sans lui faire le moindre mal !

Le regard stupéfait de Siedel alla de Smith à Zorl puis revint au premier :

— Etes-vous certain que le rayon l'a frappé ? Comme vous l'avez fait remarquer, tout cela s'est passé si rapidement... Quand j'ai vu que minet n'était pas blessé, j'ai simplement supposé que Kent l'avait manqué.

— Je suis bien sûr qu'il l'a touché à la tête, dit Smith. Bien sûr, un vibrateur ne peut pas tuer un homme sur le coup, mais cela peut le blesser. Minet ne montre aucune trace de blessure ; il ne tremble même pas. Je ne dis pas que ce soit concluant, mais étant donné nos doutes...

Siedel ne se laissa pas démonter :

— Peut-être sa peau constitue-t-elle un bon isolant à la chaleur et à l'énergie.

— Peut-être. Mais étant donné l'incertitude où nous sommes, je crois qu'il faudrait demander à Morton de le faire enfermer dans une cage.

Siedel fronça les sourcils d'un air méditatif ; Kent intervint :

— Voilà qui est plus raisonnable, Smith.

— Alors, Kent, vous vous considéreriez comme satisfait, fit précipitamment Siedel, si nous le mettions en cage ?

Kent réfléchit un moment puis dit à regret :

— Oui. Si dix centimètres d'épaisseur de microacier ne peuvent pas le retenir, autant lui abandonner le vaisseau.

Grosvenor, qui avait assisté à la discussion, ne dit rien. Il avait discuté le problème de l'emprisonnement de Zorl dans son rapport à Morton et condamné le principe de la cage en raison du système de fermeture que ce procédé impliquait.

Siedel s'avança vers un communicateur mural, eut une conversation à voix basse et rejoignit les autres.

— Morton dit que si nous pouvons faire entrer la créature dans une cage sans recourir à la violence, il est tout à fait d'accord. Autrement, il conseille simplement de l'enfermer dans la pièce où elle se trouve. Qu'en pensez-vous ?

— Dans la cage ! crièrent une dizaine de voix en chœur.

Grosvenor profita d'un moment de silence pour dire :

— Mettez-le dehors pour la nuit. Il ne s'éloignera pas.

On ignora sa remarque. Seul Kent le regarda et lui dit d'un ton acide :

— Vous n'avez pas l'air de savoir très bien ce que vous voulez. D'abord, vous lui sauvez la vie, et après vous reconnaissez qu'il est dangereux.

— Il s'est sauvé la vie tout seul, répliqua sèchement Grosvenor.

Kent se détourna en haussant les épaules :

— Nous allons le mettre en cage. C'est la place qui convient à un meurtrier.

— Maintenant que nous nous sommes décidés, dit Siedel, comment allons-nous procéder ?

— Vous tenez à le mettre en cage ? dit Grosvenor.

Il n'attendait pas de réponse et n'en obtint d'ailleurs pas. Il s'avança et toucha l'extrémité du tentacule de Zorl le plus proche de lui.

L'appendice se rétracta légèrement, mais Grosvenor était résolu. Il reprit solidement en main le tentacule et désigna la porte. L'animal hésita encore un instant puis se mit à traverser silencieusement la pièce.

— Il s'agit de bien synchroniser les opérations maintenant. Vous y êtes ?

Une minute plus tard, Zorl, trottant docilement à la suite de Grosvenor, pénétrait dans une pièce aux parois métalliques percée de deux portes se faisant vis-à-vis ; l'homme sortit par la seconde porte. Zorl allait le suivre, mais la porte se ferma devant lui. En même temps, un déclic métallique se faisait entendre derrière lui. Il fit volte-face et vit que la première porte s'était également refermée. Il sentit le flux d'énergie d'un verrou électrique qui se bloquait. Quand il comprit qu'il était tombé dans un piège, un rictus haineux lui tordit le visage, mais il se maîtrisa aussitôt. Il avait conscience de réagir devant cette nouvelle situation autrement que lors de l'incident de l'ascenseur. Pendant des centaines d'années, la nourriture et la nourriture seule l'avait occupé. Maintenant, mille souvenirs se réveillaient dans son cerveau. Il disposait, dans son corps, de pouvoirs qu'il avait depuis longtemps cessé d'employer. Et, au fur et à mesure qu'il reprenait conscience de leur existence, son esprit envisageait automatiquement les possibilités qu'ils lui ouvraient.

Il s'assit sur ses courtes pattes de derrière. Ses poils vibratiles sondèrent les possibilités énergétiques du milieu ambiant. Puis il s'allongea, une lueur de mépris dans le regard. Les imbéciles !

Une heure plus tard environ, il entendit un homme — c'était Smith — manipuler un appareil au plafond de la cage. Zorl bondit sur ses pieds. Il crut d'abord qu'il avait méjugé ces hommes et qu'ils allaient le tuer sur-le-champ. Il avait pourtant pensé qu'on lui laisserait le temps de mettre à exécution ses projets.

Le danger l'affola et quand il perçut soudain des radiations bien inférieures à celles du champ de visibilité, son système nerveux tout entier se tendit devant la menace. Il lui fallut plusieurs secondes pour comprendre ce qui se passait : on était en train de photographier l'intérieur de son corps.

Au bout d'un moment, l'homme s'éloigna. Peu après, Zorl entendit d'autres bruits d'hommes qui s'affairaient dans les pièces voisines. Puis ces bruits s'éteignirent à leur tour. Zorl attendit patiemment que le silence enveloppât le vaisseau. Dans le lointain passé, quand ils n'avaient pas encore atteint à leur relative immortalité, les zorls, eux aussi, dormaient la nuit. Il s'était souvenu de cette habitude en voyant des membres de l'équipage faire la sieste dans la bibliothèque.

Il y avait un bruit, toutefois, qui n'avait pas disparu. Même quand le silence régna partout à bord du grand vaisseau, Zorl continua à entendre les pas de deux hommes. Ils montaient la garde devant sa cellule, s'éloignaient jusqu'à une certaine distance, puis revenaient. L'ennui, c'était que les sentinelles n'étaient pas ensemble. L'une d'elles passait d'abord puis, une dizaine de mètres derrière, venait la seconde.

Zorl les écouta passer à plusieurs reprises en calculant à chaque fois le temps qu'elles mettaient. Finalement, il fut satisfait. Une fois encore, il attendit leur passage. Puis à peine les gardes étaient-ils passés qu'il accommoda ses organes récepteurs, passant des longueurs d'ondes humaines à une bien plus haute fréquence. La violence contenue de la pile atomique située dans la salle des machines apporta son message étouffé au système nerveux de Zorl. Les dynamos électriques murmurèrent la chanson de l'énergie pure. Il perçut le flux d'énergie qui coulait le long des fils dans les murs de sa cage et dans le verrou électrique de la porte. Il s'efforça de maîtriser les tremblements de son corps et de garder une totale immobilité tout en essayant de capter cette sifflante tempête d'énergie. Brusquement, ses poils vibratiles entrèrent en résonance.

Il y eut un claquement de métal. En l'effleurant d'un de ses tentacules, Zorl ouvrit la porte et se trouva dans la coursive. L'espace d'un instant, il se sentit submergé par une vague de mépris en songeant à ces créatures stupides qui avaient cru pouvoir rivaliser de ruse avec un zorl. Puis, au même moment, il se souvint qu'il n'était pas le seul zorl sur cette planète. Cette pensée l'avait frappé brusquement et il en ressentit une impression étrange. Car, ces autres zorls, il les avait haïs et farouchement combattus, et maintenant il voyait, en ce groupe d'êtres qui allaient diminuant, des congénères. Si une chance leur était donnée de se multiplier, nul — et surtout pas ces hommes — ne pourrait s'opposer à eux.

En songeant à cette possibilité, il se sentit accablé par ses faiblesses, le besoin qu'il avait des autres zorls, sa solitude : il était seul contre mille dans cette lutte dont l'enjeu était la galaxie tout entière. C'était l'univers stellaire dans son ensemble qu'englobait son ambition. S'il ne réussissait pas cette fois-ci, la chance ne se représenterait plus jamais. Il ne pouvait espérer, dans un monde sans nourriture, trouver le secret du voyage interplanétaire. Les constructeurs eux-mêmes ne s'étaient pas libérés de leur planète.

Il traversa un vaste salon et se trouva dans un second couloir. Il vit, devant lui, la porte d'une chambre à coucher. Elle était fermée par un verrou électrique, mais Zorl l'ouvrit sans bruit. Il bondit dans la pièce et égorgea l'homme qui occupait le lit. La tête de celui-ci roula sur le côté, son corps eut un soubresaut. Zorl faillit succomber aux émanations d'id qui s'échappaient du cadavre, mais il se força à poursuivre son chemin.

Sept cabines : sept victimes. Puis Zorl retourna silencieusement dans sa cage et en referma la porte derrière lui. Il avait splendidement calculé son temps. Les sentinelles arrivaient. Elles jetèrent un coup d'œil à travers l'audioscope et, satisfaites, poursuivirent leur chemin. Zorl, alors, partit pour son second raid et, en quelques minutes, passa dans quatre autres chambres. Puis il arriva dans un dortoir occupé par vingt-quatre hommes. Jusqu'alors il avait tué sans perdre de temps, car il savait le moment exact où il devrait être rentré dans sa cage. En voyant se présenter à lui l'occasion de tuer une chambrée entière d'hommes, il se troubla. Depuis plus de mille ans, il massacrait toutes les créatures vivantes qu'il pouvait capturer. Même dans les premiers temps, cela ne lui avait jamais donné plus d'une créature à id par semaine. Aussi n'avait-il jamais ressenti la nécessité de se restreindre. Il entra donc dans le dortoir comme le grand chat qu'il était, silencieux mais implacable et n'émergea de sa volupté meurtrière que lorsqu'il ne resta plus un homme vivant dans la pièce.

C'est alors qu'il comprit qu'il était resté trop longtemps. Il frémit en réalisant l'énormité de l'erreur qu'il venait de commettre. Son plan avait été, en effet, de tuer, par vagues successives, tous les occupants du vaisseau, en minutant chacune de ses sorties de façon à être revenu dans sa cage juste à temps pour être vu des sentinelles quand elles venaient jeter un coup d'œil sur leur prisonnier. Il lui fallait maintenant abandonner l'espoir de se saisir du vaisseau pendant une seule période de sommeil.

Zorl s'efforça de rassembler ses esprits. Fiévreusement, sans plus se préoccuper du bruit qu'il pouvait faire, il courut à travers le salon. Il émergea dans le couloir de la cage, tout tendu, s'attendant presque à être accueilli par des décharges d'énergie telles qu'il serait incapable de les maîtriser.

Les deux gardes étaient là, côte à côte. Ils venaient visiblement de découvrir la porte ouverte.

Ils levèrent la tête ensemble, momentanément paralysés d'effroi devant les griffes et les tentacules du monstre, sa tête de chat sauvage et ses yeux remplis de haine. Beaucoup trop tard, l'un des deux hommes tendit la main vers son arme. Mais l'autre était pétrifié et ne réussit qu'à pousser un hurlement de terreur qui résonna étrangement dans le silence. Ce cri retentit au long des couloirs, et, répercuté par les communicateurs muraux, éveilla tous les occupants du vaisseau. Il se termina en un affreux gargouillement car Zorl venait, d'un unique mouvement, d'envoyer les deux hommes d'un bout à l'autre du long corridor. Il ne voulait pas qu'on retrouve les cadavres devant sa cage. C'était son seul espoir.

Profondément secoué, conscient de l'irréparable erreur qu'il avait commise, incapable de coordonner ses pensées, il se précipita dans sa prison. La porte se referma derrière lui avec un claquement étouffé. Une fois de plus, un flux d'électricité passa dans la serrure. Zorl s'accroupit sur le sol et feignit le sommeil car il venait d'entendre des bruits de pas et de voix excitées. Bien qu'il eût les yeux fermés, il n'en remarqua pas moins que quelqu'un le regardait à travers l'audioscope. La crise ne viendrait que lorsque les autres corps auraient été découverts.

Lentement, Zorl se raidit et se prépara à la plus grande bataille de sa vie.

4

— Siever est mort ! dit Morton d'une voix sans timbre. (Et Grosvenor l'entendit ajouter :) Qu'allons-nous faire sans Siever ? Et Breckenridge ! Et Coulter et... c'est horrible !

Les hommes se pressaient dans le couloir. Grosvenor, qui avait dû parcourir un certain chemin pour arriver sur les lieux, se trouvait au dernier rang de la foule. A deux reprises, il avait essayé de se frayer un passage pour se rapprocher de l'endroit où se tenait Morton, mais chaque fois il avait été repoussé par des hommes qui ne s'étaient même pas retournés pour l'identifier. Grosvenor renonça. Il s'aperçut que le chef allait parler. Morton les regardait tous d'un air sombre. Son menton semblait encore plus proéminent que d'habitude.

— Si l'un de vous a ne fût-ce que le germe d'une idée, qu'il le dise, demanda-t-il.

— Folie extraplanétaire !

Grosvenor se sentit irrité. Cette expression, qui restait courante bien que le voyage interplanétaire existât depuis des années, n'avait absolument aucun sens. Le fait que certains fussent devenus fous dans l'espace à cause de la solitude, la peur et la tension que cela entraînait, ne voulait pas dire qu'ils avaient été atteints d'un genre de folie spéciale. Un long voyage comme celui qu'ils avaient entrepris comportait certains dangers émotionnels — et c'était l'une des raisons pour lesquelles on avait mis Grosvenor à bord — mais le danger de folie n'était pas un de ceux-là.

Morton hésitait. Il semblait, lui aussi, considérer la suggestion comme étant sans valeur. Mais l'heure n'était pas aux discussions subtiles. Ces hommes avaient peur. Ils voulaient être rassurés, ils voulaient être sûrs que des mesures allaient être prises pour les protéger. C'est à de pareils moments, l'expérience le prouvait, que des chefs d'expéditions, des commandants en chef et des responsables de tous genres risquaient de perdre pour toujours leur prestige. Morton ne devait pas l'ignorer car il sembla à Grosvenor, lorsque le chef reprit la parole, qu'il pesait très soigneusement chacun de ses mots.

— Nous y avons déjà pensé, dit-il. Bien entendu, le Dr Eggert et ses assistants vont examiner tout le monde. Pour l'instant, ils examinent les corps.

Une puissante voix de basse aboya presque aux oreilles de Grosvenor :

— Me voici, Morton. Dites à ces gens de me faire un passage !

Déjà, on se poussait pour lui frayer un chemin. Sans une seconde d'hésitation, Grosvenor le suivit ; comme il s'y attendait, tout le monde crut qu'il était avec le docteur et on le laissa passer. Quand ils arrivèrent devant Morton, le Dr Eggert dit :

— Je vous ai entendu, chef, et je peux vous dire tout de suite qu'il n'est absolument pas question ici de folie extraplanétaire. Ces hommes ont été broyés avec une force égale à celle de dix êtres humains. Ils n'ont même pas eu le temps de crier.

Eggert se tut, puis demanda lentement :

— Et notre gros chat, Morton ?

Le chef de l'expédition secoua la tête :

— Minet est dans sa cage, docteur, et il tourne en rond. Mais j'aimerais, sur ce sujet, demander leur avis aux experts. Pouvons-nous le soupçonner ? Cette cage a été conçue pour contenir des animaux quatre ou cinq fois plus grands que lui. Il me semble difficile de le croire coupable, à moins qu'il ne possède une science que nous ne sommes pas même en mesure d'imaginer.

Smith intervint :

— Morton, dit-il d'un ton sombre, nous avons maintenant bien assez de preuves. Je regrette d'avoir à le dire, vous savez très bien que je préférerais que ce chat reste vivant. Mais j'ai essayé de le photographier avec l'appareil au téléfluor. Je n'ai obtenu que des plaques vierges. Rappelez-vous ce que disait Gourlay. Cette créature semble capable de recevoir et d'émettre des vibrations sur toutes les longueurs d'ondes possibles. Nous en avons pour preuve la façon dont il s'est joué de l'arme de Kent. Après ce qui vient de se passer, tout indique que ce chat a un pouvoir tout à fait particulier de contrôle sur l'énergie.

Quelqu'un grogna :

— Eh bien, ça ne va pas mieux ! S'il est capable de contrôler et de renvoyer sur n'importe quelle longueur d'onde, je ne vois pas ce qui l'empêchera de nous tuer tous.

— C'est une preuve, dit Morton, qu'il n'est pas invincible car sinon il l'aurait déjà fait depuis longtemps.

Il s'avança résolument vers le mécanisme contrôlant la cage.

— Vous n'allez pas ouvrir cette porte ! s'exclama Kent, qui se saisit de son déchargeur.

— Non, mais si j'appuie sur ce bouton, un courant électrique traversera le plancher et électrocutera ce qui se trouve à l'intérieur. C'est un dispositif qui existe dans toutes nos cages et que nous avons fait mettre par précaution.

Morton appuya sur le bouton de commande du courant électrocuteur. Pendant un moment, le courant passa. Puis des étincelles bleues jaillirent du métal, et un jeu de plombs sauta au-dessus de la tête de Morton. Celui-ci enleva la boîte à fusibles, en sortit un et le regarda en fronçant les sourcils.

— C'est bizarre, dit-il. Ces plombs n'auraient pas dû sauter ! Et avec ça, nous ne pouvons même pas regarder ce qui se passe dans la cage puisque l'audio a grillé aussi.

Smith dit :

— S'il a été capable d'ouvrir le verrou électrique de la porte, c'est qu'il a étudié tous les dangers possibles et qu'il était prêt à faire face aussi à votre courant électrocuteur.

— Cela prouve du moins qu'il est vulnérable à nos énergies, dit Morton, puisqu'il a dû les rendre inoffensives. Le principal, c'est que nous l'ayons mis derrière dix centimètres du plus résistant des métaux. En imaginant le pire, nous pouvons toujours ouvrir la porte et braquer sur lui un déchargeur semi-portable. Mais d'abord, essayons d'envoyer de l'électricité dans la cage par le câble téléfluorique.

Un bruit venu de l'intérieur de la cage interrompit ses paroles. Un corps lourd s'écrasa contre un mur. Ce bruit fut suivi de coups sourds et ininterrompus, comme si plusieurs petits objets tombaient à terre. Grosvenor compara mentalement ces bruits à ceux d'un petit éboulement.

— Il sait ce que nous essayons de faire, dit Smith à Morton. Et je parie qu'il n'est pas à son aise, làdedans. Il doit se rendre compte qu'il a été stupide de rentrer dans cette cage !

La tension se relâchait. Certains souriaient nerveusement. La remarque de Smith souleva même quelques rires. Grosvenor, lui, était déconcerté. Les bruits qu'il venait d'entendre ne lui disaient rien qui vaille. L'ouïe était le plus décevant des cinq sens. Impossible de deviner ce qui s'était passé ou se passait dans la cage.

— Ce que j'aimerais savoir, dit Pennons, le chef mécanicien, c'est pourquoi le compteur du téléfluor a sauté et tremblé au moment où minet a fait tout ce tintouin là-dedans. Je l'ai là sous le nez et je me demande bien ce qui a pu sc passer.

Le silence s'établit tant à l'intérieur qu'à l'extérieur de la cage. Brusquement, un mouvement se fit derrière Smith. Le capitaine Leeth et deux de ses officiers s'avançaient.

Le capitaine, un homme vigoureux d'une cinquantaine d'années, dit :

— Je vais prendre les choses en main. Si je comprends bien, les savants se disputent pour savoir s'il faut oui ou non tuer ce monstre, n'est-ce pas ?

Morton secoua la tête :

— Nous ne nous disputons plus. Nous sommes tous arrivés à la conclusion qu'il faut l'exécuter.

Le capitaine Leeth acquiesça :

— C'est l'ordre que j'allais justement donner. Je crois que la sécurité du vaisseau est menacée. Si tel est le cas, c'est à moi de la défendre.

Il éleva la voix :

— Dégagez cette porte ! Reculez !

Il fallut plusieurs minutes pour dégager le couloir. Grosvenor fut heureux quand ce fut fait. Si le monstre était sorti et avait trouvé ces hommes entassés devant la porte et n'ayant même pas la place de reculer, il aurait pu faire un véritable carnage. Le danger, maintenant, n'était pas complètement écarté, mais du moins était-il moindre.

Quelqu'un dit :

— C'est bizarre ! On dirait que le vaisseau vient de remuer !

Grosvenor l'avait senti, lui aussi ; c'était comme si, pendant un instant, quelqu'un avait vérifié le fonctionnement du grand vaisseau. A nouveau, celui-ci trembla puis s'immobilisa.

Le capitaine Leeth demanda vivement :

— Pennons, qui est en bas dans la chambre des machines ?

L'ingénieur en chef était pâle.

— Mon second et ses assistants. Je ne vois pas comment ils...

Il y eut une secousse. Le grand vaisseau donna de la bande et menaça de tomber sur le flanc. Grosvenor se vit projeté à terre avec violence. Il resta un moment engourdi par le choc mais, très vite, l'inquiétude le fit lutter pour reprendre conscience. Il vit des hommes à terre tout autour de lui. Certains gémissaient de douleur. Morton cria un ordre que Grosvenor ne comprit pas. Le capitaine Leeth, à son tour, se remit péniblement debout. Grosvenor l'entendit jurer :

— Bon Dieu, quel est le crétin qui a remis ces machines en marche ?

Et, pendant ce temps, le vaisseau accélérait. Sa vitesse avait atteint entre cinq et six *g*. Grosvenor, en désespoir de cause, se dirigea vers le communicateur mural le plus proche et essaya d'entrer en contact avec la salle des machines. Il entendit un rugissement derrière lui. Morton, qui regardait par-dessus son épaule, s'exclama :

— C'est minet ! Il est dans la salle des machines. Et nous sommes partis dans l'espace !

Avant même que Morton se fût tu, l'écran du communicateur s'obscurcit. Quant au vaisseau, il accélérait toujours. Grosvenor traversa en titubant le salon et déboucha dans une seconde coursive. Il se souvenait avoir repéré là un dépôt de combinaisons interplanétaires. Au moment où il en approchait, il vit que le capitaine Leeth l'avait devancé et était déjà en train d'enfiler une combinaison. En arrivant devant lui, Grosvenor le vit boucler le vêtement et mettre en marche le dispositif d'anti-accélération.

En apercevant Grosvenor, le capitaine s'empressa de l'aider. Une minute plus tard, le nexialiste réduisait à un *g* la gravité dans sa combinaison. Ils étaient deux maintenant. Et déjà, d'autres hommes arrivaient en vacillant dans la pièce. En deux minutes, il ne restait plus une combinaison dans le dépôt. Ils descendirent un étage pour aller en chercher d'autres. Ils étaient plusieurs douzaines maintenant au travail. Le capitaine Leeth avait déjà disparu et Grosvenor, se doutant bien de ce qu'il fallait faire ensuite, se hâta vers la cage où avait été emprisonné le gros chat. Il trouva un groupe de savants rassemblés devant la porte qui, de toute évidence, venait tout juste d'être ouverte.

Grosvenor regarda par-dessus les épaules de ceux qui étaient devant lui. Il vit un trou béant dans le mur du fond de la cage. L'orifice ainsi ménagé était assez grand pour permettre à cinq hommes d'y passer de front. Le métal avait été plié et coupé en plusieurs endroits. La percée débouchait sur un couloir.

— J'aurais juré, murmura Pennons par le casque ouvert de sa combinaison, que c'était impossible. Même notre marteau de dix tonnes ne pourrait faire plus qu'ébrécher dix centimètres de microacier d'un seul coup. Or, nous n'avons entendu qu'un coup. Il faudrait une minute au moins au désintégrateur atomique pour faire un trou pareil, et encore toute la zone resterait-elle radioactive, donc dangereuse, pendant plusieurs semaines. Morton, ce chat est un super-être !

Le chef ne répondit pas. Grosvenor vit que Smith examinait le trou fait dans le mur. Le biologiste leva les yeux :

— Si seulement Breckenridge n'était pas mort. Seul un métallurgiste serait capable de nous expliquer ceci. Regardez !

Il toucha le bord coupé du métal. Un morceau s'en détacha, s'émietta et se répandit en fine poussière sur le sol. Grosvenor s'avança.

— J'ai des notions de métallurgie, dit-il.

Machinalement, on s'effaça pour lui laisser le passage. Il se trouva devant Smith qui le considéra d'un air inquisiteur.

— Vous êtes un des assistants de Breck ? lui demanda-t-il sèchement.

Grosvenor feignit de ne pas entendre. Il se pencha et les doigts de sa combinaison interplanétaire palpèrent les débris métalliques sur le sol. Il se redressa tout de suite.

— Il n'y a pas ici de miracle, dit-il. Comme vous le savez, cette cage a été fabriquée dans un moule électro-magnétique et avec une poudre métallique très fine. Cette créature s'est servie du pouvoir qu'elle a de contrôler l'énergie pour agir sur les forces qui maintiennent ensemble les particules métalliques de la cage. Cela expliquerait le bond que M. Pennons a vu faire au compteur de téléfluor. Notre chat en a drainé l'énergie électrique, son corps jouant le rôle de transformateur, pour briser le mur, puis il s'est précipité jusqu'à la salle des machines.

Grosvenor était tout surpris que personne ne l'eût encore interrompu. C'était évidemment parce qu'on le prenait pour un assistant du défunt Breckenridge. C'était une méprise assez naturelle car, dans l'immense vaisseau, chacun n'avait pas encore eu le temps de se familiariser avec tous les techniciens de second rang.

— En attendant, chef, dit Kent tranquillement, il n'en reste pas moins que nous avons ici un super-être qui contrôle la marche du vaisseau, s'est rendu maître de la salle des machines et de ses pouvoirs presque illimités, et qui à l'heure actuelle, est en possession de la partie la plus importante des ateliers.

C'était en effet la situation telle qu'elle se présentait que Kent venait de résumer. L'angoisse se peignit sur tous les visages.

Un des officiers de la compagnie de sécurité prit la parole.

— M. Kent se trompe, dit-il. Le monstre ne s'est pas rendu entièrement maître de la chambre des machines. Il nous reste encore le poste de contrôle, ce qui nous assure la mainmise sur toutes les machines. Etant surnuméraires, messieurs, vous ignorez peut-être comment se présente exactement notre installation mécanique. Evidemment, il est possible que le monstre finisse par nous court-circuiter mais, pour l'instant, rien ne nous empêche de couper tous les contacts dans la salle des machines.

— Mais alors, sacrebleu ! dit l'un des hommes, pourquoi n'avez-vous pas coupé le courant au lieu de faire enfiler des combinaisons interplanétaires à un millier d'hommes ?

L'officier ne se laissa pas démonter :

— Le capitaine Leeth estime que nous sommes davantage en sécurité à l'intérieur des champs de force de nos combinaisons. Il est probable que le monstre n'a encore jamais été soumis à des accélérations de cinq ou six *g* et il serait dommage de perdre, dans un moment de panique, l'avantage que nous donne cet état de faits et d'autres encore.

— Quels autres ?

Morton prit la parole :

— Je crois pouvoir le dire. Nous savons certaines choses sur cette créature. Et dès maintenant, je vais suggérer au capitaine Leeth de la soumettre à un test.

Il se tourna vers l'officier.

— Voulez-vous demander à votre chef de nous autoriser à faire une petite expérience ?

— Je crois, monsieur, que vous feriez mieux de le lui demander vous-même. Vous pouvez le joindre par communicateur. Il est sur le pont.

Morton revint au bout de quelques instants.

— Pennons, dit-il, puisque vous appartenez à l'équipage et que vous êtes responsable de la salle des machines, le capitaine Leeth a demandé que ce soit vous qui vous chargiez de notre expérience.

Grosvenor crut déceler dans le ton de Morton une pointe d'irritation. Le capitaine du vaisseau parlait sérieusement lorsqu'il avait dit qu'il allait prendre les choses en main. C'était la vieille histoire des commandements partiellement divisés. La ligne de démarcation avait été définie aussi nettement que possible, mais on n'avait évidemment pas tout prévu. Il arrivait un moment où tout dépendait de la personnalité des individus. Jusqu'à ce jour, les officiers et les hommes d'équipage du bateau, tous des militaires, avaient méticuleusement accompli leurs fonctions, en se subordonnant aux buts du voyage. Néanmoins, l'expérience d'autres expéditions avait enseigné au gouvernement que, pour on ne savait quelle raison, les militaires n'avaient pas grande opinion des hommes de science. Dans des moments comme celui qu'on était en train de traverser, l'hostilité cachée éclatait au grand jour. Ainsi, il n'y avait aucune raison pour que Morton ne se chargeât pas lui-même de l'expérience qu'il avait en vue.

— Chef, dit Pennons, vous n'allez pas avoir le temps de tout m'expliquer en détail. Donnez toujours les ordres ! Si nous ne sommes pas d'accord sur certains points, nous en discuterons.

C'était là un élégant abandon de prérogative. Mais Pennons, en tant que chef mécanicien, estimait appartenir au clan des hommes de science.

Morton ne perdit pas de temps.

— Monsieur Pennons, dit-il d'un ton tranchant, détachez cinq techniciens à chacune des quatre entrées de la salle des machines. Je vais prendre la direction de l'un des groupes. Kent, vous prendrez le deuxième. Smith, le troisième, et monsieur Pennons, bien entendu, le quatrième. Nous allons prendre des projecteurs calorifiques mobiles et faire sauter les grandes portes. J'ai remarqué que notre monstre s'était enfermé.

« Selenski, montez au poste de contrôle et fermez tout, excepté les machines motrices. Faites passer par le commutateur central et coupez tout à la fois. Mais attention. Ne freinez pas l'accélération. Surtout pas de gravitation artificielle. Compris ?

— Oui, monsieur !

Le pilote salua et partit dans le couloir.

Morton le rappela :

— Si l'une des machines redémarre, signalez-le-moi dans le communicateur !

Les hommes choisis pour assister les chefs de groupe faisaient tous partie de la « garnison » du vaisseau. Grosvenor se posta, ainsi que quelques autres, à une soixantaine de mètres de là pour surveiller les opérations. Il avait la pénible impression qu'il allait assister à un désastre tandis qu'on apportait les projecteurs mobiles et les écrans protecteurs. Il appréciait à sa juste valeur la puissance des moyens mis en œuvre et la tactique employée. Il pouvait même imaginer que l'attaque serait couronnée de succès. Mais ce serait tout ou rien et, pour l'instant, on ne pouvait rien prédire. L'affaire était réglée sur la base d'un très vieux système d'utilisation des hommes et des compétences. Et Grosvenor ne pouvait que rester là et assister en spectateur à l'entreprise qu'il désapprouvait foncièrement.

La voix de Morton se fit entendre sur le communicateur principal.

— Comme je vous l'ai dit, il s'agit surtout ici d'une expérience. Elle est basée sur l'hypothèse que le monstre n'est pas encore depuis suffisamment de temps dans la salle des machines pour y avoir fait beaucoup de dégâts. Il faut donc le capturer maintenant, avant qu'il soit à son tour prêt à nous attaquer. Mais, outre le fait que nous pourrons peut-être mettre minet hors d'état de nuire, j'ai aussi une théorie. Voici mon idée : ces portes sont conçues de façon à pouvoir résister à de très fortes explosions et il faudra au moins quinze minutes pour les brûler. Pendant cette période, le monstre n'aura aucune énergie à sa disposition puisque Selenski est sur le point de couper le courant. Il y aura, bien entendu, les machines motrices, mais ce sont des moteurs à explosion atomique. Je ne crois pas qu'il puisse utiliser cette forme d'énergie. Dans quelques instants, vous verrez ce que j'ai voulu dire... du moins, je l'espère.

Il leva la voix pour crier :

— Prêt, Selenski ?

— Prêt.

— Eh bien, coupez !

La coursive — et en même temps le vaisseau tout entier, Grosvenor le savait — fut brusquement plongée dans l'obscurité. Le nexialiste alluma la lampe de sa combinaison. Chaque homme, à son tour, en fit autant. A la lumière des lampes individuelles, les visages étaient pâles et tendus.

— Feu !

L'ordre de Morton retentit dans le communicateur.

Les générateurs se mirent à palpiter. La chaleur qu'ils produisaient était d'origine, sinon de nature, atomique. Elle se déversa sur le dur métal de la porte. Grosvenor vit les premières gouttes du métal qui commençaient à perler. La fusion prit de l'ampleur et, bientôt, une douzaine de ruisseaux de métal liquéfié se mirent à couler. L'écran transparent s'embuait peu à peu puis, à travers la buée qui couvrait l'écran, on aperçut la porte qui brillait d'un éclat incandescent. C'était un spectacle infernal : le feu jaillissait en étincelles éblouissantes au fur et à mesure que la chaleur des projecteurs rongeait le métal avec une fureur appliquée.

Du temps passa. Puis on entendit la voix de Morton, un peu rauque.

— Selenski !

— Toujours rien, chef.

— Mais il doit quand même bien faire quelque chose, murmura Morton. Ce n'est pas possible qu'il attende comme un rat dans son trou. Selenski !

— Rien, chef.

Sept minutes s'écoulèrent, puis dix, puis douze.

— Chef ! fit Selenski d'une voix tendue. Il vient de mettre en marche la dynamo électrique.

Grosvenor retint son souffle. Puis la voix de Kent, à son tour, résonna dans le communicateur.

— Morton, nous ne pouvons pas creuser davantage. Est-ce ce à quoi vous vous attendiez

Grosvenor vit Morton scruter la porte à travers l'écran. Même d'où il était, il lui sembla que le métal n'était pas aussi blanc qu'il l'était quelques instants plus tôt. La porte tourna au rouge, puis s'assombrit en se refroidissant.

— C'est tout pour l'instant, fit Morton en soupirant. Laissez des hommes pour garder tous les couloirs ! N'emmenez pas les projecteurs ! Tous les chefs de section au poste de contrôle !

Grosvenor comprit que l'expérience était terminée.

5

Grosvenor tendit ses lettres de créance au garde qui barrait l'entrée du poste de contrôle. L'homme examina les papiers d'un œil soupçonneux.

— Vous devez être en règle, dit-il enfin. Mais, en tout cas, vous êtes le premier moins de quarante ans que je laisse passer. Comment avez-vous fait pour arriver si jeune ?

Grosvenor sourit :

— J'ai eu la chance de choisir une science toute neuve.

Le garde regarda à nouveau la carte de Grosvenor puis la lui rendit :

— Le nexialisme ? Qu'est-ce que c'est que ça ?

— Un totalisme appliqué, dit Grosvenor.

Il franchit le seuil.

Lorsqu'il se retourna, un instant plus tard, Grosvenor vit que l'autre le suivait d'un regard ébahi. Il sourit, puis oublia tout de suite l'incident. C'était la première fois qu'il se trouvait dans le poste de contrôle et il jeta autour de lui des regards fascinés. Bien que de superficie restreinte, le tableau de bord était d'une structure impressionnante. Il se composait d'une série de gradins incurvés d'une soixantaine de mètres de long et on accédait au gradin supérieur par des marches abruptes. Les divers instruments pouvaient être manipulés du sol même ou bien, plus rapidement, d'un siège de contrôle suspendu au plafond par l'intermédiaire d'une grue renversée et mue par un moteur.

La partie la plus enfoncée de la pièce était constituée par un auditorium contenant une centaine de fauteuils confortables, suffisamment vastes pour que des hommes puissent y prendre place avec leurs combinaisons interplanétaires. Une douzaine de savants étaient déjà installés et Grosvenor s'assit à son tour sans faire de bruit. Un instant plus tard, Morton et le capitaine Leeth, sortant du bureau privé de ce dernier, rejoignirent les chefs de section. Le militaire s'assit et Morton commença sans préambule :

— Nous savons que, de tous les appareils de la salle des machines, la dynamo électrique était pour le monstre le plus important. Il a donc mis en œuvre toutes ses forces, décuplées par la panique, pour mettre la dynamo en action avant que nous ayons traversé les portes. Quelqu'un a-t-il une observation à faire à ce sujet ?

Pennons prit la parole :

— Quelqu'un ne pourrait-il pas nous expliquer comment ce chat s'y est pris pour rendre les portes impossibles à forcer ?

Grosvenor dit :

— Il existe un procédé électronique qui permet de porter temporairement les métaux à un point de durcissement considérable, mais cela exige, à ma connaissance, des tonnes d'équipement spécial que nous ne possédons pas sur ce vaisseau.

Kent se tourna pour le regarder.

— A quoi cela nous servira-t-il de savoir comment il s'y est pris ? remarqua-t-il avec brusquerie. Si nous n'arrivons pas à briser ces portes avec nos désintégrateurs atomiques, c'est la fin. Le vaisseau est livré au bon plaisir du monstre.

Morton secouait la tête.

— Nous devons étudier des solutions et c'est pour cela que nous sommes ici.

Il éleva la voix :

— Selenski ?

Le pilote, installé sur le siège de contrôle, avança la tête. Grosvenor fut tout surpris de le voir là.

— Qu'y a-t-il, monsieur ? demanda Selenski.

— Mettez toutes les machines en marche !

Selenski fit virer son siège vers l'interrupteur principal. Délicatement, il amena le grand levier à la position voulue. Une secousse fit tressaillir le vaisseau, un sifflement se fit entendre et, pendant quelques secondes, le plancher trembla. Puis le vaisseau retrouva son équilibre, les machines se mirent en mouvement, et le sifflement se transforma en une faible vibration.

Sans plus attendre, Morton déclara :

— Je vais demander aux experts de m'offrir leurs suggestions pour combattre minet. Ce qu'il nous faut, c'est une consultation entre chefs de diverses sections et surtout, pour intéressantes que puissent être toutes les théories, une solution pratique.

« Autrement dit, pensa Grosvenor tristement, Elliott Grosvenor, le nexialiste, nous n'avons que faire de vous. » Et pourtant, ce que Morton voulait, c'était l'intégration de plusieurs sciences ; or, tel était exactement le but du nexialisme. Mais Grosvenor pensait bien qu'il ne se trouverait pas au nombre des experts dont Morton solliciterait l'avis, et il ne se trompait pas.

Deux heures s'étaient passées quand Morton déclara d'un ton las :

— Je crois qu'il est temps de prendre une demi-heure pour manger et nous reposer, car nous allons avoir besoin de toutes nos forces.

Grosvenor se dirigea vers ses bureaux. Il ne ressentait le besoin ni de manger ni de se reposer. A trente et un ans, il pouvait encore se permettre de temps à autre de sauter un repas ou une nuit de sommeil. Il lui paraissait, par contre, qu'il devait profiter de cette demi-heure de répit pour trouver ce qu'il fallait faire du monstre qui s'était emparé du vaisseau.

La conclusion à laquelle les savants étaient parvenus manquait, selon lui, de profondeur. Chacun d'eux avait assez superficiellement exposé ses idées à des gens dont la spécialité était différente et qui n'avaient pas été habitués à saisir les possibilités d'association entre les diverses connaissances. De sorte que le plan d'attaque sur lequel l'on s'était finalement mis d'accord était dépourvu d'unité.

Grosvenor ressentait un certain malaise à se dire que, malgré sa jeunesse, il était probablement la seule personne à bord en mesure de voir les faiblesses du plan. Jamais, depuis le jour où six mois plus tôt, il s'était embarqué, il n'avait autant compris quelle immense transformation s'était opérée en lui à l'institut nexialiste. Ce n'était pas trop de dire qu'il avait laissé loin derrière lui tous les anciens systèmes d'éducation. Il ne tirait aucune vanité de sa nouvelle formation. Ce n'était pas lui qui en avait créé les principes. Mais en tant que diplômé de l'institut, en tant que membre de l'expédition du *Fureteur* chargé d'une mission spéciale, il lui semblait qu'il n'avait qu'une chose à faire : trouver une solution au problème du monstre, puis user de tous les moyens en son pouvoir pour persuader les responsables de l'exactitude de ses vues.

Ce qui le tourmentait pour le moment, c'était qu'il manquait d'informations. Il s'appliqua à remédier à cet état de choses le plus rapidement possible, et pour cela, appela les diverses sections au communicateur.

Il eut, presque toujours, affaire à des subordonnés. Chaque fois, il déclinait sa qualité de chef de section et l'effet était considérable. Les jeunes savants se trouvaient presque toujours disposés à l'aider. Certains, toutefois, se montrèrent réticents, disant, par exemple : « Il faut d'abord que j'obtienne la permission de mes supérieurs. » L'un des chefs de section, Smith, vint lui parler personnellement et lui donna tous les renseignements qu'il demandait. Un autre se montra très poli et demanda à Grosvenor de rappeler quand le chat serait mort. Ce fut aux chimistes que Grosvenor s'adressa en dernier. Il demanda Kent, étant certain — espérant même — qu'on ne le lui passerait pas. Il était déjà tout prêt à dire à un subordonné : « En ce cas, vous pourrez peut-être me renseigner. » A son désappointement, et à sa grande surprise, on lui passa Kent tout de suite.

Le chef des chimistes l'écouta avec une impatience mal dissimulée, et l'interrompit brusquement :

— Vous pouvez obtenir les renseignements que vous désirez par les voies régulières. Mais je dois vous dire que les découvertes faites sur la planète du chat ne pourront être mises en circulation avant plusieurs mois. Nous sommes obligés de vérifier et revérifier tous les faits.

Grosvenor n'abandonna pas la partie :

— Monsieur Kent, je vous prie instamment de permettre qu'on me donne tout de suite l'analyse quantitative de l'atmosphère de la planète du chat. Cela peut avoir une très grande répercussion sur le plan qui a été élaboré à la réunion. Il serait trop long de vous l'expliquer en détail pour le moment, mais je vous assure...

Kent l'interrompit :

— Ecoutez, mon garçon, (et il y avait une note de sarcasme dans sa voix), le temps est passé des discussions académiques. Vous n'avez pas l'air de comprendre que nous courons un danger mortel. Qu'il y ait le moindre accroc, et vous, moi et les autres allons être attaqués, et j'entends attaqués par des moyens tout ce qu'il y a de plus matériels. Il ne s'agira pas d'un exercice de gymnastique intellectuelle. Et maintenant, je vous en prie, ne me dérangez plus avant dix ans d'ici.

Un déclic indiqua que Kent avait coupé la communication. Grosvenor avait rougi sous l'insulte, mais il se remit vite et un sourire se dessinait sur ses lèvres lorsque, quelques secondes plus tard, il lança ses derniers appels.

Ses tables normographiques de haute probabilité indiquaient, entre autres choses, dans des espaces réservés à cet effet, la proportion de poussière volcanique contenue dans l'atmosphère de la planète, des notes sur diverses formes de végétation d'après une étude préliminaire de leurs graines, le type d'appareil digestif que devraient avoir les animaux pour se nourrir des plantes étudiées, et, par extrapolation, des hypothèses sur la conformation et le type d'êtres vivants qui se nourriraient des animaux mangeant les plantes en question.

Grosvenor se mit activement au travail et, comme il ne faisait que mettre des signes sur une carte déjà imprimée, il ne se passa pas longtemps avant qu'il eût son graphique. Celui-ci était assez compliqué. Il ne serait pas facile de l'expliquer à quelqu'un qui n'était pas déjà familiarisé avec le nexialisme. Mais, pour Grosvenor, le résultat de son travail était clair. Le graphique obtenu indiquait des possiblités et des solutions qu'il ne fallait pas ignorer.

Sous la colonne : RECOMMANDATIONS GÉNÉRALES, il écrivit : « Toute solution adoptée devrait comprendre une soupape de sûreté. »

Puis, prenant quatre copies de la carte, il se dirigea vers la section des mathématiciens. Des gardes barraient les entrées ; cette mesure de protection inhabituelle avait visiblement été prise contre le chat. Comme on lui refusait l'accès du bureau privé de Morton, Grosvenor demanda à voir l'un des secrétaires du chef. Un jeune homme finit par émerger d'une autre pièce et, après avoir poliment examiné la carte, il dit qu'il « allait essayer de la soumettre à l'attention de monsieur Morton ».

Grosvenor rétorqua d'un ton ferme :

— On m'a déjà dit ça. Si Morton ne voit pas cette

carte, je demanderai la constitution d'une commission d'enquête. Je ne sais pas ce qu'on fait ici des rapports que je soumets à Morton, mais si cela continue, je prendrai les mesures qui s'imposent.

Le secrétaire avait cinq ans de plus que Grosvenor. Son attitude était nettement hostile. Il s'inclina et dit d'un ton teinté de sarcasme :

— Notre chef est un homme très occupé. De toutes les sections, on réclame son attention. Certaines ont un passé de succès et un prestige qui leur donne le pas sur des sciences et... des savants plus jeunes. (Il haussa les épaules.) Mais je vais tout de même lui demander s'il désire examiner cette carte.

— Demandez-lui de lire les *recommandations*, dit Grosvenor. Pour le reste, il n'en aura pas le temps.

Le secrétaire dit :

— Entendu, je lui ferai part de votre remarque.

De là, Grosvenor alla chez le capitaine Leeth. Celui-ci le reçut et l'écouta attentivement. Puis il examina la carte. Enfin il hocha la tête.

— Nous autres militaires, dit-il d'un ton guindé, voyons ces choses d'un point de vue légèrement différent. Nous sommes prêts à courir certains risques pour atteindre certains objectifs. Vous prétendez qu'en fin de compte il serait préférable de laisser cette créature s'échapper ; pour moi, je ne suis pas du tout de cet avis. Nous sommes en présence d'un être intelligent qui a pris l'initiative des hostilités contre un vaisseau armé. Je suis convaincu que lorsqu'il l'a fait, il connaissait les conséquences de son acte. (Le capitaine esquissa un sourire.) Et ces conséquences, c'est la mort.

Pour Grosvenor la mort pouvait bien guetter, en effet, ceux qui voulaient user des méthodes inflexibles pour combattre un danger d'un caractère absolument extraordinaire. Il ouvrit la bouche pour dire qu'il n'avait quant à lui nullement l'intention de laisser le chat s'échapper. Mais, avant qu'il ait pu parler, le capitaine Leeth se leva :

— Je vais vous demander de me laisser maintenant. (Puis, s'adressant à un de ses hommes :) Reconduisez M. Grosvenor.

— Je connais le chemin, remarqua celui-ci d'un ton amer.

Seul dans le couloir, il regarda sa montre. Il restait quelques minutes avant l'heure fixée pour l'attaque.

Tristement, il prit le chemin du poste de contrôle. Presque tous les autres s'y trouvaient déjà lorsqu'il choisit un siège. Peu après lui, Morton et Leeth arrivèrent à leur tour. La séance fut déclarée ouverte.

Visiblement tendu, Morton faisait les cent pas devant son auditoire. Ses cheveux ordinairement plaqués étaient en désordre. La pâleur de son visage accentuait encore ce que le menton saillant avait d'agressif. Il s'arrêta brusquement et sa voix se fit entendre, tendue au point qu'elle en était acerbe :

— Pour nous assurer que nos plans sont bien coordonnés, je vais demander tour à tour à chacun des experts de venir nous exposer la part qu'il prend dans l'attaque. Monsieur Pennons, commencez !

Pennons se leva. Sans être de très haute taille, il paraissait grand, à cause de l'impression d'autorité qui se dégageait de sa personne. Comme les autres, il avait reçu une formation spécialisée mais, en raison même de sa spécialité, il avait moins besoin du nexialisme que tous les autres savants qui se trouvaient dans la pièce. Pennons connaissait à fond les machines et l'histoire des machines. Grosvenor avait eu l'occasion de voir le dossier du chef mécanicien et y avait appris que celui-ci avait étudié le développement de la mécanique sur une centaine de planètes, d'où l'on pouvait conclure qu'il avait acquis une sérieuse expérience. Il aurait pu parler pendant un millier d'heures tout en ne faisant qu'effleurer son sujet. Il dit :

— Nous avons installé un relais électrique dans

le poste de contrôle, qui mettra en mouvement et arrêtera chaque machine rythmiquement. Le levier à déclic du relais fonctionnera à raison de cent périodes par seconde. Cela aura pour effet de créer toutes sortes de vibrations. Il est fort possible que, exactement comme des soldats traversant un pont au pas cadencé peuvent le briser, une ou plusieurs machines se rompent, mais, à mon avis, cela ne constitue guère une source de danger. Nous nous proposons simplement de produire une vibration qui échappe au contrôle du monstre et qui nous permette d'enfoncer les portes !

— A Gourlay, maintenant ! dit Morton.

Gourlay se mit paresseusement debout. Il paraissait un peu endormi et plutôt ennuyé par tout ce qui se déroulait autour de lui. Grosvenor le soupçonnait d'aimer passer aux yeux de ses confrères pour un personnage affecté. Son titre exact était chef mécanicien chargé des transmissions, et son dossier témoignait d'efforts soutenus pour se perfectionner dans le domaine choisi. Dans la mesure où les diplômes prouvaient quelque chose, ceux de Gourlay le plaçaient au premier rang des spécialistes de sa partie. Quand il parla enfin, ce fut d'une voix traînante et sans se presser. Grosvenor remarqua que ce ton qu'il affectait avait un effet lénifiant sur l'assistance. Les visages anxieux se détendirent. Chacun se renversa plus confortablement sur son siège. Gourlay déclara :

— Nous avons monté des écrans vibrateurs qui feront miroirs. Une fois dans la place, nous nous servirons de ces écrans de façon que toutes les ondes envoyées par le monstre soient réfléchies sur lui. De plus, nous avons toute une réserve d'énergie électrique que nous nous proposons de lui envoyer par des coupes de cuivre mobiles. Il doit tout de même y avoir une limite à ses possibilités d'absorption de l'énergie.

— Selenski ! appela Morton.

Quand les yeux de Grosvenor se portèrent sur lui, le chef pilote était déjà debout. Cela s'était fait si vite qu'on eût dit qu'il avait devancé l'appel de son nom. Grosvenor l'étudia, fasciné. Selenski était mince de corps et de visage et avait des yeux bleus d'une extrême vivacité. Physiquement, il donnait une impression de puissance. D'après son dossier, il ne possédait pas une culture très étendue. Mais il compensait cette lacune par un équilibre nerveux à toute épreuve, une très grande faculté d'assimilation et une grande résistance. Il dit :

— Si j'ai bien compris, le plan d'attaque doit être de caractère cumulatif. Chaque fois que la créature croit que c'est plus qu'elle n'en peut supporter, il lui arrive autre chose pour ajouter à sa confusion. Quand le charivari est à son comble, je mets le dispositif de gravitation artificielle en marche. Le chef pense, comme Gunlie Lester, que cette créature ignore tout de la gravitation artificielle. C'est une technique qui est née de celle du voyage interstellaire et n'a pas de raison d'exister autrement. Nous croyons que lorsque la créature ressentira les premiers effets de la gravitation artificielle — vous connaissez, pour l'avoir vous-même ressentie, cette sensation d'affaissement — elle sera complètement déroutée et ne saura plus que faire.

Il se rassit.

— Korita, c'est à vous ! appela Morton.

— Je n'ai à vous offrir que des encouragements, dit l'archéologue. D'après ma théorie, notre monstre présente les caractéristiques du criminel de l'aube de toutes les civilisations. Smith nous a dit être stupéfié par les connaissances scientifiques de minet. A son avis, cela indiquerait que nous avons affaire à un habitant, et non à un descendant des habitants de la ville morte que nous avons visitée. Ce qui serait attribuer une virtuelle immortalité à notre ennemi, possibilité en partie confirmée par le fait qu'il est capable de respirer à la fois l'oxygène et le chlore, ou aucun des deux. Mais l'immortalité du monstre ne changerait rien à la question qui nous occupe. Le fait est qu'il est issu d'un certain âge de sa civilisation et qu'il est tombé si bas que ses idées sont pour la plupart des souvenirs de cet âge. En dépit de son pouvoir de contrôler l'énergie, il a perdu la tête la première fois que nous l'avons fait monter dans un ascenseur. En se laissant emporter par ses émotions au moment où Kent lui a présenté de la nourriture, il s'est placé dans une situation telle qu'il a été obligé de révéler son immunité aux armes à vibration. Il y a quelques heures encore, il a commis la folie de perpétrer ces meurtres en masse. Vous voyez donc qu'il a donné la preuve que son esprit primitif est entièrement tourné vers lui-même, qu'il ne comprend que très peu ou même pas du tout les réactions de son propre corps et qu'il n'a qu'une conception extrêmement restreinte de la vaste organisation à laquelle il s'attaque.

« On peut le comparer au soldat germain qui, en tant qu'individu, se sentait supérieur à l'érudit romain alors que ce dernier faisait partie d'une civilisation que les Germains de ce temps-là ne savaient qu'admirer. En résumé, nous sommes en présence d'un primitif, lequel primitif se trouve projeté dans l'espace très loin de son milieu ambiant habituel. Allons-y donc, nous avons tout à gagner.

Morton se leva. Un sourire un peu sardonique se peignait sur son visage. Il dit :

— D'après les projets que j'avais tout d'abord formés, le réconfortant discours de Korita devait servir de préliminaire à notre attaque. Or, durant l'heure qui vient de s'écouler, j'ai reçu un document provenant d'un jeune homme qui se trouve à bord de ce vaisseau et qui représente une science dont je sais fort peu de choses. Le fait même qu'il se trouve parmi nous exige que je prenne ses avis en considération. Convaincu qu'il était de tenir la solution de tous nos problèmes, il s'est présenté non seulement chez moi mais aussi chez le capitaine Leeth. Le capitaine et moi avons donc décidé d'un commun accord que M. Grosvenor pourrait disposer de quelques minutes pour nous exposer la solution qu'il envisage et nous convaincre qu'il sait ce dont il parle.

Grosvenor se leva en tremblant. Il commença :

— A l'Institut nexialiste, on enseigne que derrière les éléments généraux de chaque science il existe un lien inextricable entre cette science et toutes les autres. C'est une idée très ancienne, bien entendu, mais il y a une grande différence entre une idée et son application pratique. Et c'est justement cette application pratique que nous avons recherchée et découverte à l'Institut. Dans ma section, j'ai quelques-unes des plus remarquables machines à enseigner qu'on ait jamais vues. Je ne peux pas vous les décrire maintenant, mais je peux vous dire comment une personne rompue au fonctionnement et aux enseignements de ces machines résoudrait le problème du chat.

« Primo, les suggestions qui ont été faites ici jusqu'à maintenant n'ont abordé la question que sur un plan superficiel. Elles sont satisfaisantes pour ce dont elles traitent. Mais elles ne vont pas assez loin. Dès maintenant, nous sommes en possession d'un nombre suffisant d'éléments pour nous faire une image relativement nette du passé de minet. Je vais énumérer ces éléments. Il y a dix-huit cents ans, les plantes de pleine terre de la planète qui nous occupe ont soudain commencé à recevoir moins de lumière solaire dans certaines longueurs d'ondes. Ceci était dû à l'apparition dans l'atmosphère de grandes quantités de poussière volcanique. Résultat : presque du jour au lendemain, la plupart de ces plantes sont mortes. Hier, un de nos appareils de reconnaissance, patrouillant à cent cinquante kilomètres environ de la ville morte, a vu plusieurs créatures vivantes de la taille environ d'un cerf terrestre, mais apparemment plus intelligentes. Ces animaux étaient à ce point sur leurs gardes qu'il a été impossible de les prendre vivants et qu'il a fallu les tuer. Les assistants de M. Smith ont fait une analyse partielle des restes. Les cadavres contenaient du potassium sous une forme électro-chimique assez semblable à celle qu'on trouve dans le corps humain. Ces animaux sont les seuls que la patrouille ait vus. Il est donc possible qu'ils aient représenté l'une au moins des sources de potassium du chat. Dans les estomacs des cadavres, les biologistes ont trouvé des parcelles de plantes à des stades divers de digestion. Le cycle semble donc être : végétation, herbivore, carnivore. On peut supposer que, la plante ayant été détruite, l'animal dont c'était la nourriture est mort lui aussi. Ainsi, du jour au lendemain, notre minet a perdu sa nourriture.

Grosvenor parcourut rapidement l'assistance du regard. A une exception près, tous le suivaient intensément. C'était Kent qui faisait exception. Le chef des chimistes arborait une expression irritée. Son attention paraissait dirigée ailleurs.

Le nexialiste s'empressa de poursuivre :

— Il existe sous la voûte céleste plus d'un exemple de forme de vie dépendant entièrement d'un seul type de nourriture. Mais jamais encore nous n'avons vu que la forme de vie intelligente d'une planète se montre à ce point exclusive en ce qui concerne sa nourriture. Ces créatures ne paraissent même pas avoir eu l'idée de cultiver leurs aliments et, bien entendu, la façon de les produire. Vous admettrez que c'est là un manque incroyable de prévoyance. Si incroyable, en fait, que toute explication qui ne tiendrait pas compte de ce facteur ne pourrait, *ipso facto,* être satisfaisante.

Grosvenor fit une nouvelle pause, mais seulement pour reprendre son souffle. Cette fois, il ne regarda directement aucun des assistants. Il lui était impossible de fournir les preuves de ce qu'il était sur le point de dire. Il faudrait des semaines à chacun des chefs de section pour vérifier les éléments qui se rapportaient à son domaine particulier. Tout ce qu'il pouvait faire, c'était formuler sa conclusion, chose qu'il n'avait osé faire ni dans sa table de probabilités, ni au cours de sa conversation avec le capitaine Leeth. Il termina hâtivement :

— Les faits sont inéluctables. Minet n'est ni l'un des bâtisseurs de la cité ni un descendant de ces bâtisseurs. Lui et ceux de sa race étaient des animaux sur lesquels les bâtisseurs se livraient à leurs expériences.

« Qu'est-il arrivé aux bâtisseurs ? Nous ne pouvons qu'essayer de le deviner. Peut-être se sont-ils exterminés eux-mêmes il y a dix-huit cents ans dans une guerre atomique. La ville pratiquement rasée, l'apparition soudaine de poussière volcanique en quantité telle qu'elle a obscurci le soleil pour des millénaires, tendraient à le prouver. L'homme a presque réussi à en faire autant sur Terre, nous ne devons donc pas juger trop durement cette race disparue. Mais où ceci nous mène-t-il ?

Une fois de plus, Grosvenor reprit sa respiration et se hâta de continuer :

— Si minet avait été un bâtisseur, nous aurions déjà eu des preuves de l'étendue de sa puissance et nous saurions exactement ce à quoi nous nous attaquons. Mais, comme il n'en est rien, nous avons affaire à un animal qui ne peut avoir une conscience très nette de ses capacités. S'il est acculé, ou même mis dans une situation trop difficile, il peut se découvrir le pouvoir, dont il n'avait lui-même pas conscience, de détruire les humains et de contrôler les machines. Nous devons lui fournir l'occasion de s'échapper. Une fois sorti du vaisseau, il sera à notre merci. C'est tout, et merci de m'avoir écouté.

Morton fit du regard le tour de l'assistance :

— Eh bien, messieurs, qu'en pensez-vous ?

Kent dit aigrement :

— Je n'ai encore jamais rien entendu de tel. Possibilités. Probabilités. Fantaisies. Si c'est cela le nexialisme, j'attendrai qu'on me le présente sous une forme plus convaincante pour m'y intéresser.

Smith remarqua :

— Je ne vois pas comment nous pouvons accepter cette explication sans examiner d'abord le corps de minet.

Von Grossent, le chef des physiciens, dit :

— Je doute même qu'un examen prouve définitivement que le monstre a servi de sujet d'expérience. L'analyse de M. Grosvenor est et reste nettement sujette à controverse.

— Si nous pouvions faire de plus amples explorations dans la ville, dit Korita avec circonspection, nous arriverions peut-être à trouver des preuves de la théorie de M. Grosvenor. Celle-ci ne réfute pas complètement la théorie des cycles puisque l'intelligence empirique que M. Grosvenor prête au monstre tendait à refléter les attitudes et les croyances de ceux qui lui ont servi de maîtres.

Pennons prit à son tour la parole :

— Un de nos appareils de reconnaissance se trouve actuellement à l'atelier ; il est en partie démantelé et occupe le seul berceau de réparations dont nous disposions. Pour le mettre en état à l'usage du monstre, il faudrait autant de temps et d'efforts que pour l'attaque que nous projetons. Bien entendu, au cas où cette attaque échouerait, nous pourrions envisager de sacrifier un appareil, bien que je ne voie pas clairement comment minet pourrait le faire sortir du vaisseau. Nous n'avons pas de sas pneumatiques ici.

Morton se tourna vers Grosvenor :

— Qu'avez-vous à répondre à cela ?

— Il y a un sas pneumatique au bout du corridor de la chambre des machines. Nous devons lui permettre d'y accéder librement.

Le capitaine Leeth se leva :

— Comme je l'ai déjà fait remarquer à monsieur Grosvenor lorsqu'il est venu me voir, nous autres militaires montrons dans ces cas-là plus d'audace. Nous ne serons pas surpris s'il y a des victimes. Monsieur Pennons a très bien exprimé mon opinion. Si notre attaque échoue, nous verrons à prendre d'autres mesures. Merci, monsieur Grosvenor, pour votre exposé. Mais maintenant, au travail !

C'était un ordre. L'assistance se dispersa rapidement.

6

Sous la lumière impitoyable du grand atelier des machines, Zorl travaillait fébrilement. La plupart de ses souvenirs lui étaient revenus et, avec eux, il avait retrouvé les techniques que lui avaient enseignées les bâtisseurs et la faculté de s'adapter à des machines et à des situations nouvelles. Il avait trouvé le patrouilleur dans son berceau, en partie démantelé.

Zorl s'affairait à le réparer. D'instant en instant, la nécessité où il se sentait de s'évader devenait plus forte. Enfin, il tenait un moyen de retourner vers sa propre planète et les autres zorls. Avec les techniques qu'il saurait leur enseigner, ils deviendraient invincibles. Ainsi, leur victoire serait assurée. Il eut l'impression d'avoir enfin pris sa décision. Et pourtant, ce serait à contrecœur qu'il quitterait le vaisseau. Il n'était pas certain d'être en danger. Maintenant qu'il avait examiné les sources d'énergie de l'atelier des machines, il lui semblait que ces bipèdes n'avaient pas l'équipement nécessaire pour venir à bout d'un zorl.

Tout en travaillant, il continuait à être la proie de ce conflit intérieur. Ce ne fut que lorsqu'il s'arrêta pour regarder l'appareil de reconnaissance qu'il se rendit compte de l'ampleur du travail de réparation qu'il venait de faire. Il ne lui restait plus qu'à embarquer les outils et les instruments qu'il voulait emmener avec lui. Et puis... partirait-il, ou lutterait-il ? Son anxiété s'accrut, car il entendait les hommes approcher. Il perçut le brusque changement qui venait de se produire dans le grondement de tonnerre des moteurs : c'était maintenant une vibration périodique, plus aiguë, plus perçante, plus horripilante que le vrombissement sourd et continu qu'il y avait auparavant. C'était un bruit qui avait quelque chose de particulièrement énervant. Zorl lutta de toutes ses forces pour s'y adapter, et son corps était sur le point d'y parvenir, lorsqu'un nouveau facteur de trouble intervint. De puissants projecteurs mobiles se mirent à envoyer d'horribles flammes sur les portes massives de la chambre des machines. Tout de suite, Zorl eut à décider s'il valait mieux pour lui lutter contre les projecteurs ou contre le nouveau rythme des machines. Déjà, il se rendait compte qu'il ne serait pas capable de venir à bout des deux.

Il commença alors à concentrer tous ses efforts en vue de l'évasion. Le moindre muscle de son corps puissant était tendu tandis qu'il transportait outils, machines et instruments vers le patrouilleur, utilisant jusqu'au moindre espace disponible. Enfin, il s'arrêta sur le seuil et se prépara à accomplir l'acte qui précéderait immédiatement son départ. Il savait que les portes allaient céder. Les feux d'une demi-douzaine de projecteurs concentrés sur un point de chaque porte en rongeaient lentement, mais irrésistiblement, jusqu'aux derniers centimètres de métal. Zorl hésita, puis leur tira toute leur résistance à l'énergie. De tout son être, il se concentra sur la paroi extérieure du vaisseau vers laquelle pointait l'avant du patrouilleur. Il se recroquevilla sous le flux d'électricité qui l'envahit, venant des dynamos. Par ses oreilles, il dirigea toutes les ondes d'énergie droit vers le mur. Il se sentait en feu. Tout son corps lui faisait mal. Il comprenait qu'il était bien près d'atteindre la limite de sa capacité d'absorption de l'énergie.

En dépit de ses efforts, rien ne se passa. Le mur ne céda pas. Le métal était plus résistant que tout ce que Zorl avait connu jusqu'alors. Il conservait sa forme première. Les molécules étaient monoatomiques mais leur mode de groupement était particulier ; elles étaient très rapprochées, mais non, comme on aurait pu s'y attendre, d'une très grande densité.

Zorl entendit l'une des grandes portes s'effondrer vers l'intérieur. Des hommes crièrent. Les projecteurs roulèrent vers l'avant, ne trouvant plus de résistance sur leur chemin. Zorl entendit le plancher de la chambre des machines siffler sous les vagues de feu qui brûlaient le métal. Le bruit formidable et menaçant se rapprochait. Dans une minute, les hommes brûleraient les minces portes qui séparaient la salle des machines de l'atelier.

C'est durant cette minute que Zorl remporta sa victoire. Il sentit qu'en résistant contre les flammes l'alliage du métal s'était modifié. Le mur tout entier perdit son implacable cohésion. Extérieurement, il n'avait pas changé d'apparence, mais il n'y avait pas de doute possible. Le flux d'énergie qui traversait le corps de Zorl s'écoulait plus facilement. Le monstre continua encore à se concentrer pendant quelques secondes, puis se sentit satisfait. Avec un grognement de triomphe, il sauta dans le petit appareil de reconnaissance et manœuvra le levier qui en fermait la porte derrière lui.

D'un de ses tentacules, il empoigna la manette de commande avec une tendresse presque voluptueuse. La machine fit un bond en avant, et Zorl la dirigea droit vers l'épais mur extérieur. Quand le nez de l'appareil le toucha, le mur s'émietta en un torrent de poussière étincelante. Le poids de cette poussière métallique retarda pour un moment l'avance de l'engin. Mais le mur avait cédé, et l'appareil s'élança irrésistiblement dans l'espace.

Des secondes passèrent. Puis Zorl remarqua qu'il était parti perpendiculairement à la trajectoire du vaisseau. Il était encore si près qu'il pouvait distinguer le trou qu'il avait fait dans le mur pour s'évader. Sur un fond de lumière éblouissante, il voyait se découper des silhouettes d'hommes revêtus d'une cuirasse blindée. Ces hommes et le vaisseau devinrent de plus en plus petits. Bientôt Zorl ne vit plus que le vaisseau brillant de son millier de hublots éclairés.

Zorl s'éloignait rapidement. Son tableau de bord lui indiqua qu'il avait franchi quatre-vingt-dix degrés ; il accéléra au maximum. Ainsi, un peu plus d'une minute après son évasion, il repartait dans la direction d'où venait le vaisseau depuis plusieurs heures.

Derrière lui, le globe gigantesque était devenu trop petit pour qu'on pût distinguer les hublots un à un. Presque droit devant lui, Zorl vit une minuscule boule de lumière diffuse : son propre soleil. Là-bas, avec les autres zorls, il bâtirait un vaisseau interstellaire et ils pourraient partir à la découverte de planètes habitées. C'était à ce point important pour eux que Zorl se sentit pris d'une terreur subite. Il avait tourné le dos à la vitre arrière. Il regarda de nouveau de ce côté. Le globe était toujours là, minuscule point lumineux dans l'immensité noire de l'espace. Soudain, il scintilla, puis disparut.

Pendant un moment, Zorl eut la curieuse impression que, juste avant de disparaître, le globe avait bougé. Mais il ne voyait rien. Il ne se sentait pas très tranquille et se demandait s'ils n'avaient pas éteint toutes leurs lumières et s'ils ne le poursuivaient pas dans l'obscurité. Il sentait bien qu'il ne serait en sécurité que lorsqu'il aurait atterri.

Inquiet et mal à son aise, il revint au hublot avant. Il eut aussitôt une désagréable surprise. Le pâle soleil sur lequel il avait mis le cap ne grossissait pas. il *rapetissait visiblement.* Il devint un point minuscule dans le ciel noir, puis s'évanouit.

Zorl sentit comme un vent glacé de terreur. Pendant plusieurs minutes il fouilla anxieusement l'espace en espérant que son unique point de repère allait reparaître. Mais il ne vit que les lointaines étincelles des étoiles dont les points lumineux brillaient sans scintiller sur le fond velouté de l'espace.

Soudain, l'un de ces points se mit à grossir. Tous ses muscles tendus, Zorl le vit devenir une tache. Il prit les proportions d'une boule de lumière et continua de grossir. Il grossissait toujours. Un flot de lumière jaillit soudain et Zorl aperçut devant lui, brillant de tous ses hublots, le vaisseau interplanétaire, celui-là même que, quelques instants plus tôt, il avait regardé disparaître derrière lui.

A ce moment, quelque chose se passa en Zorl. Son esprit se mit à tournoyer comme un volant, de plus en plus vite. Il éclatait en un million de parcelles douloureuses. Les yeux exorbités, il se mit à tourner en rond comme un fou dans sa petite cage. Dans sa furie, il saisissait de précieux instruments et les envoyait se briser contre les murs. Il s'attaqua enfin aux parois même de son appareil. Dans un dernier éclair de raison, il comprit qu'il ne résisterait pas aux feux des désintégrateurs qui allaient maintenant être dirigés contre lui à distance respectueuse.

C'était un jeu que de déclencher le brusque processus de désintégration cellulaire qui libérerait la moindre parcelle d'id contenue dans ses organes vitaux.

Un ultime grognement de défi lui tordit les lèvres. Il agita vainement ses tentacules. Et puis, brusquement las de combattre, il s'effondra. La mort vint calmement après tant et tant d'heures de violence.

Le capitaine Leeth ne prenait pas de risques inutiles. Quand le feu cessa et qu'il fut possible d'approcher ce qui restait du patrouilleur, les chercheurs ne trouvèrent que des parcelles de métal fondu et, seulement ici et là, des vestiges de ce qui avait été le corps de Zorl.

— Pauvre minet ! dit Morton. Je me demande ce qu'il a pensé quand il a vu d'abord son soleil disparaître, puis notre vaisseau surgir devant lui. Ignorant tout de la gravitation artificielle, il ne savait pas que nous avions la possibilité de nous arrêter net dans l'espace, alors qu'il lui aurait fallu à lui plus de trois heures pour le faire. Tout en ayant l'impression d'avancer en direction de sa propre planète, il s'en éloignait de plus en plus. Il n'a pas pu deviner que, lorsque nous nous sommes arrêtés, il est passé devant nous et que nous n'avons plus eu qu'à le suivre et faire semblant d'être son soleil jusqu'à ce que nous soyons assez près de lui pour le tuer. Il a dû trouver tout le cosmos complètement sens dessus dessous.

Grosvenor écoutait le chef avec des sentiments mêlés. L'incident du chat s'estompait, se perdait dans le passé. Les détails, minute par minute, ne reviendraient plus à l'esprit d'aucun des assistants exactement comme ils s'étaient passés. Le danger qu'ils avaient tous couru paraissait déjà très loin.

— Pas de sentiment, disait Kent. Nous avons une mission à accomplir : exterminer tous les sales chats qui restent sur ce monde maudit.

— Ce ne doit pas être sorcier, murmura doucement Korita. Ce ne sont que des créatures primitives. Nous n'avons qu'à nous installer et ils viendront vers nous en s'imaginant nous duper.

Il se tourna vers Grosvenor.

— Je crois que ce serait également vrai, dit-il d'un ton aimable, même si, comme le dit notre jeune ami, ce ne sont que des animaux. Qu'en pensez-vous, monsieur Grosvenor ?

— J'irai même un peu plus loin, dit Grosvenor. En tant qu'historien, vous admettrez, j'en suis certain, qu'on ne connaît aucune tentative d'extermination totale qui ait réussi. N'oubliez pas que si minet nous a attaqués, c'est essentiellement parce qu'il avait désespérément besoin de nourriture. Il est évident que les ressources de cette planète ne peuvent suffire plus longtemps aux besoins de l'espèce. Les congénères de minet ignorent tout de notre existence et ne constituent donc pas pour nous une menace. Pourquoi dès lors ne pas les laisser tout simplement mourir de faim ?

7

CONFERENCE SUIVIE D'UNE DISCUSSION

Le nexialisme est une science qui a pour but de coordonner les éléments d'un domaine de la connaissance avec ceux des autres domaines. Il offre des moyens d'accélérer le processus d'absorption de la connaissance et d'utiliser efficacement ce qui a été appris. Vous êtes cordialement invités à assister à la conférence de :

ELLIOTT GROSVENOR
qui aura lieu dans la section nexialiste
le 9/7/1 à 15.50 (1)

Grosvenor colla sa notice sur le tableau d'affichage. Puis il se recula pour juger de l'effet. L'annonce de la conférence tenait une bien petite place au milieu d'affiches pour huit autres conférences, trois films, quatre documentaires, neuf groupes de discussions et plusieurs compétitions sportives. Il faudrait, en outre, compter avec ceux qui se retire-

(1) Il s'agit de l'heure stellaire basée sur une heure de cent minutes et un jour de vingt heures. La semaine avait dix jours, le mois trente, l'année trois cent soixante. Les jours avaient un numéro et pas un nom, le premier jour de ce calendrier étant le jour du départ de l'expédition.

raient dans leur chambre pour lire, avec les réunions d'amis, et les clients de la demi-douzaine de bars et de réfectoires qui, comme tous les soirs, seraient nombreux.

Néanmoins, il pouvait compter que sa note serait lue. En effet, elle ne se présentait pas, comme toutes les autres, sous la forme d'une feuille de papier. C'était un petit panonceau d'un centimère environ d'épaisseur. Les lettres se détachaient en relief, sur un fond lumineux. Une roue polychrome, de la minceur d'une feuille de papier, tournant dans un champ magnétique, transformait sans cesse la couleur de la source lumineuse. Les lettres changeaient de couleur tantôt une à une, tantôt par groupes. Comme la fréquence des ondes lumineuses se transformait magnétiquement d'instant en instant, l'effet chromatique produit ne se répétait jamais deux fois.

Ainsi, la note se distinguait de ses voisines comme une enseigne au néon et ne manquerait pas d'être vue.

Grosvenor se dirigea vers la salle à manger. A l'entrée, un homme lui fourra une carte dans la main. Surpris, Grosvenor y jeta un regard et lut :

KENT DOIT ÊTRE ÉLU CHEF DE L'EXPÉDITION

Monsieur Kent est à la tête de la section la plus importante de notre expédition. L'esprit de coopération dont il fait preuve à l'égard des savants des autres sections est bien connu. Gregory n'est pas seulement un savant, mais aussi un homme de cœur qui connaît les problèmes des autres savants. N'oubliez pas que, outre ses cent quatre-vingts militaires, officiers et hommes de troupe, la fusée transporte huit cent quatre savants dirigés par une administration élue à la hâte par une infime minorité juste avant le départ. Cette situation ne saurait se prolonger. Nous avons le droit d'être représentés démocratiquement.

RÉUNION ÉLECTORALE,
le 9/7/1
15 heures
Votez pour Kent !

Grosvenor glissa la carte dans sa poche et pénétra dans la salle brillamment éclairée. Des gens comme Kent, pensait-il, se rendent rarement compte des conséquences que peuvent avoir, à la longue, leurs efforts pour diviser un groupe d'hommes en deux camps hostiles. Dans les deux derniers siècles, plus de cinquante pour cent des expéditions interstellaires n'étaient jamais rentrées. On ne pouvait chercher la raison de ces disparitions que dans ce qui s'était passé à bord d'autres fusées d'expédition qui, elles, étaient revenues. Généralement, il y avait eu des dissensions parmi les membres de l'expédition, des disputes violentes, désaccord quant aux objectifs et division en plusieurs groupes. Ces derniers grandissaient en nombre en proportion quasi directe avec la durée du voyage.

Les élections en cours d'expédition étaient une innovation récente. La permission en avait été donnée parce que les hommes acceptaient de mauvaise grâce de se plier irrévocablement à la volonté de chefs nommés à l'avance. Mais une fusée n'était pas un Etat en miniature. Une fois en route, il n'était plus question de remplacer les victimes. Face à la catastrophe, les ressources en potentiel humain étaient limitées.

Rendu soucieux par ces réflexions et ennuyé que l'heure de la réunion politique coïncidât avec celle de sa conférence, Grosvenor se dirigea vers sa table. La pièce était pleine. Ses compagnons de la semaine étaient déjà installés et mangeaient. Ils étaient trois, jeunes savants de différentes sections.

Lorsqu'il s'assit, l'un d'eux remarqua d'un ton jovial :

— Eh bien, à quelle malheureuse femme sans défense allons-nous nous attaquer aujourd'hui ?

Grosvenor rit avec bonhomie, mais il savait bien que la remarque de l'autre n'était qu'à demi une plaisanterie. La conversation de ces jeunes gens tendait vers une certaine uniformité : elle roulait surtout sur les femmes et le sexe. Le problème sexuel avait été chimiquement résolu pour tous ces hommes par l'inclusion de certaines drogues dans leur nourriture. Le besoin physique était donc éliminé, mais le côté sentimental n'était pas pour cela satisfait.

Personne ne répondit à la question. Carl Dennison, un chimiste, réprimanda celui qui l'avait posée, puis, se tournant vers Grosvenor :

— Comment comptez-vous voter, Grove ? demanda-t-il.

— Par scrutin secret, dit Grosvenor. Et maintenant, revenons à cette blonde dont Allison nous parlait ce matin...

Dennison insista :

— Vous voterez pour Kent, n'est-ce pas ?

Grosvenor eut un sourire.

— Je n'y ai même pas encore pensé. Nous avons encore plusieurs mois devant nous avant les élections. Que reprochez-vous à Morton ?

— Au fond, c'est un homme placé là par le gouvernement.

— Il en va de même pour moi et pour vous.

— Ce n'est qu'un mathématicien, et non un savant au sens propre du mot.

— Là, vous m'apprenez quelque chose, dit Grosvenor. Voilà des années que je vis dans l'illusion que les mathématiciens sont des savants.

— C'est justement. C'est la ressemblance superficielle qui crée l'illusion. (Dennison essayait visiblement de leur faire partager une de ses convictions intimes. C'était un garçon d'aspect sérieux et il se penchait en avant et continuait, comme s'il avait déjà prouvé ce qu'il avançait :) Les savants doivent se serrer les coudes. Vous vous rendez compte, nous sommes ici toute une fusée pleine d'hommes de science, et qui est-ce qu'ils nous ont mis pour nous diriger ? Un homme qui travaille dans l'abstrait. Ce n'est pas lui qui peut avoir l'entraînement suffisant pour résoudre des problèmes pratiques.

— C'est drôle, il m'avait semblé qu'il se débrouillait assez bien pour aplanir nos difficultés matérielles.

— Nous sommes capables d'aplanir nos difficultés nous-mêmes.

Dennison paraissait irrité.

Grosvenor avait appuyé sur plusieurs boutons. Son repas commença à lui arriver par le monte-plats dont l'orifice se trouvait au centre de la table. Il renifla :

— Ah ! de la sciure de bois rôtie, venant tout droit de la section de chimie. Cela sent délicieusement bon. Mais je me demande seulement si on a dépensé la quantité d'efforts nécessaires pour rendre la sciure venue de la planète du chat aussi nourrissante que celle que nous avons apportée avec nous. (Il leva la main :) Ne me répondez pas. Je ne veux pas perdre mes illusions sur l'intégrité de la section de M. Kent quand bien même je n'aimerais pas la façon dont il se comporte. Voyez-vous, je lui avais demandé un peu de cette coopération dont on parle sur ce tract électoral, et il m'a prié de le rappeler dans dix ans d'ici. Je suppose que, à ce moment-là, il ne pensait pas aux élections. Qui plus est, il a du toupet d'organiser une réunion électorale le soir précisément où je fais une conférence.

Il se mit à manger.

— Aucune conférence ne peut être aussi importante que cette réunion. Nous allons discuter des questions qui affectent les conditions de travail de chacun de nous sur cette fusée, y compris vous. (Le visage de Dennison s'était coloré et sa voix s'était faite plus dure :) Ecoutez, Grove, je ne vois vraiment pas ce que vous pouvez avoir contre un homme que vous connaissez à peine. Kent est le genre de type qui n'oublie pas ses amis.

— Je parie qu'il réserve aussi un traitement spécial à ceux qu'il ne porte pas dans son cœur, dit Grosvenor. (Il haussa les épaules d'un air impatient.) Carl, pour moi, Kent représente tout ce qui est destructif dans notre civilisation actuelle. Si nous en croyons la théorie d'histoire cyclique de Korita, nous sommes au stade « hiver » de notre culture. Il faudra qu'un de ces jours je lui demande de m'expliquer tout cela plus en détail, mais je suis assez convaincu que la caricature que nous offre Kent d'une campagne démocratique est un exemple d'un des pires aspects de cette période hivernale.

Il aurait aimé ajouter que c'était pour éviter cela justement qu'il se trouvait à bord, mais, naturellement, il n'en était pas question. C'était une discorde comme celle qui était née sur le *Fureteur* qui avait provoqué la catastrophe pour tant d'expéditions précédentes. Les hommes l'ignoraient, mais c'était pour cela que tous les vaisseaux interstellaires étaient devenus des terrains d'expériences sociologiques : nexialistes, élections, commandement double, ainsi que d'innombrables changements de détail, tout cela on l'essayait dans l'espoir d'arriver à rendre moins coûteuse l'expansion de l'homme dans l'espace.

Une grimace de dérision se peignit sur le visage de Dennison. Il dit :

— Entendez-moi ce jeune philosophe ! (Et il ajouta sans ambages :) Un bon conseil, votez pour Kent, ça vaudrait mieux pour vous !

Grosvenor réprima avec peine son irritation :

— Qu'est-ce qu'il peut me faire, me priver de ma part de sciure de bois ? Peut-être me présenterai-je moi-même pour le poste de chef. J'aurai les votes de tous les moins de trente-cinq ans. Après tout, nous battons les vieux à trois ou quatre contre un. La démocratie exige une représentation proportionnelle.

Dennison paraissait avoir recouvré son calme. Il dit :

— Vous commettez une grave erreur, Grosvenor. Vous verrez.

Le reste du dîner s'écoula dans le silence.

Le lendemain soir, à cinq minutes de 15 h 50, Grosvenor commençait à se dire que son panneau publicitaire n'avait eu aucun résultat. Il en était déconcerté. Il comprenait que Kent aurait pu défendre à ses partisans d'assister à des conférences faites par des hommes qui n'avaient pas caché qu'ils ne seraient pas de son côté. Mais, en admettant même que le chef des chimistes contrôlât la majorité des électeurs, il restait toujours plusieurs centaines de membres de l'expédition qui ne pouvaient avoir été influencés par lui. Grosvenor ne pouvait s'empêcher de repenser à ce que lui avait dit l'un des membres du gouvernement, nexialiste lui-même, la veille du départ de l'expédition :

— Ça ne va pas être facile, cette mission dont vous vous êtes chargé à bord du *Fureteur*. Le nexialisme est une conception extrêmement récente de l'enseignement et des processus d'association. Les anciens la combattront instinctivement. Quant aux jeunes, s'ils ont déjà fait leurs études d'après les méthodes ordinaires, ils seront automatiquement hostiles à tout ce qui pourrait laisser croire que leurs techniques nouvellement acquises sont déjà démodées. Vous-même, il vous reste encore à appliquer dans la pratique ce que vous avez appris en théorie, bien que, dans votre cas particulier, cette transition même fasse partie de votre formation. Rappelez-vous seulement qu'un homme qui a raison arrive assez souvent à se faire écouter dans un moment de crise.

A 16 h 10, Grosvenor passa devant les tableaux d'affichage de deux des salons et du couloir central et reporta l'heure de sa conférence à 17 heures. A 17 heures, il la transforma en 17 h 50, et plus tard en 18 heures. « Ils vont sortir, se dit-il. La réunion politique ne peut pas se prolonger éternellement, et les autres conférences dureront deux heures tout au plus. » A 18 heures moins 5, il entendit les pas de deux hommes qui s'avançaient lentement dans le couloir. Il y eut un silence lorsqu'ils s'arrêtèrent devant la porte ouverte de Grosvenor, puis une voix dit :

— C'est bien ici.

Ils éclatèrent de rire, sans raison apparente. Un instant après, Grosvenor vit entrer deux jeunes gens. Il hésita un instant, puis les salua amicalement d'un signe de tête. Depuis le premier jour du voyage, il s'était fixé pour tâche de connaître tous les hommes qui se trouvaient à bord, leurs voix, leurs visages, leurs noms et tout ce qu'il pouvait découvrir sur leur compte. Les membres de l'expédition étaient si nombreux que le nexialiste n'était pas encore arrivé à les distinguer tous. Mais ces deux-là, il se souvenait d'eux : ils appartenaient à la section de chimie.

Il les observa prudemment tandis qu'ils faisaient le tour de la pièce, regardant les appareils à enseigner. Ils avaient l'air de bien s'amuser. Ils s'installèrent enfin sur des chaises et l'un d'eux dit avec une politesse un peu trop accentuée :

— Quand comptez-vous commencer votre conférence, monsieur Grosvenor ?

Celui-ci regarda sa montre.

— Dans cinq minutes environ, dit-il.

Dans l'intervalle, huit hommes arrivèrent. Grosvenor s'en sentit considérablement ragaillardi, d'autant que le début ne lui avait rien laissé présager de bon ; en outre, il était content de voir que parmi ses auditeurs se trouvait Donald Mc Cann, chef de la section de géologie. Même le fait qu'il se trouvât quatre chimistes parmi les assistants ne le troubla pas.

Ravi, il se lança dans son sujet : le réflexe conditionné et comment il s'était développé, depuis Pavlov, jusqu'à devenir une pierre angulaire du nexialisme.

Lorsqu'il eut terminé, Mc Cann vint vers lui.

— J'ai noté, dit-il, que vous employez, entre autres, ce que vous appelez la machine à dormir qui vous éduque dans votre sommeil. (Il gloussa :) Je me souviens d'un de mes anciens professeurs qui disait toujours qu'il ne fallait guère plus de mille ans pour emmagasiner toutes les connaissances scientifiques. actuelles. Vous n'avez pas l'air d'avoir accepté cette limitation.

Grosvenor vit, dans les yeux gris de l'autre, une lueur amicale.

— Cette limitation, dit-il en souriant, provenait en partie de l'ancienne méthode qui consistait à utiliser la machine sans entraînement préalable. Aujourd'hui, l'institut nexialiste a recours à l'hypnose et à la psychothérapie pour briser la résistance initiale. Par exemple, quand on m'a testé, on m'a dit que, dans mon cas, la tolérance normale à l'hypnogénérateur était de cinq minutes toutes les deux heures.

— Une bien petite tolérance, dit Mc Cann. Ma dose à moi, c'était trois minutes toutes les demi-heures.

— Mais vous vous en êtes tenu là, n'est-ce pas, fit Grosvenor d'un ton caustique.

— Et vous, qu'avez-vous fait ?

Grosvenor sourit.

— Je n'ai rien fait. J'ai été soumis à divers processus d'amélioration jusqu'au moment où j'ai pu dormir profondément pendant huit heures sans que la machine s'arrête de fonctionner. Diverses autres techniques vinrent compléter ma formation.

Le géologue ignora cette dernière phrase.

— Huit heures de suite ? s'exclama-t-il, ébahi.

— De suite, répéta Grosvenor.

Le vieux savant parut réfléchir.

— De toute façon, dit-il enfin, cela ne réduit notre période initiale que d'un facteur de trois environ. Même sans employer de technique d'amélioration, il y a beaucoup de gens qui peuvent être instruits pendant cinq minutes sur chaque période d'un quart d'heure de sommeil sans être réveillés.

Grosvenor répondit lentement, sans perdre un instant de vue le visage de son interlocuteur.

— Mais il faut leur répéter les choses un certain nombre de fois.

L'expression qu'il vit sur le visage de Mc Cann lui dit qu'il avait visé juste. Il s'empressa de poursuivre :

— Je suis bien certain, monsieur, qu'il vous est déjà arrivé de voir ou d'entendre quelque chose une seule fois, et de ne jamais l'oublier. Et pourtant, à d'autres moments, des impressions auditives ou visuelles tout aussi profondes que celles dont vous avez gardé un souvenir ineffaçable s'évanouissent au point que vous ne pouvez vous les rappeler avec exactitude, même si l'on en fait mention devant vous. Il y a des raisons à cela, et l'institut nexialiste a déterminé ces raisons.

Mc Cann ne dit rien. Il avait pincé les lèvres. Par-dessus son épaule, Grosvenor vit que les quatre chimistes s'étaient rassemblés près de la porte du couloir et discutaient à voix basse. Il ne leur jeta qu'un coup d'œil, puis dit au géologue :

— Au début, il y a eu des moments où j'ai cru que l'effort que l'on me demandait était trop grand.

Mc Cann hochait la tête.

— Je suppose que les résultats les plus importants que vous obtenez proviennent de ces petits films où chaque image ne reste sur l'écran qu'une fraction de seconde.

Grosvenor acquiesça :

— Nous avons, en effet, eu des projections de films tachistoscopiques environ trois heures par jour, mais cela ne représentait que quarante-cinq pour cent environ de l'ensemble de l'enseignement. Le secret de celui-ci réside dans la vitesse et la répétition.

— Toute une science en un seul cours ! s'exclama Mc Cann. C'est ce que vous appelez une formation intégrale.

— C'en est un des aspects. Nous avons appris avec tous nos sens, par nos doigts, nos oreilles, et même notre odorat.

Cette fois encore, Mc Cann parut ébranlé. Grosvenor vit que les jeunes chimistes s'étaient enfin décidés à partir. Du couloir lui parvinrent leurs rires étouffés. Le bruit fit sortir Mc Cann de sa songerie. Le géologue tendit la main et dit :

— Venez donc faire un tour dans ma section un de ces jours. Peut-être pourrions-nous trouver un moyen de coordonner vos facultés d'intégration avec nos expériences pratiques. Nous pourrons voir ce que cela aura donné une fois que nous aurons atterri sur une autre planète.

En se rendant à sa chambre à coucher, Grosvenor sifflotait doucement. Il venait de remporter sa première victoire et la sensation n'était pas désagréable.

8

Comme il s'approchait de son bureau, le lendemain matin, Grosvenor constata avec étonnement que la porte en était ouverte. Un rai de lumière, venu de la porte, traversait le couloir sombre. Grosvenor se précipita et s'arrêta net sur le seuil.

Du premier coup d'œil, il vit sept techniciens de la section de chimie, y compris deux de ceux qui avaient assisté à sa conférence. On avait apporté des instruments et des machines dans la pièce. Il y avait là toute une série de cuves, de brûleurs et de tuyaux destinés à amener des produits chimiques jusqu'aux cuves.

Grosvenor se reporta en esprit à la façon dont les chimistes s'étaient conduits lors de sa conférence. Il passa le seuil, malade d'inquiétude à l'idée de ce qui avait pu advenir de ses propres instruments. Cette première pièce contenait un certain nombre de machines mais, en fait, elle était surtout destinée à recevoir les machines enfermées dans les autres salles et qu'on sortait pour des séances d'instruction. L'équipement spécial de Grosvenor était réparti dans les autres salles.

Par la porte ouverte qui menait à son studio d'enregistrement, il vit que celui-ci aussi avait été occupé. Il en resta muet de surprise. Ignorant les hommes qui étaient là, il inspecta successivement ses quatre pièces. Trois avaient été envahies par des chimistes : le studio d'enregistrement, le laboratoire et l'atelier. La quatrième, avec ses dispositifs techniques et son dépôt de matériel, n'avait pas été complètement épargnée : tous les meubles et instruments mobiles y avaient été empilés. Une porte menait de cette quatrième pièce à un petit couloir : Grosvenor se dit tristement que c'était là qu'était désormais l'entrée de sa section.

Malgré tout, il ne voulait pas encore se laisser aller à la colère. Il réfléchissait à tous les aspects de cette nouvelle situation. On s'attendait évidemment à ce qu'il proteste auprès de Morton. Kent voudrait tourner l'incident à son avantage en vue des élections. Grosvenor ne voyait pas très bien quel parti Kent pourrait en tirer pour sa campagne électorale, mais il était probable que le chimiste avait son idée.

Lentement, Grosvenor revint dans son auditorium. C'est alors qu'il remarqua que les cuves servaient à fabriquer de la nourriture. C'était intelligent. Ainsi pourrait-on alléguer que ces pièces servaient enfin à quelque chose d'utile, alors qu'auparavant ce n'était visiblement pas le cas.

Grosvenor ne doutait pas un instant des motifs qui avaient entraîné cet envahissement de son territoire. Kent ne l'aimait pas. En prenant ouvertement position contre lui pour les prochaines élections, Grosvenor n'avait fait qu'aviver l'antipathie du chimiste. Qui plus est, celui-ci, en manœuvrant adroitement, pourrait doublement profiter de sa vengeance en tournant aussi l'opinion contre Grosvenor.

Celui-ci se dit qu'il devait faire en sorte que Kent ne tirât pas de son initiative les bienfaits qu'il en attendait.

Il s'approcha de l'un des hommes et dit :

— Voulez-vous faire savoir à vos camarades que je suis ravi de cette occasion qui m'est offerte d'élargir les connaissances du personnel de la section de chimie et que j'espère que personne ici ne refusera de s'instruire tout en travaillant.

Il s'éloigna sans attendre la réponse. Quand il se retourna, il vit que l'homme le suivait des yeux avec ébahissement. Grosvenor réprima un sourire. Il se sentait tout joyeux en rentrant dans la pièce qui lui avait été laissée : enfin il allait pouvoir employer quelques-unes des techniques d'enseignement dont il disposait.

Il lui fallut, tant le désordre qu'on avait mis chez lui était grand, un bon moment pour retrouver le gaz hypnotique qu'il cherchait. Il passa près d'une demi-heure à fixer un décompresseur au tuyau de décharge afin que le gaz ne sifflât pas en se répandant. Cela fait, Grosvenor transporta le container dans la pièce extérieure. Il le plaça dans un placard à porte grillagée, puis ouvrit le gaz et, tout de suite, referma à clef la porte du placard.

Un léger parfum se mêla à l'odeur qui se dégageait des cuves.

Grosvenor se préparait à ressortir lorsqu'il fut arrêté par l'un des hommes qui avaient assisté à sa conférence de la veille.

— Qu'est-ce que vous fichez là ?

Grosvenor ne se départit pas de son calme :

— Dans un instant, vous ne sentirez pratiquement plus rien. Cela fait partie de mon programme d'éducation de votre personnel.

— Qui vous a demandé de nous éduquer ?

— Mais enfin, monsieur Maldon, dit Grosvenor, feignant l'étonnement, comment voulez-vous que j'explique autrement votre présence chez moi ? (Il eut un bon rire.) D'ailleurs, je plaisantais. Je me suis contenté de mettre un désodorisant. Je ne tiens pas à ce que l'air ici devienne irrespirable.

Il partit sans attendre la réponse et alla se poster dans un coin pour observer la réaction des hommes. Ils étaient quinze. Il pouvait escompter cinq réactions entièrement favorables et cinq partielles. De toute façon, ces réactions ne lui échapperaient pas.

Au bout de quelques minutes d'observation attentive, Grosvenor s'avança, s'arrêta devant l'un des hommes et lui dit à voix basse, mais ferme :

— Venez au lavabo dans cinq minutes d'ici et je vous donnerai quelque chose. Et maintenant, n'y pensez plus.

Il se retira vers la porte qui menait au studio d'enregistrement. Lorsqu'il se retourna, il vit Maldon s'approcher de l'homme à qui il venait de parler, et lui poser une question. L'homme secoua la tête, marquant une surprise évidente.

Maldon, furieux, s'exclama :

— Mais enfin, ne dites pas qu'il ne vous a pas parlé, je l'ai vu !

Le technicien se fâcha à son tour :

— Je n'ai rien entendu, moi, et pourtant j'aurais dû être bien placé.

Si la discussion continua, Grosvenor en tout cas n'en vit ni n'en entendit rien. En effet, il venait d'apercevoir du coin de l'œil, dans la pièce voisine un jeune homme qui paraissait avoir atteint un stade de réceptivité suffisante. Tout de suite, il s'en approcha, et de la même voix basse et ferme dont il avait parlé au premier, il donna à celui-ci le même ordre en ne changeant que le temps : un quart d'heure au lieu de cinq minutes.

Six hommes en tout se prêtèrent à l'expérience d'une façon que Grosvenor estimait suffisante pour son plan. Parmi les neuf autres, trois — dont Maldon — eurent une réaction plus faible. Grosvenor n'insista pas davantage. Pour l'instant, il avait besoin de cas sûrs. Plus tard, il pourrait changer les données de l'expérience pour les autres.

Grosvenor alla au lavabo où, bientôt, le premier de ses six sujets vint le rejoindre. Grosvenor lui sourit et, en lui montrant une petite coupe de cristal avec ses collets destinés à fixer l'instrument dans l'oreille, lui demanda :

— Avez-vous déjà vu ceci ?

L'homme prit la chose en main, l'examina en fronçant les sourcils et secoua la tête :

— Qu'est-ce que c'est ? demanda-t-il.

Grosvenor ordonna :

— Tournez-le de ce côté et il entrera exactement dans votre oreille.

L'autre obéit sans protester et Grosvenor poursuivit d'un ton impératif :

— Vous remarquerez, j'en suis sûr, que la partie externe de l'appareil a la couleur de la chair humaine. Autrement dit, on ne pourra remarquer que vous portez cette coupelle que si l'on vous regarde de très près. Si quelqu'un vous pose des questions à ce sujet, vous direz que c'est un appareil destiné à vous rendre l'ouïe plus fine. Vous-même, d'ici une minute ou deux, vous ne le sentirez plus.

L'homme parut intéressé :

— Je ne le sens presque plus, en effet. Mais à quoi cela sert-il ?

— C'est un appareil de radio, expliqua Grosvenor. (Il poursuivit lentement, en insistant sur chaque mot :) Mais vous n'entendrez jamais consciemment ce qu'il dira. Les mots passeront directement dans votre inconscient. Vous continuerez à entendre ce que les autres vous diront, vous pourrez poursuivre des conversations. En fait, vous pourrez tout simplement continuer à mener votre vie normale sans vous rendre compte qu'il se passe en vous quoi que ce soit d'inhabituel. Vous n'y penserez même pas.

— Ça alors, dit le technicien.

Il sortit en hochant la tête. Quelques minutes après, le second sujet arriva à son tour puis, un à un, les quatre autres qui s'étaient montrés particulièrement réceptifs. A chacun, Grosvenor remit un récepteur de radio quasi invisible qu'il leur ordonna d'appliquer aussitôt à leur oreille.

Puis, en sifflotant, il alla chercher un autre container d'un second gaz hypnotique qu'il substitua au premier dans le placard grillagé. Cette fois, Maldon et quatre hommes répondirent pleinement à l'appel. Parmi les autres, deux hommes eurent une légère réaction, un autre, qui avait été très légèrement affecté par le premier gaz, parut sortir complètement de son sommeil, et le dernier ne donna pas signe de la moindre réaction.

Grosvenor décida de se contenter d'avoir complètement hypnotisé onze sujets sur quinze. Kent allait être désagréablement surpris de découvrir subitement un pareil nombre de chimistes de génie dans sa section.

Néanmoins, ceci était encore loin de la victoire finale. Pour cela, il faudrait probablement s'attaquer à Kent de façon encore plus directe.

Grosvenor confectionna hâtivement une bande d'enregistrement à l'intention des postes de radio auriculaires. Il la fit passer ensuite tout en se promenant au milieu des hommes et en observant leurs réactions. Quatre de ses sujets parurent préoccupés. Grosvenor s'approcha de l'un d'eux, qui ne cessait de secouer la tête.

— Qu'avez-vous ? lui demanda-t-il.

L'homme eut un petit rire gêné :

— J'entends une voix. C'est idiot.

— C'est fort ?

— Non, c'est plutôt loin. Ça s'en va, et puis...

— Ça va s'en aller, dit Grosvenor d'un ton apaisant. Ce doit être un peu de fatigue cérébrale. Je parie que cela va déjà beaucoup mieux maintenant que quelqu'un vous a parlé et a distrait votre attention.

L'homme pencha la tête de côté et parut écouter. Il eut un regard surpris :

— C'est parti. (Il poussa un soupir de soulagement.) Je commençais à m'inquiéter.

Des trois autres hommes qui lui avaient paru préoccupés, Grosvenor en rassura deux avec une relative facilité. Mais le troisième, en dépit de ses efforts, continua à entendre la voix. Finalement, Grosvenor le prit à part et, sous prétexte de lui examiner l'oreille, lui enleva le petit poste. L'homme avait probablement encore besoin d'entraînement.

Grosvenor adressa alors la parole tour à tour à chacun de ses autres sujets. Puis, satisfait, il rentra dans son bureau où il rassembla une série de disques qu'il installa de façon qu'ils jouent pendant trois minutes tous les quarts d'heure. De retour dans l'auditorium, il vit que tout se passait normalement. Il décida qu'il pouvait en toute tranquillité laisser ces hommes à leur travail. Il sortit et se dirigea vers les ascenseurs.

Quelques minutes plus tard, il pénétrait dans la section de mathématiques et demandait à voir Morton. A sa surprise, il fut admis immédiatement.

Il trouva Morton confortablement installé devant un grand bureau. Le mathématicien lui indiqua une chaise et Grosvenor y prit place.

C'était la première fois qu'il se trouvait chez Morton et il regarda curieusement autour de lui. La pièce était vaste et un de ses murs tout entier était formé d'une plaque vitrée. Pour l'instant, elle découvrait l'espace sous un angle tel que la grande galaxie, où le soleil ne figurait que comme un minuscule grain de poussière, était visible d'un bord à l'autre.

Se trouvaient aussi dans le champ de vision plusieurs de ces amas d'étoiles qui, bien que ne faisant pas à proprement parler partie de la Voie Lactée, tournent avec elle à travers l'espace. A leur vue, Grosvenor se souvint que c'était justement à travers un des plus petits de ces amas que passait actuellement *Le Fureteur*.

Une fois les formules de politesse habituelles échangées, il s'enquit :

— A-t-il déjà été décidé si nous nous arrêtions ou pas à l'un des soleils de cet amas ?

Morton répondit :
— Il semble qu'on se soit décidé contre ce projet et j'en suis assez content. Nous nous dirigeons vers une autre galaxie et nous resterons déjà bien assez longtemps loin de la Terre.
Le chef de l'expédition se pencha en avant, prit un papier sur son bureau, puis se renversa sur son siège. Brusquement, il dit :
— On me rapporte que vous avez été envahi.
Grosvenor eut un fin sourire. Il se doutait bien que certains membres de l'expédition n'avaient pas appris la nouvelle sans une certaine satisfaction. Nombreux étaient ceux qui se sentaient mal à l'aise en songeant aux possibilités du nexialisme. Ceux-là — et ils n'étaient pas encore tous des supporters de Kent — ne verraient pas d'un bon œil le chef de l'expédition se mêler de l'affaire.
Malgré cela, Grosvenor était venu voir si Morton était prêt à faire face à la situation. En quelques mots, il décrivit ce qui s'était passé. Il termina en disant :
— Monsieur Morton, j'aimerais que vous priiez M. Kent de rentrer chez lui.
En fait, il n'avait aucun désir de voir cet ordre donné, mais il voulait voir si Morton, lui aussi, voyait le danger.
Le chef de l'expédition haussa la tête et dit d'un ton posé :
— Après tout, vous avez beaucoup de place pour vous tout seul. Pourquoi ne pas la partager avec une autre section ?
Devant cette réaction trop neutre, Grosvenor n'avait d'autre recours que d'insister. Il remarqua avec fermeté :
— Dois-je comprendre que, à bord de cet appareil, un chef de section peut empiéter sur le territoire d'un autre chef de section, sans même avoir à demander d'abord l'autorisation d'un responsable ?

Morton ne répondit pas tout de suite. Un sourire désabusé se jouait sur son visage. Enfin, il parla.

— J'ai l'impression, dit-il, que vous comprenez mal ma position à bord du *Fureteur*. Avant de prendre une décision quelconque en ce qui concerne un chef de section, je dois consulter les autres. (Il regarda au plafond.) Supposons que je mette la question à l'ordre du jour, et qu'alors on décide d'accorder à Kent l'espace qu'il a déjà occupé dans votre section. Il en résulterait un statut reconnu, donc permanent. (Il termina d'un ton dégagé :) J'ai pensé que vous n'aimeriez pas beaucoup voir votre espace vital définitivement limité dès maintenant.

Son sourire s'élargit.

Grosvenor, qui avait atteint son but, rendit son sourire à Morton.

— Je suis très heureux d'avoir votre appui dans cette affaire. Je peux donc compter sur vous pour que Kent ne mette pas la question à l'ordre du jour ?

Si Morton fut surpris par ce subit revirement, il n'en laissa rien paraître.

— L'ordre du jour, dit-il, est un point sur lequel j'ai pas mal d'influence. C'est mon bureau qui le prépare. C'est moi qui le présente. Les chefs de section peuvent demander que la requête de Kent soit mise à l'ordre du jour pour l'une des réunions à venir, mais pas pour celles qui se tiennent actuellement.

— Je suppose, dit Grosvenor, que M. Kent a déjà présenté une demande pour reprendre quatre pièces de ma section ?

Morton acquiesça. Il reposa le papier qu'il avait en main et prit un chronomètre. Il étudia celui-ci attentivement.

— La prochaine réunion aura lieu dans deux jours. Les suivantes, toutes les semaines, à moins que je ne les remette. Je crois... (il parlait d'un ton un peu rêveur) je crois que je n'aurai pas de difficulté à supprimer celle qui doit se tenir dans douze jours d'ici. (Il reposa le chronomètre et se leva brusquement.) Cela vous donnera vingt-deux jours pour vous défendre.

Grosvenor se remit lentement debout. Il décida de ne faire aucun commentaire sur le temps qui lui avait été alloué. Pour l'instant, celui-ci lui paraissait plus que suffisant, mais, en le disant, il pourrait paraître prétentieux. Ou bien il regagnerait tout le territoire qui lui avait été alloué bien avant le délai accordé, ou bien sa défaite serait déjà établie.

Il dit tout haut :

— Il y a un autre point sur lequel je désire attirer votre attention. Je crois que je devrais pouvoir communiquer directement avec les autres chefs de section lorsque je porte ma combinaison interplanétaire.

Morton sourit.

— Je suis certain qu'il ne s'agit que d'une simple omission, dit-il. Je veillerai à ce qu'elle soit réparée.

Ils se serrèrent la main et se séparèrent. En rentrant chez lui, Grosvenor se dit que, d'une façon extrêmement indirecte, le nexialisme était en train de gagner du terrain.

En pénétrant dans la première pièce, Grosvenor constata avec surprise que Siedel était là et observait les hommes au travail. Le psychologue le vit et s'approcha de lui en hochant la tête.

— Jeune homme, dit-il, ne croyez-vous pas que c'est un peu immoral ?

Grosvenor se rendit compte, non sans effroi, que l'autre avait deviné à quel genre d'expérience les hommes avaient été soumis. Il s'efforça de ne pas trahir son inquiétude dans sa voix quand il dit :

— Absolument immoral, monsieur. Je ressens exactement ce que vous-même ressentiriez si l'on vous envahissait au mépris de tous vos droits légaux.

« Que fait-il ici ? pensait-il. Kent lui a-t-il demandé de faire une enquête ? »

Siedel se caressait le menton. C'était un homme

de carrure puissante et aux yeux noirs et brillants.

— Vous ne m'avez pas très bien compris, dit-il lentement. Mais je vois que vous vous sentez dans votre bon droit.

Grosvenor changea de tactique :

— Est-ce à la méthode d'instruction que j'emploie pour ces hommes que vous faisiez allusion ?

Il ne se sentait pas de scrupules. Quelles que fussent les raisons de la présence de Siedel sur les lieux, il voulait tourner cette présence à son propre avantage. Ce qu'il espérait, c'était provoquer chez le psychologue un conflit intérieur et le rendre neutre dans ce combat entre Kent et lui-même.

Siedel répliqua d'un ton imperceptiblement sardonique :

— En effet. A la demande de M. Kent, j'ai examiné ceux des membres de son personnel dont il ne trouve pas le comportement très normal. J'ai le devoir maintenant d'informer M. Kent de mon diagnostic.

— Pourquoi ? demanda Grosvenor. (Et il poursuivit d'un ton grave :) Monsieur Siedel, mes bureaux ont été envahis par un homme qui ne m'aime pas parce que j'ai ouvertement déclaré que je ne voterais pas pour lui. Etant donné que cet homme a agi à l'encontre des lois qui régissent la vie à bord, j'ai parfaitement le droit de me défendre du mieux que je peux. En conséquence, je vous demande de rester neutre dans cette querelle de caractère strictement privé.

Siedel était sombre.

— Vous ne comprenez pas, dit-il. Je suis ici en tant que psychologue. Je constate que vous avez hypnotisé des sujets sans leur en demander la permission et je considère cela comme parfaitement immoral. Je suis surpris que vous attendiez de moi que je m'associe à un acte que je désapprouve entièrement.

— Je puis vous assurer, répliqua Grosvenor, que

ma morale personnelle est tout aussi stricte que la vôtre. Il est vrai que j'ai hypnotisé ces hommes sans les consulter au préalable, mais je me suis bien gardé d'en profiter pour leur nuire ou les embarrasser en quoi ce soit. Dans ces conditions, je ne vois pas pourquoi vous vous sentiriez obligé de prendre le parti de Kent.

— Ceci est une querelle entre vous et Kent... n'est-ce pas ?

— Très exactement, dit Grosvenor, qui devinait ce qui allait suivre.

— Et pourtant, ce n'est pas Kent que vous avez hypnotisé, mais un groupe d'innocents spectateurs ?

Grosvenor repensa au comportement des autres chimistes au cours de sa conférence. Tous, du moins, n'étaient pas aussi innocents qu'il y paraissait. Il dit :

— Je ne vais pas discuter ce point avec vous. Je pourrais vous répondre que, depuis l'aube des temps, la majorité sans cervelle a payé pour avoir obéi aveuglément aux ordres de chefs dont elles ne se préoccupait pas de découvrir les buts. Mais plutôt que d'entrer dans ces considérations, j'aimerais vous poser une question.

— Oui ?

— Etes-vous entré dans la pièce où j'ai mes machines ?

Siedel acquiesça en silence.

— Vous avez vu les disques ?

— Oui.

— Vous savez donc de quoi ils traitent ?

— De chimie.

— C'est tout ce que je leur enseigne, dit Grosvenor. Et c'est tout ce que j'ai l'intention de leur enseigner dans l'avenir. Je considère ma section comme un centre d'éducation. Ceux qui y pénètrent par la force y sont instruits, qu'ils le veuillent ou non.

— J'avoue, dit Siedel, que je ne vois pas comment cela va vous aider à vous en débarrasser.

Néanmoins, je serai heureux de rapporter à M. Kent ce que vous faites. Il ne devrait pas vous en vouloir d'augmenter les connaissances en chimie de son personnel.

Grosvenor ne répondit pas. Il avait son idée sur la façon dont Kent se réjouirait de savoir que ses actuels disciples seraient bientôt plus calés que lui dans sa spécialité.

Il regarda tristement Siedel disparaître dans le couloir. Il ne lui restait plus, puisque Kent allait sans aucun doute tout apprendre, qu'à imaginer un autre plan de défense. Il était trop tôt pour prendre des mesures draconiennes. Il ne pouvait pas être certain qu'une action soutenue et positive ne ferait pas naître à bord du vaisseau les divisions mêmes qu'il souhaitait éviter. En dépit des réserves que lui-même avait faites en ce qui concernait la conception cyclique de l'histoire, il ne fallait pas oublier que toutes les civilisations étaient toujours nées, avaient vieilli puis étaient mortes de vieillesse. Avant de prendre une nouvelle initiative, il aurait donc intérêt à aller voir Korita pour lui demander sur quels pièges il risquait, par inadvertance, de tomber.

Il trouva le Japonais à la bibliothèque B qui était tout au bout de la fusée, au même étage que la section nexialiste. Korita s'en allait au moment où Grosvenor arriva et celui-ci lui emboîta le pas. Sans préambule, il lui exposa le problème qui le préoccupait.

Korita ne répondit pas immédiatement. Ils avaient traversé tout le couloir quand l'historien, enfin, prit la parole.

— Mon ami, dit-il, je suis certain que vous vous rendez compte à quel point il est difficile de résoudre un problème déterminé en se basant sur des généralisations : or, la théorie cyclique de l'histoire n'a pratiquement rien d'autre à offrir.

— Malgré tout, dit Grosvenor, quelques analogies

pourraient m'être fort utiles. D'après ce que j'ai pu lire sur ce sujet, je crois comprendre que notre propre civilisation en est au stade « hiver ». Autrement dit, nous sommes en train de commettre les erreurs qui entraîneront notre disparition. J'aimerais là-dessus quelques précisions.

Korita haussa les épaules :

— Je vais essayer d'être bref. Le principal dénominateur commun des périodes « hivernales » des civilisations est qu'à ce moment des millions d'individus commencent à comprendre de mieux en mieux comment les choses fonctionnent. Les explications superstitieuses ou surnaturelles de ce qui se passe dans le cerveau et dans le corps ne suffisent plus à personne. L'accumulation graduelle des connaissances fait que les esprits les plus simples *voient clair* enfin et rejettent les prétentions d'une minorité à une supériorité héréditaire. C'est alors que commence l'implacable lutte pour l'égalité.

Korita se tut un moment, puis reprit :

— C'est cette lutte pour l'amélioration des positions individuelles qui constitue le plus significatif des parallèles entre toutes les périodes « hiver » de toutes les civilisations connues de l'Histoire. Heureusement ou malheureusement, la bataille se livre en général à l'intérieur du système légal qui tend à protéger la minorité qui s'y est retranchée. Les derniers arrivés sur le champ de bataille se plongent aveuglément dans la mêlée sans en comprendre les motifs. Le résultat est un véritable chaos où s'affrontent des intelligences indisciplinées. Dans leur rage et leur désir de puissance, des hommes suivent des chefs dont les idées sont aussi confuses que les leurs propres. Et, chaque fois, le désordre qui en résulte mène, par des étapes bien définies, au stade statique et final des fellahs.

« Tôt ou tard, l'un des groupes s'élève au-dessus des autres. Une fois dans la place, les chefs ramènent *l'ordre* par des procédés si sanglants que les masses sont domptées. Très vite, le groupe au pouvoir commence à restreindre les activités des autres citoyens. Les licenciements et autres mesures régulatrices indispensables dans toute société organisée deviennent des instruments d'oppression et de monopolisation. Il devient bientôt difficile, puis impossible à l'individu de s'engager dans une nouvelle entreprise. Et ainsi nous progressons rapidement vers le système de castes de l'Inde antique et vers d'autres systèmes sociaux moins connus, mais tout aussi inflexibles, tel celui de Rome vers 300 après Jésus-Christ. Un individu naît dans une certaine position et ne peut s'élever au-dessus... Est-ce que ce bref exposé va pouvoir vous servir ?

Grosvenor répondit posément :

— Je vous l'ai dit, ce que je veux, c'est résoudre le problème que M. Kent m'a posé sans tomber dans les erreurs de l'homme d'une civilisation vieillissante que vous venez de me décrire. Je voudrais savoir si je peux raisonnablement espérer me défendre sans aggraver les hostilités qui déjà sont ouvertes sur *Le Fureteur*.

Korita eut un fin sourire.

— Si vous réussissez, ce sera une victoire unique en son genre. Historiquement, le problème n'a jamais été résolu. Enfin, bonne chance, jeune homme !

C'est à ce moment que la chose arriva.

9

Ils s'étaient arrêtés devant la « chambre de verre », à l'étage de Grosvenor. Ce n'était pas du verre, et ce n'était pas, à proprement parler, une chambre. C'était une alcôve encastrée dans un mur extérieur et le « verre » était une énorme plaque incurvée coulée dans un des métaux résistants préparé sous la forme cristallisée. L'effet de transparence était tel qu'on avait l'impression qu'à cet endroit la paroi était coupée.

Derrière, il y avait le vide et les ténèbres de l'espace.

Grosvenor venait tout juste de noter inconsciemment qu'ils avaient presque entièrement traversé le petit essaim d'étoiles dans lequel ils étaient entrés. Quelques-uns seulement des quelque cinq mille soleils du système restaient encore visibles. Le nexialiste ouvrit la bouche pour dire : « J'aimerais que nous ayons une autre conversation, quand vous aurez le temps, monsieur Korita. »

Mais il ne formula pas sa phrase. Une image double et légèrement brouillée venait d'apparaître sur le verre devant lui : c'était l'image d'une femme coiffée d'un chapeau à plume. Elle scintillait. Grosvenor sentit que ses muscles oculaires étaient anormalement tendus. Pendant un instant, le vide se fit dans son cerveau. Mais tout de suite après il lui sembla entendre des bruits, voir des traits de lumière, et il éprouva une sensation de douleur violente. Des hallucinations hypnotiques ! Cette révélation le frappa comme une décharge électrique.

Cette prise de conscience le sauva. Son propre entraînement lui permettait de rejeter instantanément les images de cette sorte. Sans perdre une seconde il se tourna pour hurler dans le communicateur le plus proche :

— Ne regardez pas ces images ! Elles sont hypnotiques. Nous sommes attaqués !

A ce moment, il trébucha sur le corps de Korita qui avait perdu connaissance. Grosvenor s'agenouilla près de lui.

— Korita ! fit-il d'un ton aigu, vous *pouvez* m'entendre, n'est-ce pas ?

— Oui.

— Seules *mes* instructions vous influencent. Compris ?

— Oui.

— Vous commencez à vous détendre, à oublier. Votre cerveau est calme. L'effet de l'image s'efface. Il a disparu. Complètement disparu. Comprenez-vous ? Complètement disparu.

— Je comprends.

— Ils ne peuvent plus vous atteindre. En fait, chaque fois que vous voyez une image, cela vous rappelle un bon souvenir de chez vous. C'est clair ?

— Très.

— Maintenant, vous commencez à vous réveiller. Je vais compter jusqu'à trois. Quand je dirai trois, vous serez complètement réveillé. Un... deux... trois... réveillez-vous !

Korita ouvrit les yeux.

— Que s'est-il passé ? demanda-t-il d'un ton surpris.

Grosvenor le lui expliqua en quelques mots.

— Mais maintenant, dit-il, suivez-moi, vite ! L'impression lumineuse me tire les yeux, en dépit de mes facultés de contre-suggestion.

Il entraîna l'archéologue ébahi jusqu'à la section nexialiste. Au premier tournant du couloir, ils tombèrent sur un homme écroulé sur le sol.

Grosvenor pinça l'homme, sans douceur. Il voulait que l'autre lui réponde sous le choc.

— M'entendez-vous ? demanda-t-il.

L'homme tressaillit :

— Oui.

— Alors écoutez. Les images lumineuses n'ont plus d'effet sur vous. Maintenant, levez-vous. Vous êtes réveillé.

L'homme se mit debout et fonça sur Grosvenor. Celui-ci s'accroupit à temps et son assaillant poursuivit aveuglément sa course.

Grosvenor lui ordonna de s'arrêter, mais l'autre continua sans même se retourner. Grosvenor saisit le bras de Korita :

— Je crois que je l'ai pris trop tard.

Korita balançait la tête d'un air hébété. Ses yeux se tournèrent vers le mur et il parut bien, quand il parla, que les efforts de suggestion de Grosvenor n'avaient pas été couronnés d'un succès complet ou alors qu'ils étaient déjà contrebalancés.

— Mais qu'est-ce que c'est ? demanda-t-il.

— Ne les regardez pas !

Il était terriblement difficile de s'en défendre. Grosvenor était obligé de cligner sans cesse des yeux pour briser les chocs lumineux qui frappaient sa rétine, venant d'autres images sur les murs. Au début, il eut l'impression que ces images étaient partout. Puis il remarqua que les silhouettes de femmes — certaines simples, d'autres curieusement doubles — occupaient des parties de parois transparentes ou translucides. Il y avait des centaines de ces fenêtres, mais malgré tout, cela représentait une limitation.

Korita et lui rencontrèrent de nouvelles victimes,

allongées à distances irrégulières tout le long du couloir. Deux fois, ils tombèrent sur des hommes réveillés. L'un se dressait sur leur chemin mais ne parut même pas les voir et ne s'écarta pas pour les laisser passer. L'autre poussa un cri, saisit son arme et tira. Le rayon meurtrier alla frapper le mur à côté de Grosvenor ; celui-ci maîtrisa son assaillant et l'abattit d'un coup de poing. L'homme — un supporter de Kent — regarda Grosvenor d'un œil mauvais.

— Espèce de sale espion ! lança-t-il. On t'aura !

Grosvenor ne s'arrêta pas pour chercher la raison du bizarre comportement de cet homme. Mais tout en guidant Korita vers la porte de la section nexialiste il sentit son inquiétude s'accroître. Si l'un des chimistes pouvait avoir été si rapidement poussé à découvrir sa haine contre lui, qu'en serait-il des quinze autres qui avaient envahi ses bureaux ?

A son grand soulagement, il les trouva tous sans conscience. En toute hâte, il trouva deux paires de lunettes noires, l'une pour Korita et l'autre pour lui-même, puis dirigea un barrage de rayons lumineux contre les murs, les plafonds et les planchers. Instantanément, les images furent éclipsées par l'éclat des rayons lumineux.

Grosvenor passa alors dans son studio et émit des ordres destinés à libérer les sujets qu'il avait hypnotisés. Par la porte, il surveillait la réaction à ses appels de deux des hommes étendus à terre. Au bout de cinq minutes, ils ne donnaient toujours aucun signe de conscience. Il comprit que les manœuvres hypnotiques des assaillants avaient dépassé les siennes, ou même profité de l'état où lui-même avait mis ses sujets pour annuler tous les ordres qu'il pourrait leur donner. Il se pouvait que, au bout d'un moment, ils se réveillent spontanément et se tournent contre lui.

Avec l'aide de Korita, il les tira jusqu'au lavabo dont il ferma ensuite la porte à clef. Un fait était déjà évident. Les hypnoses mécanico-visuelles dont on se servait pour les attaquer étaient d'une telle puissance que Grosvenor lui-même n'avait été sauvé que par la promptitude de sa réaction. Mais ce qui s'était passé ne s'était pas limité à la vision. On avait essayé, avec l'image, de stimuler son cerveau en même temps que ses yeux. Grosvenor était au courant de tous les travaux qui avaient été faits dans ce domaine à ce jour. Il savait donc — alors que ses assaillants paraissaient l'ignorer — qu'il n'était pas possible de diriger le système nerveux humain de l'extérieur, si ce n'était à l'aide d'un encéphalo-régleur ou de quelque autre appareil analogue.

Il devinait, d'après ce qui avait failli lui arriver à lui-même, que les autres membres de l'expédition avaient été précipités dans un sommeil hypnotique profond ou alors étaient en proie à des hallucinations qui les rendaient irresponsables.

Il ne lui restait plus qu'à aller au poste de commandement et à mettre en marche l'écran de protection énergétique. Quel que fût l'endroit d'où venait l'attaque — que ce fût d'un autre vaisseau ou d'une planète — les rayons que l'ennemi pourrait envoyer seraient ainsi neutralisés.

Fiévreusement, Grosvenor s'employa à mettre sur pied une série de projecteurs mobiles. Il lui fallait quelque chose qui interceptât les images pendant le temps qu'il mettrait à arriver au poste de contrôle. Il était en train de fixer le dernier contact lorsqu'il éprouva une sensation qu'il identifia tout de suite et qui passa presque aussitôt. C'était une sorte de léger étourdissement qui se produisait en général à la suite d'un brusque changement de direction du vaisseau et provenait du réglage de la gravitation artficielle.

Avaient-ils donc changé de direction ? Il faudrait qu'il le vérifiât... plus tard.

Il dit à Korita :

— Je veux faire une expérience. Restez ici, s'il vous plaît.

Grosvenor transporta ses projecteurs dans un couloir adjacent et les plaça à l'arrière d'un chariot électrique. Puis il se mit au volant et partit en direction des ascenseurs.

Dix minutes environ s'étaient passées depuis l'instant où il avait vu la première image.

Il prit le virage du couloir des ascenseurs à quarante kilomètres à l'heure, ce qui était rapide dans un espace relativement étroit. Dans l'alcôve qui faisait face aux ascenseurs, deux hommes se livraient une lutte sans merci. Ils ne prêtèrent aucune attention à Grosvenor et continuèrent, quand il passa devant eux, à ahaner, à jurer et à s'empoigner. Malgré le barrage des rayons lumineux déclenché par Grosvenor, la haine qui les opposait ne parut pas se calmer. Ils étaient profondément plongés dans leur hallucination.

Grosvenor fit rouler sa machine dans l'ascenseur le plus proche et appuya sur le bouton de descente. Il commençait à espérer qu'il trouverait le poste de contrôle désert.

Cet espoir fut déçu dès qu'il arriva dans le couloir. Celui-ci grouillait d'hommes. On avait érigé des barricades et l'odeur bien caractéristique de l'ozone flottait dans l'atmosphère. De toutes parts, des armes sifflaient. Grosvenor regarda prudemment par le grillage de l'ascenseur, essayant de faire le point de la situation. Celle-ci n'était visiblement pas brillante. Les deux entrées du poste de contrôle étaient bloquées par des tracteurs renversés derrière lesquels s'étaient retranchés des hommes en uniforme militaire. Grosvenor aperçut le capitaine Leeth parmi les défenseurs et, de l'autre côté, derrière la barricade des assaillants, il reconnut Morton,

Tout s'éclairait. L'hostilité jusqu'alors réprimée avait éclaté, stimulée par les images hypnotiques.

Les savants attaquaient les militaires qu'ils avaient toujours inconsciemment haïs. Quant aux militaires, ils se sentaient enfin libres d'exprimer leur mépris et leur fureur à l'égard des savants.

Mais, Grosvenor le savait bien, ce n'étaient pas les sentiments réels que les uns éprouvaient pour les autres qui se libéraient dans cette lutte. Normalement, ses innombrables impulsions contradictoires s'équilibraient dans le cerveau de l'homme et il parvenait ainsi au terme de sa vie sans qu'un de ces sentiments prenne trop d'ascendant sur tous les autres. Mais l'équilibre ici avait été rompu. Ainsi toute une expédition d'êtres humains était menacée de désastre et l'on pouvait penser que la victoire reviendrait à un ennemi dont on ne pouvait que deviner les objectifs.

Quelle qu'en fût la raison, l'entrée du poste de contrôle était bloquée. A contrecœur, Grosvenor rentra dans sa propre section.

Korita l'attendait à la porte.

— Regardez ! dit-il.

Il lui désigna l'écran d'un communicateur mural qui était branché sur la timonerie située à l'avant du *Fureteur*. L'écran montrait toute une série de viseurs, et au premier abord on ne distinguait pas grand-chose. En s'approchant, toutefois, Grosvenor s'aperçut que le vaisseau décrivait une vaste trajectoire qui l'amènerait tout droit vers une étoile d'un blanc éblouissant. Un servomoteur réglait au fur et à mesure la direction, de façon à ne pas écarter le vaisseau de sa trajectoire.

— Croyez-vous qu'on peut imputer ceci à l'ennemi ? demanda Korita.

Grosvenor fit un geste d'ignorance : il était plus étonné qu'inquiet. D'après le type spectral de l'étoile, sa grandeur et sa luminosité, elle devait se trouver à un peu plus de quatre années-lumière. Le vaisseau parcourait une année-lumière toutes les cinq heures et sa vitesse ne faisait que s'accroître. Un rapide calcul montra à Grosvenor qu'ils arriveraient dans les parages de l'étoile dans environ onze heures.

D'un bond, il coupa le communicateur. Une pensée venait de jaillir dans son esprit : celui qui avait modifié la direction du *Fureteur* ne visait peut-être à rien moins qu'à anéantir le vaisseau et son équipage ! En ce cas, il n'avait plus que dix heures devant lui pour éviter la catastrophe.

Bien qu'il n'eût pas encore de plan bien défini, Grosvenor pensa tout de suite que seule une attaque par hypnotisme viendrait à bout de leur ennemi. En attendant...

Il se leva résolument. Le moment était venu d'essayer une seconde fois de pénétrer dans le poste de contrôle.

Pour cela, il devait d'abord pouvoir exciter directement des cellules cérébrales. Il avait, pour ce faire, plusieurs appareils à sa disposition. La plupart n'étaient utilisés qu'à des fins thérapeutiques. Il y en avait un pourtant, le régleur encéphalien, qu'on pouvait employer pour transmettre des impulsions d'un cerveau à un autre.

Malgré l'aide de Korita, il fallut à Grosvenor plusieurs minutes pour mettre un régleur au point et encore plus longtemps pour en vérifier le bon fonctionnement. Comme c'était un appareil extrêmement délicat, il dut le caler dans son véhicule en l'entourant de ressorts. L'ensemble de ces opérations lui prit trente-sept minutes.

Après cela il eut une discussion brève mais violente avec l'archéologue, lequel insistait pour l'accompagner. En fin de compte, Korita consentit à rester en arrière pour garder la base des opérations.

A cause de la délicatesse de l'appareil qu'il transportait, Grosvenor dut rouler très lentement. La lenteur de son avance l'irritait, mais elle lui permettait d'observer au passage les changements qui s'étaient opérés depuis les premiers instants de l'attaque ennemie.

Il ne voyait plus que rarement des corps affalés par terre et il en conclut que les hommes qui étaient d'abord tombés dans un sommeil hypnotique s'étaient depuis spontanément réveillés. C'était là un phénomène courant en hypnotisme. Maintenant, ces sujets obéissaient à de nouvelles incitations, et, malheureusement — bien qu'il fallût s'y attendre — cela voulait dire que des impulsions qu'ils avaient longtemps dominées contrôlaient maintenant leurs actes.

Ainsi des gens qui, normalement, n'avaient éprouvé les uns envers les autres qu'une antipathie modérée avaient vu, en un instant, ce sentiment se transformer en une haine meurtrière.

Le terrible danger résidait dans le fait que ces hommes étaient parfaitement inconscients du changement qui s'était opéré en eux. Car *on pouvait* rompre l'équilibre mental d'un individu sans qu'il s'en rendît compte. Il suffisait de le plonger dans un milieu générateur d'associations malfaisantes ou encore de l'attaquer par les méthodes qu'on venait d'employer contre les membres de l'expédition. Dans les deux cas, l'individu se comportait comme si ses nouvelles idées étaient aussi enracinées en lui que celles qu'on venait de lui faire abandonner.

Grosvenor ouvrit la porte de l'ascenseur à l'étage du poste de contrôle, et se hâta de battre en retraite. Un projecteur calorifique lançait des flammes dans le couloir. Les parois métalliques grésillaient. Devant ses yeux, Grosvenor avait trois cadavres et son champ de vision n'était pas très étendu. Brusquement une explosion formidable se produisit. Aussitôt, les flammes cessèrent. Une fumée bleuâtre obscurcit l'atmosphère et une chaleur suffocante monta dans le couloir. Fumée et chaleur ne durèrent que quelques secondes. Le dispositif de ventilation, du moins, fonctionnait toujours normalement.

Grosvenor risqua un coup d'œil dans le couloir. A première vue, celui-ci paraissait désert. Puis le nexialiste vit Morton, à demi caché dans une alcôve, à quelques mètres de là. Presque au même instant le chef l'aperçut et lui fit signe de le rejoindre. Grosvenor hésita, puis se dit qu'il devait prendre ce risque. Il poussa son véhicule hors de l'ascenseur, dardant des rayons contre les agresseurs éventuels. Morton le salua avec empressement.

— Vous êtes l'homme que je cherchais, dit-il. Il faut absolument que nous arrachions la direction du vaisseau au capitaine Leeth avant que Kent et son groupe aient mis sur pied leur attaque.

Morton paraissait parfaitement calme et son regard n'avait rien perdu de son intelligence. Il donnait l'impression d'un homme qui lutte pour défendre ses droits. Il ne paraissait même pas lui venir à l'idée qu'il devait à Grosvenor des explications plus détaillées. Il continua :

— C'est surtout contre Kent que nous aurons besoin de vous. Ils sont en train de nous envoyer une substance chimique que je ne connais pas. Jusqu'à maintenant, nos ventilateurs leur ont tout renvoyé, mais ils installent des ventilateurs, eux aussi. Ce qu'il s'agit de savoir c'est si nous aurons le temps de vaincre Leeth avant que Kent dirige toutes ses forces contre nous.

Grosvenor, lui aussi, était préoccupé par cette question de temps. Discrètement, il porta sa main droite vers son poignet gauche et toucha le relais radioactif qui contrôlait les plaques directrices du régleur. Tout en braquant ces plaques sur Morton il dit :

— J'ai un plan, monsieur. Je crois que nous pourrons venir à bout de l'ennemi.

Il se tut. Morton avait baissé les yeux :

— Vous avez amené un régleur et vous venez de le mettre en marche, dit-il. Que comptez-vous en tirer ?

Le premier choc passé, Grosvenor se détendit et chercha une réponse satisfaisante. Il avait espéré que Morton n'aurait que des connaissances limitées en ce qui concernait les régleurs. Bien qu'il n'en fût rien, cela ne l'empêchait pas de se servir de l'instrument sans l'avantage que lui aurait donné l'effet de surprise. Il dit d'une voix plus tendue qu'il ne l'aurait voulu :

— C'est ça mon plan. C'est cette machine que je veux utiliser.

Morton hésita, puis dit :

— Si j'en crois les pensées qui me viennent à l'esprit, vous êtes en train d'émettre...

Il se tut. L'intérêt se marqua sur son visage.

— Dites donc, fit-il, mais c'est très bien, ça. Si vous arrivez à leur faire croire que nous sommes attaqués de l'extérieur...

Il s'interrompit. Lèvres serrées et yeux baissés, il réfléchissait. Enfin, il dit :

— Par deux fois, le capitaine Leeth a essayé de traiter avec moi. Je vais faire semblant d'accepter et vous allez passer là-bas avec votre appareil. Nous attaquerons à la minute où vous nous en donnerez le signal. (Il expliqua d'un ton digne :) Vous comprenez bien que je ne traiterais ni avec Leeth ni avec Kent si ce n'était pour m'assurer la victoire. J'espère que vous vous en rendez bien compte, n'est-ce pas ?

Grosvenor trouva le capitaine Leeth au poste de contrôle. Le militaire l'accueillit avec une cordialité guindée.

— Cette lutte entre les savants, dit-il, nous a mis dans une situation difficile. Nous ne pouvons faire autrement que défendre le poste de contrôle et la salle des machines pour pouvoir continuer à assurer nos fonctions sur ce vaisseau. Il est évidemment hors de question de les laisser gagner, l'un ou l'autre. Nous autres, militaires, sommes prêts à nous sacrifier pour empêcher la victoire d'un des deux groupes.

Cette explication stupéfia Grosvenor. Il s'était demandé si ce n'était pas Leeth qui avait lancé le vaisseau directement sur un soleil. Or, il venait d'en avoir une confirmation au moins partielle. Le capitaine avait été poussé, semblait-il, par la conviction que la victoire de l'un des deux groupes de savants était impensable. Il ne restait probablement plus qu'un pas à faire pour conclure que toute l'expédition devait être sacrifiée.

Négligemment, Grosvenor dirigea son régleur sur le capitaine Leeth.

Ondes cérébrales, infimes pulsations transmises d'axone en dendrites, de dendrites en axone, suivant toujours un chemin déjà établi dépendant d'associations précédentes — c'était un processus qui se déroulait sans fin à l'intérieur des quatre-vingt-dix millions de cellules nerveuses du cerveau humain. Chacune de ses cellules avait son équilibre électrocolloïdal propre, né du jeu compliqué des tensions et des impulsions. Ce n'était que graduellement, et après des années de recherches, qu'on avait pu mettre au point des appareils capables de détecter avec un certain degré de précision la signification du flux énergétique à l'intérieur du cerveau.

Le premier des régleurs encéphaliens était un descendant indirect du fameux électroencéphalographe. Mais sa fonction était contraire à celle de ce dernier : il fabriquait des ondes cérébrales artificielles de n'importe quel type voulu. Celui qui savait manœuvrer parfaitement cet appareil pouvait exciter n'importe quelle partie du cerveau et par là provoquer des pensées, des émotions et des rêves ou encore faire revivre des souvenirs du passé du sujet. Ce n'était pas en soi un instrument de contrôle, car le sujet soumis à son action gardait sa personnalité propre. Toutefois, l'appareil permettait de transmettre des impulsions d'une personne à une autre. Comme les impulsions en question variaient suivant les pensées de la personne émettrice, le récepteur s'en trouvait excité de façon extrêmement nuancée.

Le capitaine Leeth, qui n'avait pas remarqué la présence du régleur, ne se rendit donc pas compte que, depuis un instant, ses pensées n'étaient plus entièrement siennes. Il dit :

— L'attaque du vaisseau au moyen de ces images rend la querelle des savants particulièrement impardonnable car elle prend le caractère d'une trahison. (Il se tut, puis ajouta pensivement :) Voici mon plan.

Ce plan mettait en jeu des projecteurs calorifiques, une gravitation qui attaquerait les muscles de l'ennemi et l'extermination partielle des deux groupes de savants. Le capitaine Leeth ne mentionna même pas les assaillants de l'extérieur et il ne parut pas davantage se rendre compte qu'il dévoilait ses plans à un envoyé de celui qu'il considérait comme l'ennemi. Il termina en disant :

— C'est dans le domaine scientifique que j'aurai surtout besoin de vos services, monsieur Grosvenor. En tant que nexialiste, vos connaissances enveloppent de nombreuses sciences, et vous pourrez jouer un rôle décisif contre les autres savants...

Las et découragé, Grosvenor abandonna la partie. Le chaos était trop grand pour qu'il pût en venir à bout tout seul. Partout où il tournait les yeux, il voyait des hommes armés. Il avait déjà dénombré plus de vingt cadavres. D'un instant à l'autre la trêve, toute artificielle, entre Leeth et Morton, prendrait fin dans un jaillissement de feu. Déjà, il entendait le vrombissement des ventilateurs que Morton avait fait mettre en écran pour se protéger des attaques de Kent.

Avec un soupir, il se tourna vers le capitaine :

— Il faut que j'aille chercher des instruments dans mes bureaux. Pouvez-vous me faire passer jusqu'aux ascenseurs de derrière ? Je serai de retour d'ici cinq minutes.

Quelques minutes plus tard, Grosvenor, revenu chez lui, se dit qu'il n'y avait plus à hésiter sur ce qu'il devait faire. Le plan qui, la première fois qu'il y avait songé, lui avait paru trop tarabiscoté lui semblait maintenant le seul encore réalisable.

Il fallait attaquer les agresseurs inconnus à travers leurs myriades d'images et avec leurs propres armes hypnotiques.

10

Korita observait Grosvenor qui faisait ses préparatifs. Il s'avança et regarda son compagnon fixer tout un assemblage d'instruments électriques au régleur encéphalien, mais il ne posa pas de question. Il était maintenant complètement remis du choc qu'il avait reçu.

Grosvenor ne cessait d'éponger la sueur sur son front. Et pourtant, il ne faisait pas chaud dans la pièce. La température y était normale. Quand il eut achevé le travail préliminaire, le nexialiste se dit qu'il devait arrêter un instant pour analyser les raisons de l'anxiété qu'il éprouvait. Celle-ci provenait, décida-t-il enfin, de ce qu'il n'était pas suffisamment renseigné sur l'ennemi.

Il ne suffisait pas qu'il eût une théorie sur la façon dont l'ennemi opérait. Le grand mystère résidait en ce que cet ennemi se présentait sous la forme de corps féminins tantôt simples, tantôt partiellement doubles. Grosvenor ressentait le besoin de baser son action sur des données philosophiques sérieuses : seule la connaissance pourrait donner à son plan l'équilibre qui lui manquait.

Il se tourna vers Korita et lui demanda :

— A votre avis, ces créatures sont à quel stade de l'histoire cyclique ?

L'archéologue s'assit, réfléchit un moment, puis dit :

— Dites-moi votre plan.

Grosvenor s'exécuta et le Japonais pâlit en l'écoutant. Quand l'autre eut terminé, il demanda brusquement :

— Comment se fait-il que vous ayez pu me sauver moi, et pas les autres ?

— Parce que pour vous, j'ai pu agir tout de suite. Le système nerveux humain apprend par répétition. Or, pour vous, leur image lumineuse ne vous était pas encore apparue autant de fois qu'aux autres.

— N'y aurait-il pas un moyen d'éviter ce désastre ? demanda-t-il d'un ton sombre.

Grosvenor eut un faible sourire.

— Il aurait fallu que tout le monde soit passé par l'institut nexialiste. Il n'existe qu'une seule protection contre l'hypnotisme et c'est un entraînement approprié. Mais, je vous en prie, Korita, répondez à ma question : quel stade ?

Des gouttes de sueur perlèrent sur le front de l'archéologue.

— Mon ami, dit-il, vous ne pouvez tout de même pas me demander de faire des généralisations dès maintenant. Que savons-nous de ces créatures ?

Grosvenor jura intérieurement. Il comprenait bien l'attitude du savant, mais le temps passait. Il dit à tout hasard :

— Des créatures capables de nous hypnotiser à distance, comme celles-ci viennent de le faire, doivent pouvoir exciter mutuellement leurs cerveaux, autrement dit elles usent naturellement du genre de télépathie que les humains ne peuvent obtenir que par le truchement de l'encéphalo-régleur.

Grosvenor se pencha en avant, brusquement agité :

— Korita, quels effets pourrait avoir sur une civilisation le pouvoir de lire dans les esprits sans l'aide d'un appareil ?

L'archéologue, à son tour, se dressait.

— Naturellement ! Vous y êtes. La lecture dans les esprits empêcherait le développement de n'importe quelle race ; donc, celle-ci est au stade du fellah.

Il regardait joyeusement Grosvenor ébahi.

— Ne voyez-vous pas ? Si vous pouviez lire dans l'esprit d'autrui, vous auriez l'impression de ne plus rien ignorer de lui. Sur cette base se développerait un système de certitudes absolues. Comment peut-on douter quand on *sait* ? Il n'en faudrait pas plus pour que des êtres traversent avec la rapidité de l'éclair tous les stades de la civilisation pour aboutir tout de suite à la période fellah.

Avec enthousiasme il décrivit à Grosvenor toujours inquiet la façon dont diverses civilisations de la Terre et d'autres planètes s'étaient rapidement épuisées et s'étaient embourbées. Les fellahs n'aimaient ni la nouveauté ni le changement. Ils n'étaient pas particulièrement cruels, mais comme ils étaient très pauvres, ils se montraient souvent indifférents aux souffrances de l'individu.

Quand Korita eut fini, Grosvenor dit :

— Peut-être est-ce par peur du changement qu'ils ont attaqué le vaisseau ?

L'archéologue ne voulut pas trop s'avancer.

— Peut-être, dit-il.

Il y eut un silence. Grosvenor pensa qu'il lui fallait agir comme si l'exposé de Korita ne laissait aucune place au doute. Il n'avait pas d'autre hypothèse. En se servant de la théorie de Korita comme base de départ, il pourrait chercher à la vérifier à travers l'une des images.

Un coup d'œil à son chronomètre lui donna un choc. Il lui restait moins de sept heures pour sauver le vaisseau.

Sans perdre de temps, il dirigea un faisceau de lumière à travers le régleur encéphalien. Puis il disposa un écran devant les rayons lumineux de sorte qu'une petite zone de verre se trouva plongée dans l'obscurité, ne recevant que la lumière intermittente que projetait sur elle le régleur.

Instantanément, une image apparut. C'était une image partiellement double et, grâce au régleur encéphalien, Grosvenor put l'étudier en toute tranquillité. Au premier abord, il fut stupéfait : il s'agissait d'une forme très vaguement humanoïde seulement et pourtant il comprenait pourquoi, la première fois qu'il l'avait vue, il avait tout de suite pensé à une femme. Le double visage dont les deux parties se chevauchaient était couronné d'une houppe de plumes dorées. Mais la tête, tout en ayant indubitablement la forme d'une tête d'oiseau, avait quelque chose d'humain. Il n'y avait pas de plumes sur le visage, lequel était couvert d'un réseau de veines. L'apparence humaine provenait de ce que ces veines étaient rassemblées en groupes et produisaient l'effet de joues et d'un nez.

La seconde paire d'yeux et la seconde bouche étaient près de cinq centimètres au-dessus des premières. Cela faisait comme une seconde tête qui serait sortie de la première. Il y avait aussi une seconde paire d'épaules et deux paires de bras courts qui se terminaient en de très belles mains, longues et fines. L'effet de l'ensemble restait féminin. Grosvenor se surprit à penser que les bras et les mains des deux corps se séparaient probablement d'abord. A ce moment, le second corps devenait capable de supporter son poids. « Parthénogenèse, » pensa-t-il. « Procréation autonome. Naissance d'un bourgeon dans le corps de la mère et séparation d'avec celle-ci pour former un nouvel être. »

L'image projetée sur le mur présentait des vestiges d'ailes : on distinguait des touffes de plumes aux « poignets ». Le corps, étonnamment droit, était recouvert d'une tunique d'un bleu étincelant. Ce vêtement dissimulait tous les autres vestiges possibles d'un passé de volatile. Une chose était claire : cet oiseau était incapable de voler.

Korita intervint.

— Comment allez-vous lui faire comprendre que vous êtes prêt à vous faire hypnotiser en échange de renseignements ? demanda-t-il, inquiet.

Grosvenor ne répondit pas par des mots. Il se leva et essaya de représenter l'image et lui-même sur un tableau noir. Au bout de quarante-sept minutes, il avait tracé déjà une vingtaine de dessins, quand l'image de l'oiseau s'évanouit brusquement du mur et fut remplacée par celle d'une ville.

Ce n'était pas une très grande cité, et Grosvenor en eut d'abord une vue d'ensemble d'une colline. Les immeubles lui parurent très hauts et très étroits et tellement serrés les uns contre les autres que tous les bas étages devaient être plongés dans la pénombre la plus grande partie de la journée. Grosvenor se demanda, en passant, si cet état de choses ne révélait pas des habitudes nocturnes de quelque lointain passé. Mais il laissa les immeubles pour revenir à l'ensemble. Avant tout, il voulait connaître l'importance du machinisme chez ces créatures, savoir comment elles communiquaient entre elles et si cette ville qu'il voyait était celle d'où l'attaque contre le vaisseau était partie.

Il ne vit ni machines, ni avions, ni voitures. Rien non plus qui correspondît aux réseaux de communication interstellaires dont les stations, sur Terre, s'étendaient sur des kilomètres carrés. Il paraissait donc probable que l'attaque n'était pas partie de là.

Au moment même où il faisait cette découverte négative, la vue qu'il avait devant les yeux changea. Il n'était plus sur une colline, mais dans un immeuble, près du centre de la ville. Il se demanda comment on s'y était pris pour changer si vite de scène. La transition s'était faite le temps d'un clin d'œil. Moins d'une minute s'était passée depuis qu'il avait enfin réussi, au tableau noir, à expliquer son désir d'être renseigné.

Cette pensée, comme les autres, lui traversa l'esprit comme un éclair. Il concentra toute son attention sur le côté de l'immeuble. L'espace qui le séparait du bâtiment voisin ne lui parut pas dépasser une trentaine de centimètres. Mais maintenant il voyait quelque chose qui lui avait échappé quand il regardait la ville du haut de la colline. A chaque étage les immeubles étaient reliés entre eux par des trottoirs de quelques centimètres de large. C'est là que se mouvaient les piétons de la ville des oiseaux.

Juste au-dessous de Grosvenor, deux oiseaux s'avançaient l'un vers l'autre sur le même trottoir. Le fait qu'ils se trouvaient à plus de trente mètres du sol ne paraissait pas les préoccuper outre mesure. Ils se dépassèrent tranquillement, avec aisance. Chacun lança sa jambe droite dans l'espace, retrouva le trottoir, amena sa jambe gauche rejoindre l'autre, puis continua tranquillement son chemin. A d'autres étages, cette manœuvre se répétait entre d'autres piétons, et toujours dans le plus grand calme. En les observant, Grosvenor comprit qu'ils avaient une ossature fine et creuse et qu'ils étaient très légers.

La scène changea de nouveau, et plusieurs fois encore. On se déplaçait d'une section à l'autre de la rue. Grosvenor eut ainsi l'occasion de voir des créatures à tous les stades possibles de la reproduction. Certaines étaient avancées au point que les bras et les jambes et le corps presque tout entier étaient libres. D'autres étaient semblables à l'image qu'il avait vue. Dans tous les cas, la mère ne semblait nullement affectée par le poids du corps qu'elle transportait.

Grosvenor essayait de voir à l'intérieur d'un des immeubles mais, à ce moment, l'image commença à s'effacer sur le mur. Un instant plus tard, la ville avait complètement disparu. A sa place se dressait la silhouette d'une double créature. Les doigts pointaient vers le régleur encéphalien, il n'y avait pas à s'y tromper. Cela voulait dire que l'oiseau avait satisfait pour sa part aux conditions du marché et qu'il était temps pour Grovenor de le payer de retour.

C'était naïf de sa part d'espérer que l'autre s'exécuterait. Mais l'ennui, c'était que Grosvenor n'avait pas d'autre solution. Il ne lui restait plus qu'à remplir ses obligations.

11

« Je suis calme et détendu, clamait la voix enregistrée de Grosvenor. Mes pensées sont nettes. Ce que je vois n'a pas forcément de rapport avec ce que je regarde. Ce que j'entends peut n'avoir aucun sens pour les centres traducteurs de mon cerveau. Mais j'ai vu leur ville telle qu'ils croient qu'elle est. Que ce que je vois et entends ait ou n'ait pas de sens, je reste calme, détendu et parfaitement à mon aise... »

Grosvenor écouta attentivement ces mots puis, se tournant vers Korita, dit :

— C'est parfait.

Le moment viendrait, peut-être, où il n'entendrait plus consciemment le message. Mais celui-ci resterait là et ne s'en imprimerait que plus profondément dans le cerveau du jeune savant. Sans cesser d'écouter, celui-ci examina le régleur pour la dernière fois. Il fut satisfait de son examen.

Il expliqua à Korita :

— Je mets l'interrupteur automatique pour cinq heures. En appuyant là-dessus, (il indiqua un levier rouge), vous pouvez me libérer avant. Mais ne le faites qu'en cas d'extrême nécessité.

— Qu'appelez-vous extrême nécessité ?

— Si nous sommes attaqués ici.

Grosvenor hésita. Il aurait aimé prévoir plusieurs moments de détente. Mais ce n'était pas seulement à une expérience scientifique qu'il était sur le point de se livrer, mais à une lutte à mort. Prêt à l'action, il posa la main sur le cadran de contrôle. Là, il s'arrêta.

Car l'heure avait sonné. Dans quelques secondes, l'âme de groupe d'innombrables êtres-oiseaux serait en possession de parties du système nerveux de Grosvenor. Sans aucun doute, ils essayeraient de le diriger, tout comme ils dirigeaient les autres membres de l'expédition.

Il était pratiquement certain qu'il aurait affaire à un groupe de cerveaux agissant conjointement. Il n'avait vu ni machines, ni même de véhicules à roues, le plus primaire des engins mécaniques. Pendant un moment, il avait pensé que l'ennemi se servait d'appareils téléviseurs, maintenant il était plutôt d'avis qu'il avait vu la ville à travers les yeux d'autres individus. Chez ces êtres, le sens de la télépathie était aussi développé que celui de la vision. L'énergie cérébrale de millions d'oiseaux, additionnée, pouvait franchir des années-lumière de distance. Point n'était besoin de machines.

Grosvenor ne pouvait espérer prévoir ce qui résulterait de son essai de s'intégrer à ce cerveau collectif.

Ecoutant toujours son enregistrement, il manipula le cadran du régleur encéphalien et modifia légèrement le rythme de ses propres pensées. Il fallait être prudent. Même s'il l'avait voulu, il n'aurait pu se mettre avec l'ennemi en harmonie parfaite. C'était de ces pulsations rythmiques que dépendaient tous les degrés de raison, de déraison et de démence. Il lui fallait restreindre son champ de réception aux ondes qualifiées « normales » sur un graphique de psychiatre.

Le régleur projetait ses pulsations en surimpression sur un rayon lumineux qui, à son tour, se reflétait directement sur l'image. Si la créature ainsi représentée était affectée par cette surimpression, elle n'en manifestait rien encore. Mais Grosvenor ne s'attendait pas à des résultats tangibles et ne fut donc pas désappointé. Il était persuadé que le résultat ne se manifesterait pas dans des changements à l'intérieur des images émises par l'ennemi. Et cela, il en était sûr, il ne pourrait le sentir que par l'intermédiaire de son propre système nerveux.

Il avait du mal à se concentrer sur l'image, mais il tint bon. Le régleur encéphalien commença à donner des interférences marquées dans sa vision, mais il continuait de fixer intensément l'image.

« Je suis calme et détendu. Mes pensées sont nettes... »

Ces mots résonnaient très haut dans ses oreilles ; l'instant d'après il ne les entendait plus et ils étaient remplacés par un grondement lointain.

Le bruit s'effaça lentement. Il devint un murmure régulier, comparable à ce que l'on entendait dans un grand coquillage marin, Grosvenor eut consciense d'une petite lumière ; celle-ci était encore lointaine et un peu brouillée, comme une lampe vue à travers un épais brouillard.

« Je suis toujours maître de moi, s'assura-t-il à lui-même. Je reçois des impressions sensorielles à travers le système nerveux de l'image. Elle reçoit des impressions à travers le mien. »

Il pouvait attendre. Il pouvait rester assis là et attendre que l'obscurité se dissipe, que son cerveau commence à traduire les phénomènes sensoriels qui lui étaient télégraphiés du système nerveux adverse. Il pouvait rester assis là et...

Il s'arrêta. Rester assis ! pensa-t-il. Etait-ce cela que *l'autre* faisait ? Il retint son souffle et tendit toute son attention. Il entendit dans le lointain une voix qui disait : « Que ce que je vois et entends ait ou n'ait pas de sens, je reste calme... »

Il sentit une démangeaison sur son nez. Il pensa : « Eux n'ont pas de nez, du moins ne leur en ai-je pas vu. Donc, il s'agit ou bien de mon nez à moi, ou bien d'une excitation sans objet particulier. » Il leva la main pour se gratter, mais une violente douleur lui traversa l'estomac. Il se serait plié en deux de douleur s'il l'avait pu. Il ne le pouvait pas. Il ne pouvait pas se gratter le nez. Il ne pouvait pas poser ses mains sur son abdomen.

Il comprit alors que la démangeaison et la douleur ne venaient pas de son propre corps. Pas plus qu'ils n'avaient nécessairement de correspondance avec le système nerveux de l'autre. Deux formes de vie hautement développées s'envoyaient des signaux l'une à l'autre — Grosvenor espérait bien qu'il ne faisait pas que recevoir, mais émettait aussi — et aucune des deux parties n'était capable de traduire les signaux envoyés par l'autre. Son avantage à lui, c'était qu'il s'attendait à cet état de choses. L'adversaire, lui (si, comme Korita l'avait laissé entendre, il était au stade fellahin), ne s'y était pas attendu et ne pouvait d'ailleurs s'y attendre. Ceci posé, *lui* Grosvenor ne pouvait qu'améliorer sa perception, *l'autre* ne pouvait que s'embrouiller toujours davantage.

La démangeaison disparut, la douleur dans l'estomac se transforma en une sorte de lourdeur, comme celle qu'il aurait ressentie à la suite d'un repas trop abondant. Mais, à chacune de ses vertèbres, il ressentait comme une piqûre d'aiguille brûlante. A mi-dos, l'aiguille se fit de glace, laquelle fondit et descendit en torrent glacial le long de ses reins. Quelque chose — une main ? un morceau de métal ? une paire de tenailles ? — empoigna un faisceau de muscles de son bras et tira, les arrachant presque. Le cerveau de Grosvenor reçut des messages hurlants de douleur. Il fallait perdre conscience.

La terrible douleur finit par s'apaiser, mais Grosvenor en resta durement secoué. Tout cela n'était qu'illusions. Rien de tout cela ne se passait nulle part, ni dans son propre corps, ni dans celui de l'oiseau. Son cerveau ne faisait que recevoir par le truchement des yeux des impulsions qu'il interprétait mal. C'est ainsi que le plaisir pouvait devenir douleur et n'importe quelle excitation produire n'importe quelle sensation. Il n'avait pas compté que les erreurs de son cerveau seraient si graves.

Il abandonna ces pensées car ses lèvres venaient de ressentir une caresse molle et humide. Une voix dit : « Je suis aimé », et Grosvenor repoussa l'idée. Non, pas « aimé ». C'était plutôt son cerveau qui, une fois de plus, essayait d'interpréter les réflexes d'un système nerveux dont les réactions étaient entièrement différentes de celles de n'importe quel être humain. Consciemment, il remplaça « je suis aimé » par « je suis excité... », puis laissa la sensation suivre son cours. Finalement, il ne sut toujours pas ce qu'il avait vraiment senti. L'excitation n'était pas désagréable. Ses nerfs gustatifs étaient doucement chatouillés. Ses yeux s'embuaient, ce qui était un signe de détente. L'image d'une fleur se présenta à son esprit, un ravissant œillet, rouge comme ceux qu'on voyait sur terre, et qui ne pouvait par conséquent avoir aucun rapport avec la flore du monde des Riims.

« Riim ! » pensa-t-il. Tout son être se tendit, fasciné. Cela lui était-il venu à travers l'espace ? Sans qu'il pût raisonnablement expliquer pourquoi, ce nom lui semblait exact. Et pourtant, en dépit de tout, il resterait un doute dans son esprit. Il ne pouvait être sûr.

La dernière série de sensations avait été tout entière agréable. Néanmoins, il attendit la suite avec anxiété. La lumière restait faible et brouillée. Puis, une fois encore, ses yeux s'embuèrent. Ses pieds se mirent à le démanger violemment. La sensation passa, mais le laissa brûlant et suffoquant de façon à peine soutenable.

« Faux ! se dit-il. Rien de tel ne m'arrive. »

Les excitations cessèrent. De nouveau, il n'y eut plus que le murmure régulier et la lumière diffuse. Grosvenor s'inquiéta. Il se pouvait que sa méthode fût bonne, et qu'avec le temps, il finît par arriver à exercer un certain contrôle sur un membre, ou un groupe de membres, de l'ennemi. Mais justement, il n'avait pas le temps. Chaque seconde qui passait le rapprochait de façon colossale de l'anéantissement. Là-bas — ici en fait (un instant, il s'était embrouillé) dans l'espace — l'un des plus grands et des plus coûteux engins interstellaires jamais construits par l'homme dévorait des kilomètres à une vitesse telle qu'elle n'avait presque plus de sens.

Il savait quelles parties de son cerveau étaient la proie des excitations de l'adversaire. Il n'entendait un bruit que lorsque certaines zones sensibles, sur un côté de sa surface corticale, recevaient des sensations. La partie au-dessus de l'oreille, lorsqu'elle était chatouillée, faisait naître des rêves et éveillait de vieux souvenirs. Il y avait longtemps qu'on avait ainsi établi une carte détaillée du cerveau. L'emplacement exact des différentes zones d'excitation différait légèrement pour chaque individu, mais la structure générale du cerveau restait toujours la même pour tous les hommes.

L'œil humain normal était un mécanisme relativement objectif. La lentille mettait au point une image réelle sur la rétine. A en juger par les images de leur ville, telles qu'elles avaient été projetées par les Riims, ceux-ci possédaient, eux aussi, des yeux objectivement précis. Si Grosvenor arrivait à coordonner ses centres visuels avec les yeux de son adversaire, il pourrait percevoir des images auxquelles il pourrait se fier.

De nouvelles minutes passèrent. Subitement désespéré, il se demanda s'il n'allait pas rester là, les cinq heures pleines, sans réussir à établir le moindre contact utile ? Il en vint même à douter qu'il eût raison de se soumettre si complètement à une pareille situation. Quand il essayait de poser la main sur le levier de contrôle du régleur encéphalien, le résultat, semblait-il, était négatif. Quelques sensations vagabondes lui parvinrent, parmi lesquelles l'odeur caractéristique du caoutchouc brûlé.

Pour la troisième fois, il sentit les larmes lui venir aux yeux. Puis, absolument nette, lui parvint une image. Elle partit aussi brusquement qu'elle était venue. Mais Grosvenor, qui avait été entraîné aux méthodes subliminales les plus modernes, garda la post-image aussi nettement imprimée dans son esprit que s'il avait eu tout loisir de s'imprégner de l'image même.

Il lui sembla se trouver dans l'un des immeubles hauts et étroits de la ville. L'intérieur était vaguement éclairé par les reflets des rayons du soleil entrant par les portes ouvertes. Il n'y avait pas de fenêtres, pas de planchers, mais des coursives. Quelques oiseaux étaient assis sur ces coursives. Les murs étaient percés de portes, indiquant l'existence de placards et de garde-manger.

Cette vision qu'il avait eue l'inquiétait en même temps qu'elle le réjouissait. « Supposons, se dit-il, que j'aie réussi à établir le contact avec cette créature et que je sois affecté par son système nerveux, en même temps qu'elle est affectée par le mien. Supposons que j'aie atteint le point où je peux entendre avec ses oreilles, voir avec ses yeux et ressentir, à un certain degré, ce qu'elle ressent. Tout cela n'est qu'impressions des sens. Puis-je espérer franchir le fossé et amener les muscles de la créature à répondre ? Puis-je la forcer à marcher, à tourner la tête, à remuer les bras, la faire agir, enfin, comme si elle était mon propre corps ? » L'attaque du vaisseau avait été perpétrée par un groupe d'êtres qui travaillaient ensemble. « Puis-je, en touchant l'un des membres du groupe, parvenir à exercer mon contrôle sur le groupe tout entier ? »

Il se dit que sa vision éclair avait dû lui venir à travers les yeux d'un oiseau. Ce qu'il avait ressenti jusqu'à maintenant ne semblait pas pouvoir être attribué à un groupe. Il était comme un prisonnier enfermé dans une chambre noire ; dans l'un des murs de cette chambre était percé un hublot couvert de couches d'une matière translucide et ne laissant entrer qu'une lumière diffuse. De temps en temps, des images perçaient le brouillard et le prisonnier avait des aperçus du monde extérieur : ces images, il pouvait être relativement sûr qu'elles étaient exactes. Par contre, il ne pouvait que douter des sons qui lui parvenaient d'un autre trou dans un autre mur, ou des sensations diverses qui lui parvenaient de trous du plafond et du plancher.

L'oreille humaine percevait toutes les fréquences de vibrations jusqu'à celles de vingt mille par seconde. Pour certaines races, l'audition ne commençait qu'à cette fréquence. En les soumettant à certaines influences hypnotiques on pouvait arriver à faire rire aux éclats des hommes qu'on était en train de torturer et à les faire hurler de douleur alors qu'on les chatouillait. Ce qui provoquait la douleur chez certains êtres vivants pouvait en laisser d'autres parfaitement insensibles.

Grosvenor laissa sa tension mentale se relâcher. Il n'avait rien d'autre à faire qu'à se détendre en attendant les événements.

L'idée lui vint tout d'un coup qu'il existait peut-être un rapport entre ses propres pensées et les impressions qu'il recevait. A quoi pensait-il juste avant de voir ce tableau de l'intérieur de l'immeuble ? Il avait concentré ses pensées, se souvint-il, sur la structure de l'œil.

Le rapport était si évident qu'il en était très excité. D'ailleurs, ce n'était pas tout. Jusque-là, il avait fait des efforts pour voir et sentir par l'intermédiaire du système nerveux de l'être-oiseau. Mais la réalisation de ses espoirs dépendait toujours de la façon dont il réussirait à contacter et à contrôler le groupe qui avait attaqué le vaisseau. Il comprit brusquement quc le problème auquel il avait à faire face exigeait un parfait contrôle de son propre cerveau. Il faudrait mettre pratiquement en veilleuse certaines zones ; d'autres, au contraire, devaient être sensibilisées à l'extrême pour fournir au flux des sensations qu'il recevrait un mode d'expression plus aisé. Il avait suffisamment la pratique de l'autosuggestion pour être capable d'atteindre ces deux objectifs.

Il fallait évidemment commencer par la vision. Puis continuer par le contrôle musculaire de l'être-oiseau par le truchement duquel le groupe luttait contre lui.

Des éclairs de différentes couleurs vinrent interrompre son effort de concentration. Grosvenor y vit la preuve de l'efficacité de ses autosuggestions. Puis sa vision s'accommoda brusquement et demeura nette, et il comprit qu'il était sur la bonne voie.

Il se retrouva, exactement comme la première fois, assis sur un perchoir à l'intérieur de l'un des grands immeubles. Se cramponnant avec l'énergie du désespoir à sa vision, il concentra tous ses efforts pour agir sur les mouvements musculaires des Riims.

Mais la raison exacte pour laquelle un mouvement naissait lui restait obscure. Sa vision ne pouvait évidemment pas inclure en détail les millions de réflexes musculaires qui permettaient qu'un doigt se lève. Il se concentra alors sur un membre. Rien ne se produisit. Déçu mais résolu, il eut recours à l'hypnose symbolique qui consiste à employer un unique mot clef enveloppant l'ensemble du processus musculaire.

Lentement, l'un des bras se leva. Un autre mot clef et le sujet de Grosvenor se leva précautionneusement. Puis Grosvenor lui fit tourner la tête. L'acte de regarder rappela à l'être-oiseau que tel tiroir, tel placard et telle armoire étaient « mien ». Le souvenir atteignait à peine le conscient. La créature acceptait sans inquiétude de reconnaître ce qui était sien.

Grosvenor avait du mal à contenir son agitation. Avec une infinie patience, il fit asseoir puis se lever l'être-oiseau, il lui fit lever les bras puis les baisser, avancer puis reculer sur son perchoir. Finalement, il le fit se rasseoir.

Il devait maintenant se trouver en parfait synchronisme avec l'oiseau et sensible à la moindre suggestion car, à peine avait-il commencé à se concentrer de nouveau que son être tout entier, pensées et sensations, fut envahi par un message. Plus ou moins automatiquement, Grosvenor traduisit les pensées angoissées dont il se sentait submergé :

« Les cellules appellent, appellent. Les cellules ont peur. Oh ! les cellules ressentent la douleur ! Il fait noir chez les Riims. Eloigne-toi de la créature... éloigne-toi, Riim... Des ombres, des tourbillons... Il faut que les cellules le rejettent... Mais elles ne peuvent pas. Elles avaient raison d'essayer d'être aimables avec l'être sorti de l'obscurité, puisqu'elles ne savaient pas qu'il était l'ennemi... La nuit s'assombrit. Toutes les cellules se retirent... Mais elles ne peuvent pas... »

Grosvenor était atterré : aimables !

Il venait de comprendre avec horreur que tout ce qui s'était passé jusqu'à maintenant pouvait s'expliquer aussi facilement d'une façon que de l'autre. La situation était grave. Si la catastrophe qui s'était produite sur le vaisseau était le résultat des efforts des êtres-oiseaux pour être aimables et entrer en communication avec les étrangers, quels désastres ne provoqueraient-ils pas si leur attirance se transformait en hostilité ?

Sa situation à lui était encore plus difficile que la

leur. S'il coupait le contact, eux seraient libres. Peut-être alors lanceraient-ils une attaque. Une fois qu'ils l'auraient évité, peut-être essayeraient-ils d'anéantir *Le Fureteur*.

Il n'avait donc d'autre recours que de persévérer, en espérant que quelque chose surviendrait qui lui permettrait de tourner la situation à son avantage.

12

Il essaya d'abord d'atteindre ce qui lui paraissait logiquement être le stade intermédiaire : il se concentra pour transférer son contrôle sur un autre individu du groupe. Le choix était évident.

« Je suis aimé ! se dit-il, reproduisant en lui la sensation qui, à un moment donné, l'avait déconcerté. Je suis aimé par mon corps-mère dont je nais et me développe. Je partage les pensées de ma mère, mais je vois de mes propres yeux, et je sais que je suis un dans le groupe... »

Comme Grosvenor s'y attendait, la transition se fit brusquement. Il bougea les plus petits des doigts. Il courba les frêles épaules. Puis il s'orienta de nouveau vers la mère riim. L'expérience était à ce point satisfaisante qu'il se sentait prêt à franchir le pas et à entrer en communication avec le système nerveux d'une créature plus éloignée.

Cette fois encore, il parvint au but en excitant les bons centres nerveux. Il prit conscience de se trouver sur une colline sauvage, parsemée de broussailles. Devant lui coulait un étroit cours d'eau. Audelà, un soleil orangé suivait sa course, très bas dans un ciel violet au milieu de nuages floconneux. Grosvenor obligea son nouveau sujet à faire demi-tour. Il aperçut une habitation-perchoir nichée dans les arbres au bord du ruisseau. Il s'approcha et jeta un coup d'œil à l'intéricur. Il distingua dans la semi-obscurité plusieurs perchoirs, dont l'un occupé par deux oiseaux. Tous deux avaient les yeux fermés.

Il était fort possible, se dit Grosvenor, que ces deux créatures fussent en train de participer à l'attaque du *Fureteur.*

De là, il transféra son contrôle sur un oiseau qui se trouvait dans une partie de la planète où il faisait nuit. La transition fut encore plus rapide que les fois précédentes. Il se trouva dans une ville obscure, hérissée de bâtiments étroits et de coursives. Il passa tour à tour d'un système nerveux à l'autre. Il ne s'expliquait pas pourquoi le contact s'établissait plutôt avec un individu qu'avec un autre. Peut-être certains sujets étaient-ils nettement plus sensibles à l'hypnotisme de Grosvenor que d'autres. Peut-être même les sujets qu'il touchait le plus facilement étaient-ils de la famille du premier être-oiseau avec qui il était entré en contact. Quand il eut ainsi passé dans deux douzaines de systèmes nerveux différents, Grosvenor pensa qu'il avait maintenant une bonne vue d'ensemble de la situation.

Il avait affaire à un monde dc pierre et de bois et à une « unité neurologique » qui, très probablement, n'aurait jamais son égale sur aucune autre planète. Cette race avait contourné tout un âge de l'humanité : l'âge de la machine avec sa découverte des secrets de la matière et de l'énergie.

Maintenant, Grosvenor pouvait en toute tranquillité franchir la nouvelle et avant-dernière étape de sa contre-attaque.

Il se concentra sur un groupe d'éléments qui devait caractériser l'un des êtres-oiseaux qui avaient projeté une image sur *Le Fureteur.* Un laps de temps, assez bref mais bien déterminé, s'écoula. Et puis...

Il regardait à partir d'une des images et voyait le vaisseau à travers une image.

La première chose qu'il se demanda fut comment se développait la bataille. Mais il lui fallait réprimer ce besoin de savoir car la tâche qu'il s'était fixée était autrement importante, et le fait de monter à bord n'en constituait qu'une partie. Ce qu'il voulait, c'était influencer un groupe peut-être de millions d'individus, les influencer au point qu'ils devraient se retirer du *Fureteur* et n'auraient plus d'autre solution que d'en rester éloignés.

Il avait prouvé qu'il pouvait enregistrer leurs pensées et eux les siennes ; s'il n'en avait pas été ainsi, ses prises de contact successives avec deux douzaines d'êtres-oiseaux auraient été impossibles. Donc, il était prêt. Il projeta ses pensées dans la nuit : « Vous vivez dans un univers ; vous formez des images de cet univers tel qu'il vous apparaît. Et de cet univers, vous ne connaissez rien, excepté les images. Mais les images de l'univers qui sont à l'intérieur de vous ne sont pas cet univers... »

Comment pouvait-on influencer un esprit ? En changeant ses postulats. Comment pouvait-on modifier un comportement ? En attaquant les croyances fondamentales, les certitudes.

Pas à pas, Grosvenor alla de l'avant : « Et les images qui sont à l'intérieur de vous ne vous montrent pas tout de l'univers, car il y a beaucoup de choses que vous ne pouvez pas percevoir directement puisque vous ne possédez pas de sens pour les percevoir. À l'intérieur de l'univers, il y a un ordre. Et si l'ordre des images n'est pas le même que l'ordre de l'univers, alors vous êtes trompés... »

Dans l'histoire de la vie, peu d'êtres pensants avaient jamais fait quelque chose d'illogique... à l'intérieur de leur système de coordonnées. Lorsque la base de ces coordonnées était fausse, c'est-à-dire lorsque les postulats des êtres pensants ne correspondaient pas à la réalité, la logique automatique des individus pouvait les mener au désastre.

Il fallait changer les postulats de ces êtres. Grosvenor le fit de propos délibéré, froidement, honnêtement. Lui-même s'appuyait, dans son action, sur l'hypothèse que les Riims n'avaient pas de défense. Il leur apportait les premières idées neuves qu'on eût essayé de leur faire assimiler depuis d'innombrables générations. Le choc, il n'en doutait pas, serait immense. Jamais encore on ne s'était ainsi attaqué à ces fellahs, enracinés dans leurs croyances. Or, il y avait dans l'Histoire assez d'exemples prouvant qu'un unique envahisseur sans grand pouvoir pouvait influencer l'avenir de civilisations fellahs entières.

L'immense empire des Indes s'était écroulé devant quelques milliers d'Anglais. De même tous les peuples fellahs de l'Antiquité avaient été aisément conquis ; ils ne s'étaient relevés que lorsque, enfin, la lumière s'était infiltrée jusqu'à leurs ténèbres, leur montrant qu'il existait autre chose dans la vie que ce que leurs systèmes rigides leur avaient appris.

Les Riims étaient particulièrement vulnérables. Leur méthode d'intercommunication, pour unique et remarquable qu'elle fût, permettait de les influencer tous d'un seul coup à condition qu'on fournît un effort suffisant. Encore et encore, Grosvenor répéta son message, y ajoutant chaque fois quelque chose ayant spécialement trait à la fusée : « Changez l'image dont vous vous servez pour atteindre les étrangers qui se trouvent à bord de la fusée, puis retirez-la. Changez-la pour qu'ils puissent se détendre et dormir, puis retirez-la. Votre acte amical a causé de grands dommages à bord. Nous aussi, nous sommes bien disposés envers vous, mais votre façon de nous exprimer votre amitié nous fait du mal. »

Il n'aurait pu dire exactement pendant combien de temps il continua à déverser ainsi ses commandements dans l'immense circuit nerveux. Deux heures peut-être. Quelle que fût la durée de son action, elle s'arrêta net car, sur le régleur encéphalien, l'interrupteur coupa automatiquement le contact entre lui et l'image sur le mur.

Tout de suite, il se retrouva dans son décor familier. Il regarda le mur à l'endroit où avait été l'image. Elle était partie. Il jeta un rapide regard à Korita. L'archéologue était écroulé sur une chaise et dormait profondément.

Grosvenor frémit en se souvenant des instructions qu'il avait données : se détendre et dormir. Il avait le résultat sous les yeux. Tous les hommes devaient dormir à bord de la fusée.

Ne s'arrêtant que le temps de réveiller Korita, Grosvenor sortit dans le couloir. Tout au long de son chemin, il trouva des hommes allongés les yeux fermés, mais les murs étaient clairs. Il parvint au poste de contrôle sans avoir vu une seule image.

A l'intérieur, il dut enjamber le corps endormi du capitaine Leeth pour arriver au tableau de bord. Avec un soupir de soulagement, il manipula le levier qui ouvrait le flux d'énergie sur l'écran extérieur du vaisseau.

Quelques secondes plus tard, installé sur le siège de contrôle, il modifiait la direction du *Fureteur*.

Avant de quitter le poste de contrôle, il fixa un cadenas à horlogerie sur le levier de direction et le mit pour dix heures. Ainsi protégé contre l'éventualité qu'un des hommes ne s'éveillât avec un désir d'autodestruction, il se hâta de regagner le couloir pour donner des soins aux blessés.

Ses clients avaient, sans exception, perdu conscience ; il ne pouvait donc que formuler des hypothèses sur ce dont ils souffraient. Il ne prit pas de risques. Chaque fois qu'il constatait que la respiration était difficile et qu'il devait y avoir eu choc, il administrait du plasma sanguin. Il injectait des analgésiques chaque fois qu'il se trouvait en présence de vilaines plaies et appliquait des pommades cicatrisantes sur les brûlures et les coupures. Sept fois, aidé de Korita, il transporta des morts dans les chambres de réanimation : quatre vies furent ainsi tirées du néant.

Malgré cela, il resta trente-deux cadavres qu'il n'essaya même pas de faire revivre.

Korita et lui étaient toujours occupés à leur tâche d'infirmiers quand, près d'eux, un géologue s'éveilla, bâilla... puis grogna. La mémoire lui revenait. Grosvenor regarda l'homme se remettre debout et venir vers eux, les fixant tour à tour avec stupéfaction avant de demander :

— Puis-je vous aider ?

Ils eurent bientôt une douzaine d'aides qui tous s'étaient attelés avec acharnement à la tâche ; de temps en temps, ils lançaient quelques mots prouvant qu'ils se rendaient compte qu'un moment de folie avait été la cause de ce cauchemar.

Grosvenor ne remarqua l'arrivée de Leeth et de Morton que lorsqu'il les vit parler avec Korita. Au bout d'un moment, ce dernier s'éloigna et les deux chefs vinrent vers Grosvenor et l'invitèrent à participer à une réunion qui allait se tenir au poste de contrôle. Sans un mot, Morton lui tapa sur l'épaule. Grosvenor s'était demandé s'ils se souviendraient, car souvent l'hypnotisme provoquait l'amnésie spontanée. Or, si les deux hommes ne s'étaient souvenus de rien, il aurait été extrêmement difficile à Grosvenor de les persuader de ce qui s'était passé.

Aussi fut-il soulagé lorsque le capitaine Leeth lui dit :

— Monsieur Grosvenor, en pensant aux désastreux événements qui viennent de se produire, Morton et moi nous souvenons tous les deux qu'à un moment donné vous avez fait effort pour nous persuader que nous étions victimes d'une attaque venue de l'extérieur. M. Korita vient de nous rapporter celles de vos actions dont il a été le témoin. Je veux que vous expliquiez exactement ce qui s'est passé aux chefs de section réunis au poste de contrôle.

Le récit des événements par Grosvenor dura plus d'une heure. Quand le nexialiste eut terminé, quelqu'un demanda :

— Dois-je comprendre qu'en fait il s'agissait d'un essai amical d'entrer en rapport avec nous ?

Grosvenor acquiesça :

— Eh ! oui.

— D'après vous, il n'est donc pas question que nous allions là-bas et que nous les tuions tous jusqu'au dernier à coups de bombes ? fit l'autre avec rancœur.

— Cela ne servirait absolument à rien. Toutefois, nous pourrions y aller pour essayer d'établir un contact plus direct.

Le capitaine Leeth intervint vivement :

— Cela prendrait trop de temps. Nous avons encore beaucoup de chemin à faire. (Il ajouta d'un ton aigre :) D'ailleurs, il semble que c'est une race bien grossière.

Grosvenor hésita. Avant qu'il ait pu parler, Morton demanda :

— Qu'en pensez-vous, monsieur Grosvenor ?

Celui-ci répondit :

— Je présume que le capitaine fait allusion à l'absence, chez ce peuple, de tout engin mécanique. Mais les créatures vivantes peuvent avoir certaines satisfactions pour lesquelles les machines sont inutiles : manger et boire, vivre au milieu d'amis et d'êtres aimés. A mon avis, ces oiseaux trouvent des joies dans leurs pensées en commun et dans leur mode de propagation. Il fut un temps où l'homme n'avait pas beaucoup plus et où pourtant il parlait de civilisation ; et, en ce temps-là, il y a eu de grands hommes tout comme maintenant.

— Et malgré cela, observa finement von Grossen, le physicien, vous n'avez pas hésité à troubler leur mode de vie ?

Grosvenor ne se laissa pas démonter :

— Il n'est pas bon que des oiseaux ou des hommes aient une activité trop spécialisée. Je n'ai fait que briser leur résistance devant des idées nouvelles, chose que je n'ai pas encore réussi à faire à bord de ce vaisseau.

Il y eut quelques rires dans l'assistance et l'on commença à se disperser. Grosvenor vit Morton s'entretenir avec Yemens, le seul chimiste présent à la réunion. Yemens, qui était maintenant l'assistant direct de Kent, fronça les sourcils et hocha la tête à plusieurs reprises. Finalement, il fit un assez long discours après lequel Morton et lui se séparèrent en se serrant la main.

Morton vint vers Grosvenor et lui dit à voix basse :

— Les chimistes vont libérer vos bureaux d'ici vingt-quatre heures à condition qu'il ne soit plus jamais fait mention de l'incident, Yemens...

Grosvenor l'interrompit :

— Mais qu'en dit Kent ?

Morton hésita.

— Il a aspiré une bouffée de gaz, dit-il enfin, et va rester allongé plusieurs mois.

— Mais, dit Grosvenor, à ce moment, les élections auront eu lieu ?

Là encore, Morton hésita avant de dire :

— C'est exact. Cela signifie que je n'aurai pas d'opposition, puisque seul Kent s'est présenté contre moi.

Grosvenor réfléchit en silence. Il était bon de savoir que Morton garderait la direction des savants. Mais que deviendraient tous les mécontents qui avaient soutenu Kent ?

— Je veux vous demander une faveur personnelle, monsieur Grosvenor, reprit Morton. J'ai persuadé Yemens qu'il ne serait pas très sage de poursuivre l'attaque de Kent contre vous. Mais j'aimerais que, de votre côté, vous gardiez le silence. N'essayez pas d'exploiter votre victoire. Si l'on vous demande quelque chose, dites que tout cela est le résultat de l'accident de Kent, mais surtout n'amenez jamais vous-même le sujet sur le tapis. Il y va de la paix à bord. Promis ?

Grosvenor promit, puis ajouta :

— Peut-être pourrais-je vous faire une suggestion ?

— Allez-y, voyons.

— Pourquoi ne pas nommer Kent votre suppléant ?

Morton le regarda avec perplexité :

— Voilà une suggestion à laquelle je ne m'attendais pas, venant de vous. Personnellement, je ne me sens pas tellement disposé à remonter le moral de Kent.

— Il ne s'agit pas de Kent, fit Grosvenor.

Cette fois, Morton fit une pause. Il dit enfin :

— Evidemment, cela détendrait l'atmosphère.

Toutefois, il ne paraissait toujours pas enthousiaste.

— L'opinion que vous avez de Kent, dit Grosvenor, me paraît semblable à la mienne.

Morton eut un petit rire :

— Il y a, à bord, des douzaines de types que je préférerais prendre comme suppléant, mais par amour de la paix je vais suivre votre suggestion.

Ils se séparèrent. Grosvenor n'était pas aussi entièrement satisfait qu'il y paraissait. Il avait l'impression qu'en faisant sortir les chimistes de ses bureaux, il avait gagné une escarmouche et non une bataille. Néanmoins, de son point de vue personnel, cette solution restait tout de même préférable à celle d'un combat qui aurait pu être amer.

13

Ixtl flottait dans la nuit sans limite. Le temps avançait à pas lents vers l'éternité, et l'espace était d'une obscurité impénétrable. A travers l'immensité, de vagues taches de lumière froide s'offraient au regard de Ixtl. Chacune d'elles, il le savait, était une galaxie d'étoiles flamboyantes que la distance transformait en brume tourbillonnante. Là-bas c'était la vie, la vie qui se multipliait sur les myriades de planètes dont chacune tournait indéfiniment autour de son soleil. Ainsi la vie s'était-elle jadis extirpée de la boue primitive de Glor, avant qu'une explosion cosmique eût anéanti toute la race puissante des ixtls, et projeté son corps à lui dans les abîmes intergalactiques.

Il vivait : c'était là sa catastrophe personnelle. Son corps quasi immortel ayant survécu au cataclysme se maintenait, de plus en plus affaibli, sur l'énergie qui imprégnait l'espace et le temps. Son cerveau reprenait inlassablement le même vieux cycle de la pensée ; il pensait : une chance sur des décillions qu'il se retrouve jamais dans un système galactique. Et alors, une chance encore plus infinitésimale qu'il tombe sur une planète et trouve un précieux *guul*.

Un milliard de milliards de fois il avait, par le même cycle, abouti à la même conclusion. Ce raisonnement était maintenant partie intégrante de son être. C'était comme une image sans fin qui se serait déroulée devant un œil intérieur. Cela et ces lointains rubans lumineux là-bas, dans le golfe noir, constituait le monde où se déroulait l'existence d'Ixtl. Il avait presque oublié le vaste champ sensoriel que son corps conservait. Jadis, il en recevait des signes, mais maintenant il ne percevait plus rien au-delà de quelques années-lumière.

Il n'attendait rien, aussi le premier signal de la présence de la fusée l'atteignit-il à peine. Energie, dureté... matière ! Très vagues, les sensations tâtonnaient dans le cerveau endormi de Ixtl. Il ressentit une douleur cuisante comme si un de ses muscles, depuis longtemps inutilisé, avait été brusquement excité.

La douleur disparut. La pensée s'évanouit. Le cerveau retomba dans son long sommeil un instant interrompu. Ixtl retrouva son monde de désespoir et de taches lumineuses. L'idée d'énergie et de lumière devint un rêve qui s'effaçait. Un coin du cerveau, un peu plus éveillé que l'ensemble, regarda la pensée s'enfuir, et les ombres de l'oubli étendre leurs voiles de brume pour envelopper le faible éclair de conscience qui avait un instant jailli.

Mais voilà que de nouveau, et cette fois plus aigu, le message était lancé. Un mouvement convulsif tendit le corps émacié. Les quatre bras partirent en avant, les quatre jambes firent un saut de carpe, projetées par une force aveugle. C'était la réaction musculaire.

Ses yeux écarquillés accommodèrent à nouveau. Ses regards qui ne cherchaient plus rien reprirent de l'animation. La partie de son système nerveux qui contrôlait son champ de perception vibra soudain. Avec un effort considérable, Ixtl détourna son système nerveux des billions de kilomètres cubes d'où n'était parvenu aucun signal, pour concentrer toutes ses forces dans la délimination du point exact de départ de l'impulsion.

Mais tandis que Ixtl cherchait à le délimiter, ce

point s'était déplacé d'une distance énorme. C'est alors seulement que le solitaire pensa à une fusée volant d'une galaxie à l'autre. Pendant un horrible moment, il crut que l'appareil allait s'éloigner encore et qu'il ne pourrait plus le trouver, qu'il perdrait contact à jamais avant d'avoir rien pu faire.

Il étendit légèrement son champ de perception et, soudain, perçut à nouveau l'indubitable excitation provoquée par la présence de matière et d'énergie étrangères. Cette fois, il s'y accrocha. Il déversa en un faisceau toute l'énergie que pouvait fournir son corps affaibli.

Par ce faisceau, il aspira goulûment d'immenses quantités d'énergie de la fusée. Il y en avait plus — des millions de fois plus — qu'il ne pouvait en utiliser. Il dut en décharger dans l'espace. Mais, comme une monstrueuse sangsue, il tendit son faisceau, quatre, cinq, dix années-lumière plus avant et suça l'énergie motrice de l'appareil.

Parce que depuis d'innombrables éons il vivotait de faibles dards d'énergie lumineuse, il n'osait même pas absorber les quantités colossales qui maintenant lui parvenaient. Celles-ci allaient se perdre dans l'espace qui les engloutissait à jamais. Mais ce que Ixtl en prit fit refluer la vie dans son corps. Avec une intensité sauvage, il vit l'étendue des possibilités qui s'offraient à lui. D'un grand élan, il mit en mouvement sa propre structure atomique et se lança lui-même sur le faisceau.

Dans le lointain, la fusée qui avait perdu son énergie motrice mais continuait sa course, poussée par la vitesse acquise, passa devant Ixtl et s'éloigna d'une année-lumière, puis de deux, puis de trois. Affolé, Ixtl constata que l'appareil allait lui échapper en dépit de ses efforts. Mais à cet instant...

La fusée stoppa, en plein vol. Elle avançait à une vitesse de plusieurs années-lumière par jour quand, soudain, elle s'arrêta, en équilibre dans l'espace, toute sa vitesse acquise neutralisée en un instant. Elle était toujours à une distance considérable d'Ixtl, mais ne s'éloignait plus.

Ixtl devinait bien ce qui s'était passé. Ceux qui se trouvaient à bord de l'appareil s'étaient aperçus de son intervention et s'étaient arrêtés pour voir ce qui se passait. Leur ralentissement instantané indiquait une technique très avancée, bien que Ixtl fût incapable de la définir exactement. Il y avait plusieurs possibilités. Lui-même avait l'intention de stopper en convertissant sa vitesse en action électronique à l'intérieur de son organisme. Très peu d'énergie serait ainsi perdue. Dans chacun des atomes, la vitesse des électrons augmenterait légèrement — très légèrement — et cette vitesse serait transformée en mouvement au niveau microscopique.

Ce fut à ce niveau qu'il sentit brusquement que le vaisseau était tout près.

Les événements se succédèrent alors à une cadence trop rapide pour laisser place à la pensée. Le vaisseau interposa entre Ixtl et lui un écran protecteur contre l'énergie. La concentration d'énergie déclencha la série de relais automatiques que Ixtl avait mis en place à l'intérieur de son corps. De ce fait, il s'arrêta une fraction de microseconde plus tôt qu'il ne l'avait voulu. En distance, cela faisait une cinquantaine de mètres.

Il voyait la fusée, point lumineux dans l'espace noir. L'écran était toujours en place, autrement dit ceux qui étaient à l'intérieur ne pourraient probablement pas le détecter et lui-même ne pouvait plus espérer arriver jusqu'à l'appareil lui-même. Il supposa qu'à bord de délicats instruments avaient perçu son approche, l'avaient identifié comme un projectile et avaient mis l'écran en place.

Ixtl était à des mètres de la barrière presque invisible. Là, séparé de la réalisation de ses espoirs, il contemplait avidement l'appareil. C'était un monstre sphérique de métal sombre, clouté de rangées de points lumineux. Il flottait dans le velours noir de l'espace, brillant comme un joyau, tranquille mais vivant, brûlant de vie. Il apportait avec lui la pensée nostalgique de milliers de planètes lointaines et d'une vie indomptable et tumultueuse qui s'était élancée jusqu'aux étoiles pour s'emparer d'elles.

Jusqu'à cet instant, il avait eu tant à faire, physiquement, qu'il n'avait que très vaguement réalisé ce que cela pourrait représenter pour lui de monter à bord. Habitué depuis des millénaires à un désespoir sans bornes, son cerveau prit follement son essor. Telles des langues de feu, ses jambes et ses bras se tordaient et tournoyaient sous la lumière aveuglante venue des hublots. À sa bouche, sorte de balafre dans cette caricature de face humaine, perlait une écume blanche qui s'écoulait en gouttelettes gelées. Ixtl sentit l'espoir grandir en lui et tout submerger au point que sa vue s'en troubla. Ce fut donc à travers un brouillard qu'il vit une grosse veine de lumière se renfler sur la paroi métallique du vaisseau. Le renflement devint une immense porte qui s'ouvrait par un mouvement de rotation. De l'intérieur jaillit un flot de lumière éblouissante.

Il y eut une pause, puis une douzaine d'êtres bipèdes firent leur apparition. Ils étaient vêtus d'armures presque transparentes et traînaient, ou guidaient, de grandes machines flottantes. Tout de suite, ils rassemblèrent les machines autour d'une petite zone bien délimitée du vaisseau. Des flammes jaillirent qui, de loin, paraissaient petites, mais dont l'extraordinaire éclat était le signe, soit d'une extrême chaleur, soit d'une concentration titanesque de rayons non calorifiques. Les bipèdes poursuivirent leur travail — de réparation selon toute vraisemblance — avec une alarmante vélocité.

Ixtl s'attaqua avec fièvre à l'écran qui lui barrait l'accès du vaisseau, en cherchant les points faibles. Il n'en trouva pas. Les forces en jeu étaient trop complexes, elles couvraient une surface trop grande pour que Ixtl pût en venir à bout avec les moyens dont il disposait. Il l'avait déjà senti à distance. Maintenant, la réalité confirmait toutes ses appréhensions.

Le travail — Ixtl vit que les bipèdes avaient enlevé une épaisse couche de la paroi extérieure et l'avaient remplacée par une neuve — fut terminé presque aussitôt entrepris. Les machines à souder perdirent leur incandescence et les dernières étincelles se noyèrent dans la nuit. Les machines reprirent le chemin par où elles étaient venues. Les êtres bipèdes rentrèrent dans la fusée derrière les machines. Le vaste plan métallique redevint brusquement aussi désert et silencieux que l'espace lui-même.

D'angoisse, Ixtl faillit perdre la raison. Il ne pouvait pas les laisser lui échapper maintenant, alors que l'univers tout entier était à sa portée... à quelques mètres de lui. Il tendit les bras comme si le seul besoin qu'il en avait allait suffire à retenir le vaisseau. Il ressentait dans tout son corps une douleur lancinante. Il était tout entier entraîné vers un abîme noir et infini de désespoir, mais il s'arrêta juste avant le plongeon final.

De nouveau, la grande porte s'animait d'un mouvement rotatif. Un seul bipède se fraya un chemin à travers la veine lumineuse et courut vers la partie de la paroi qui venait d'être réparée. Il ramassa quelque chose, puis s'apprêta à repartir. Il était encore à quelque distance de la porte quand il vit Ixtl.

Il s'arrêta, comme si on venait de le frapper. Il paraissait avoir de la peine à garder son équilibre. A la lueur des hublots, son visage était nettement visible à travers le casque transparent de sa combinaison. Ses yeux étaient écarquillés, sa bouche ouverte. Il parut se pincer puis ses lèvres se mirent à se mouvoir rapidement. Un instant plus tard, la porte s'ouvrait plus grande, livrant passage à un groupe de bipèdes qui, tous, regardèrent Ixtl. Il dut s'ensuivre une discussion, car, à intervalles réguliers, les lèvres des bipèdes remuèrent, les unes après les autres.

Bientôt, une grande cage à barres de métal fut amenée au-dehors. Elle arriva en flottant, paraissant guidée par deux hommes qui étaient assis dessus. Ixtl devina qu'on allait le capturer.

Fait curieux, il n'en fut pas soulagé. Ce fut comme si on l'avait drogué, car il tomba dans un abîme de fatigue. Affolé, il tenta de lutter contre cette stupeur qui l'envahissait. Il aurait besoin de toute la vivacité de sa race, qui avait atteint le seuil même de l'ultime connaissance, s'il voulait que les ixtls retrouvent la vie.

14

— Mais enfin, par tous les saints du paradis, comment quelque chose peut-il vivre dans l'espace intergalactique ?

Par le communicateur de sa combinaison interplanétaire, Grosvenor entendit la question. La voix de celui qui l'avait posée était déformée par l'angoisse. Grosvenor vit autour de lui ses compagnons se serrer plus étroitement les uns contre les autres. Pour lui, la présence des autres membres de l'expédition ne suffisait pas entièrement à dissiper son malaise. Il était trop conscient de la nuit impalpable qui s'enroulait autour d'eux comme un suaire, collant jusqu'à la surface même des hublots.

Jamais encore depuis le début du voyage l'immensité de cette nuit n'avait à ce point frappé Grosvenor. Il l'avait si souvent contemplée de l'intérieur du vaisseau qu'elle lui était devenue indifférente. Mais soudain il réalisait pleinement que les plus lointaines frontières stellaires de l'homme n'étaient qu'une tête d'épingle dans cette nuit qui s'étendait sur des milliards d'années-lumière dans toutes les directions.

Morton brisa le silence apeuré qui s'était appesanti sur le groupe.

— J'appelle Gunlie Lester de l'intérieur... Gunlie Lester...

Il y eut une pause puis :

— Oui, chef ?

Grosvenor avait reconnu la voix du chef des astronomes.

— Gunlie, dit Morton, voici de quoi faire travailler votre cerveau astro-mathématique. Je voudrais que vous me calculiez quelle probabilité il y avait que *Le Fureteur* s'arrêtât à l'endroit exact de l'espace où flottait cette chose ? Je vous laisse quelques heures pour me trouver ça.

Ces mots ne firent qu'accentuer encore le côté dramatique de la scène. C'était bien dans la nature de Morton, le mathématicien, de laisser un autre prendre la vedette dans un domaine où lui-même était maître.

L'astronome commença par rire, puis répliqua d'un ton grave :

— Je n'ai pas besoin de faire des calculs. Il faudrait un nouveau système de notation pour exprimer cette probabilité arithmétiquement. Mathématiquement parlant ce que vous voyez ici ne peut pas arriver. Voici un appareil rempli d'êtres humains qui s'arrête pour faire une réparation à mi-chemin entre deux galaxies — et notez que c'est la première fois que nous le faisons. Voici, dis-je, un point minuscule qui, sans que cela eût été prévu, rencontre exactement la trajectoire d'un autre point, encore plus minuscule. C'est impossible, à moins que l'espace ne soit saturé de créatures semblables à celle-ci.

Grosvenor, lui, voyait au phénomène une explication plus plausible. Pourquoi ne pas concevoir la relation entre les deux événements comme simplement celle de cause à effet ? Un grand trou avait été percé dans la paroi de la salle des machines. Des torrents d'énergie s'en étaient échappés pour se déverser dans l'espace. Ils s'étaient donc arrêtés pour réparer le dommage. Grosvenor ouvrit la bouche pour donner son point de vue, mais la referma sans avoir parlé. Il y avait un autre facteur, celui des forces et des probabilités qui auraient été mises en jeu si les choses s'étaient vraiment passées ainsi. Combien d'énergie faudrait-il pour aspirer la production fournie par une pile en quelques minutes ? Il posa mentalement l'opération. Les chiffres qui en résultaient étaient tellement énormes que son hypothèse en semblait automatiquement annulée. Même un millier de zorls réunis n'auraient pu contrôler de telles quantités d'énergie. C'était donc qu'ils n'avaient pas affaire qu'à des êtres, mais aussi à des machines.

Quelqu'un dit :

— C'est à coups de projecteur que nous devrions accueillir les petites choses comme ça.

Le frisson contenu dans la voix de l'homme qui venait de parler se communiqua à Grosvenor. Les autres aussi devaient en avoir été frappés car, lorsque Morton parla, son ton indiquait qu'il faisait effort pour calmer les esprits.

— Ce diable rouge qui a l'air sorti d'un cauchemar, affreux comme les sept péchés capitaux, est peut-être aussi inoffensif que notre ravissant minet était dangereux, dit-il. Qu'en pensez-vous, Smith ?

Avec sa froide logique, le biologiste répliqua :

— Cette chose, pour autant que je puisse en juger de l'endroit où je me trouve, a des bras et des jambes, ce qui est le signe d'une évolution purement planétaire. Si c'est un être intelligent, il commencera à réagir au milieu ambiant à la minute même où on le mettra dans la cage. Peut-être est-ce un vénérable sage qui a choisi le silence de l'espace pour y méditer parce qu'il n'y est pas distrait. Peut-être est-ce un jeune meurtrier, condamné à l'exil et brûlant du désir de rentrer chez lui et de reprendre la vie parmi ceux de sa civilisation.

— Dommage que Korita ne soit pas sorti avec nous, dit Pennons, le chef machiniste, de sa voix posée. Son exposé sur le chat nous avait donné une idée de ce qui nous attendait et...

— Korita est là, monsieur Pennons. (Comme toujours, la voix de l'archéologue arriva sur les communicateurs avec une méticuleuse clarté.) J'ai suivi comme beaucoup d'autres ce qui s'est passé et je dois avouer que je suis très impressionné par l'image que je vois sur l'écran, devant mes yeux. Mais je crois que n'étant, pour le moment, en possession d'aucun fait, il serait dangereux de nous lancer dans une analyse basée sur l'histoire cyclique. Dans le cas du chat, nous avions la planète nue, sans nourriture possible, sur laquelle il vivait, et les vestiges architecturaux de la cité morte. Mais ici nous sommes en présence d'un être qui vit dans l'espace, à un quart de million d'années-lumière de la planète la plus proche, apparemment sans nourriture et sans moyen de se déplacer dans l'espace. Voici ce que je vous suggère : maintenez l'écran en place, à l'exception de l'ouverture nécessaire pour faire passer la cage. Quand vous aurez enfermé votre créature, étudiez-la, analysez toutes ses actions et toutes ses réactions. Prenez des photos des organes internes en fonction dans le vide de l'espace. Recueillez le maximum de faits, afin que nous sachions ce que nous amenons à bord. Evitons de tuer, ou d'être tués. Nous ne saurions prendre trop de précautions.

— Cela me paraît en effet très sensé, dit Morton.

Il commença à donner des ordres. D'autres machines furent amenées de l'intérieur du vaisseau. A l'exception d'une énorme caméra au fluor, ces machines furent installées en demi-cercle à l'extérieur. Quant à la caméra, elle fut fixée à la cage mobile.

Grosvenor, dont le malaise ne s'était pas dissipé, entendit Morton donner ses dernières instructions aux hommes qui guidaient la cage :

— Ouvrez la porte aussi grande que possible et jetez-la sur lui. Il ne faut pas que ses mains agrippent les barres.

« Si j'ai des objections à faire, se dit Grosvenor, c'est maintenant ou jamais. »

Mais il ne voyait pas ce qu'il aurait pu dire. Il pouvait exposer ses vagues doutes. Il pouvait aller jusqu'à la conclusion logique de l'analyse de Gunlie Lester et dire que ce qui s'était passé ne pouvait être un hasard. Il pouvait même insinuer qu'il était possible qu'un bâtiment plein de ces diables rouges attendît quelque part que leur camarade ait été pris.

Mais le fait était que, contre de pareilles éventualités, toutes les précautions avaient été prises. S'il y avait une autre fusée, alors, en n'ouvrant l'écran protecteur que juste assez pour admettre la cage, ils ne présentaient à l'ennemi qu'une cible minima. Les hommes qui guidaient la cage risquaient de périr, mais le vaisseau lui-même serait sauf.

L'ennemi verrait bien que son action avait été inutile. Il trouverait devant lui un appareil formidable, armé et blindé, conduit par les membres d'une race capable de mener la lutte jusqu'à sa conclusion impitoyable.

Grosvenor décida donc de s'abstenir de tout commentaire. Il garderait ses doutes pour lui.

Morton dit :

— Quelqu'un a-t-il encore une remarque à faire ?

— Oui. (C'était von Grossen qui avait parlé.) J'aimerais que l'on procédât à un examen approfondi de cette chose. Approfondi, pour moi, cela veut dire une semaine, un mois.

— Autrement dit, demanda Morton, vous voulez que nous restions plantés dans l'espace pendant que nos experts étudieront le monstre ?

— Naturellement, dit le physicien.

Morton réfléchit quelques secondes, puis dit lentement :

— Il faut que je soumette votre proposition aux autres, von Grossen. Ceci est un voyage d'exploration. Nous avons ce qu'il faut pour ramener des spécimens par milliers. A nous savants, tout nous est bon. Tout mérite d'être étudié. Néanmoins, je suis certain qu'on vous objectera que si nous restons sur place tout un mois pour chacun des spécimens que nous envisageons de prendre à bord, notre voyage durera cinq cents ans, et non cinq ou dix comme prévu. Je ne vous exprime pas là mon point de vue personnel. Il est évident que chaque spécimen doit être étudié et manié avec l'attention qu'il mérite.

— Ce que j'aimerais, dit von Grossen, c'est qu'on y réfléchisse.

— Pas d'autres objections ? demanda Morton. (Et, comme personne ne répondait, il conclut d'un ton calme :) C'est bien, les enfants, allez-y, attrapez-le !

15

Ixtl attendait. Comme dans un kaléidoscope, il voyait apparaître et disparaître en lui les souvenirs de tout ce qu'il avait jamais connu ou pensé. Il eut une vision de la planète dont il était issu et qui, depuis longtemps, était anéantie. Il en ressentit de l'orgueil et un mépris croissant pour ces bipèdes qui s'étaient mis en tête de le capturer.

Il se souvenait encore d'une époque où ceux de sa race savaient contrôler le mouvement de systèmes solaires entiers à travers l'espace. C'était avant qu'ils eussent renoncé aux déplacements interplanétaires eux-mêmes et se fussent adonnés à une existence plus calme, entièrement consacrée à l'extase de la création artistique.

Il regarda la cage approcher de lui. L'écran s'ouvrit pour la laisser passer et se referma immédiatement après son passage. Cela se fit si rapidement que, l'eût-il voulu, il n'aurait pas pu profiter de l'ouverture de l'écran pour pénétrer à bord de la fusée. Lentement, la cage arrivait. Les deux hommes qui la guidaient scrutaient attentivement l'espace devant eux. L'un portait une espèce d'arme dont Ixtl sentit qu'elle déchargeait des projectiles atomiques. Il en ressentit un certain respect, mais, en même temps, il comprit que les avantages de cette arme étaient limités. On pouvait s'en servir contre lui là où il se trouvait, mais on n'oserait pas employer une énergie aussi violente à l'intérieur de la fusée.

Cela ne fit que le confirmer dans sa décision : monter à bord ! Pénétrer à l'intérieur !

Tandis que cette détermination s'ancrait en lui, la cage l'enveloppa et la porte se referma sans bruit derrière lui. Ixtl saisit le barreau le plus proche et s'y agrippa résolument. Il y resta accroché, étourdi par la réaction. Il était sauvé ! Son cerveau se dilata sous le choc de cette découverte. L'effet produit avait été physique aussi bien que mental. Des essaims d'électrons libres s'échappèrent de son organisme, cherchant frénétiquement à s'unir avec des électrons d'autres systèmes atomiques. Ixtl était sauvé après des quadrillions d'années de désespoir. En sécurité sur de la matière. Quoi qu'il arrive par la suite, le contrôle de la source énergétique de cette cage le libérait à jamais de son ancienne incapacité de diriger ses mouvements. Jamais plus, il ne serait à la merci des faibles poussées et attractions de lointaines galaxies. Désormais, il pourrait se déplacer dans la direction qu'il aurait choisie. Et c'était la cage seule qui, déjà, lui avait donné cela.

Sa prison reprit la direction de la fusée. Quand ils approchèrent, l'écran protecteur s'ouvrit devant eux, puis se referma aussitôt après leur passage. De près, les hommes paraissaient frêles. Le fait qu'ils eussent besoin de combinaisons interplanétaires prouvait qu'ils étaient incapables de s'adapter à des milieux entièrement différents du leur ; autrement dit, ils étaient physiquement à un stade d'évolution très inférieur. Il pouvait être déraisonnable, toutefois, de sous-estimer leurs réalisations dans le domaine des sciences. C'étaient des esprits éveillés, capables de créer et d'utiliser des machines puissantes. Ils venaient d'amener un certain nombre de ces machines dans le but évident de l'étudier, lui, Ixtl. Ainsi seraient révélées ses fins, identifiés les précieux objets dissimulés dans sa poitrine, et exposés quelques-uns de ses organes vitaux. Il ne pouvait permettre qu'on fît de lui un pareil examen. Il vit que certains parmi les bipèdes portaient deux armes au lieu d'une. Ces armes étaient enfermées dans des étuis et accrochées aux bras des combinaisons. L'une d'elles était du type à projectile atomique dont il avait déjà été menacé. L'autre avait un manche scintillant et translucide. Ixtl conclut que c'était un vibrateur. Les hommes installés sur la cage en avaient, eux aussi.

Lorsque la cage parvint au laboratoire improvisé, une caméra fut poussée vers l'étroit interstice séparant deux des barreaux. Pour Ixtl, ce fut le signal. Sans effort, il bondit vers le plafond. Sa vision s'intensifia et devint sensible à de très brèves fréquences. Tout de suite, il vit, comme un point lumineux à sa portée, la source énergétique du vibrateur.

L'un des bras terminé par huit doigts de fer partit en avant comme un éclair et *traversa* le métal ; il saisit le vibrateur d'un de ses geôliers.

Il n'essaya pas d'adapter la structure atomique de l'arme comme il l'avait fait pour son bras. Il ne fallait pas qu'on pût deviner d'où le coup était parti. Faisant effort pour garder son inconfortable position, il visa la caméra et le groupe d'hommes qui se trouvait derrière l'appareil. Il appuya sur la détente.

Avec une prodigieuse rapidité de mouvements, Ixtl lâcha le vibrateur, retira sa main et revint à terre. Il n'avait plus peur. L'énergie moléculaire avait résonné à travers la caméra et avait atteint, à des degrés divers, tous les appareils du laboratoire de fortune. Le film serait inutilisable ; les appareils de mesure devraient être à nouveau étalonnés et tout le matériel revérifié. Et, ce qui était mieux que tout, on considérerait ce qui s'était passé comme un accident.

Grosvenor entendit des jurons dans son communicateur et comprit, non sans soulagement, que ses compagnons luttaient aussi contre les cinglantes vibrations qui n'avaient été qu'en partie arrêtées par la matière des combinaisons interplanétaires. Lentement, sa vue redevint normale. Il revit la plaque de métal incurvée sur laquelle il se tenait et, au-delà, l'espace sombre et insondable. Il vit aussi, comme une tache dans l'ombre, la cage métallique.

— Je suis désolé, chef, s'excusait un des hommes sur la cage. Le vibrateur a dû tomber de ma ceinture et partir tout seul.

Grosvenor intervint :

— Cela paraît très peu probable, étant donné la virtuelle absence de pesanteur.

— Vous avez raison, Grosvenor, dit Morton. Quelqu'un aurait-il vu quelque chose qui expliquerait ce qui s'est passé ?

— Il se peut que j'aie cogné dessus sans m'en apercevoir, suggéra celui dont l'arme avait provoqué l'incident.

Smith, dans son coin, marmonnait entre ses dents des choses comme :

— Espèce d'erysipelatus strabismique, steatopygien...

Grosvenor n'entendit pas la suite, mais supposa qu'il s'agissait du juron personnel du biologiste. Celui-ci, soulagé, semblait-il, prit la parole.

— Un instant, grommela-t-il, laissez-moi me rappeler ce que j'ai vu. J'étais ici, juste dans la ligne de feu... Ah ! enfin ma carcasse cesse de trembler. (Sa voix se raffermit :) Je n'en jurerais pas, mais juste avant que ce vibrateur soit déchargé sur moi, la créature a bougé. J'ai l'impression qu'elle a sauté au plafond. Je sais bien qu'il faisait trop noir pour distinguer quoi que ce soit avec netteté, mais...

Il laissa sa phrase en suspens.

— Crane ! lança Morton. Donnez la lumière dans la cage et voyons ce qui s'y passe !

Un jet de lumière envahit la cage, dévoilant Ixtl sagement accroupi par terre. Un frisson d'horreur parcourut Grosvenor à la vue du monstre. Le torse était cylindrique et avait des reflets écarlates quasi métalliques, les yeux luisaient comme des braises, les doigts et les orteils paraissaient de fer et l'ensemble était parfaitement hideux.

— Rien ne dit qu'il ne se trouve pas ravissant, quand il se regarde dans un miroir ! lança Siedel.

Pour hésitante qu'elle fût, cette note d'humour rompit la glace. Quelqu'un risqua :

— Si toute vie est évolution et que tout évolue vers une certaine fin, pourquoi ce type qui vit dans l'espace a-t-il besoin de bras et de jambes aussi développés ? Il serait intéressant de voir ce qu'il a dans le ventre. Mais, pour l'instant, l'appareil est hors d'usage. Les vibrations vont avoir déformé la lentille, et tout le film doit être fichu. Voulez-vous que j'en fasse apporter un autre ?

— Nn... non, fit Morton d'un ton hésitant.

Puis il prit une décision et son ton se raffermit :

— Nous avons perdu beaucoup de temps ; après tout, rien ne nous empêche de recréer les conditions de vide de l'espace dans nos laboratoires et d'accélérer au maximum pendant que nous prendrons les clichés.

— Dois-je comprendre que vous n'allez pas tenir compte de ma suggestion ? s'enquit von Grossen. Souvenez-vous que j'ai préconisé au moins une semaine d'examens avant qu'on envisage d'amener cette créature à bord.

Morton hésita :

— Quelqu'un d'autre a-t-il une objection à faire ?

Il paraissait préoccupé.

— Je crois qu'il serait déraisonnable de sauter d'un extrême à l'autre, dit Grosvenor, et, après avoir pris le maximum de précautions, de n'en plus prendre du tout.

— C'est tout, messieurs ? demanda Morton. (Et, comme tous se taisaient, il ajouta :) Et vous, Smith ?

Le biologiste remarqua :

— Il faudra évidemment que nous le prenions à

bord tôt ou tard. Il ne faut pas oublier que nous n'avons encore rien vu de plus extraordinaire au cours de notre expédition que cette créature qui vit dans l'espace. Même notre minet, qui savait s'adapter aussi bien à l'oxygène qu'au chlore, avait besoin d'une certaine chaleur et n'aurait pas survécu dans le froid et le vide. Si, comme nous le supposons, l'habitat naturel de cet être n'est pas l'espace, il faut que nous sachions pourquoi et comment il a échoué là où nous l'avons trouvé.

Morton était soucieux.

— Dans ces conditions, dit-il, nous allons être obligés de mettre ceci aux voix. Nous pourrions enfermer la cage dans une enveloppe métallique capable d'absorber une certaine quantité de l'énergie de l'écran protecteur de la fusée. Est-ce que cela vous satisferait, von Grossen ?

— Voilà qui est raisonnable, répondit celui-ci. Mais nous aurons encore à nous affronter avant qu'on retire l'écran énergétique.

Morton rit.

— Une fois que nous serons repartis, vous pourrez en discuter, vous et les autres, à partir de ce jour jusqu'à la fin du voyage. Et vous, Grosvenor, vous n'avez plus rien à dire ?

Grosvenor hocha la tête.

— L'écran me paraît une protection efficace, dit-il.

Après avoir, une fois encore, demandé si personne n'avait d'objections à formuler, Morton ordonna aux hommes montés sur la cage :

— Amenez-la ici, qu'on puisse l'énergiser.

Les moteurs de la cage se mirent en marche et Ixtl en sentit les pulsations dans le métal. Il vit les barreaux se mouvoir. Puis il ressentit, dans tout son corps, d'agréables picotements. Quelque chose se passait en lui qui ralentissait sa pensée. Quand il retrouva l'usage de ses facultés mentales, le plancher de la cage s'élevait au-dessus de lui — et il se retrouva étendu sur la dure surface de la paroi extérieure de la fusée.

Il se mit debout avec un grognement, car il venait de comprendre ce qui s'était passé : il avait oublié de rajuster sa propre structure atomique après avoir déchargé le vibrateur. Faute d'avoir pris cette précaution, il venait de passer à travers la cage.

— Seigneur ! s'exclama Morton, horrifié.

Les spectateurs de la scène virent une masse écarlate s'élancer vers la porte puis disparaître.

Ayant cette fois adapté son organisme à la structure atomique des deux portes intérieures, Ixtl s'était glissé dans la fusée. Il se retrouva à l'entrée d'un long couloir inondé de lumière.

Une chose était sûre : dans la lutte qu'il aurait à livrer pour s'emparer de la fusée, il aurait un avantage très grand, outre sa supériorité individuelle : ses adversaires ne savaient pas encore quels implacables desseins il nourrissait.

16

Vingt minutes plus tard, Grosvenor, installé dans l'auditorium du poste de contrôle, regardait Morton et Leeth discuter avec animation. Les deux hommes se trouvaient sur l'un des gradins menant à la section principale du tableau de bord.

La salle était comble. A l'exception de quelques gardes postés aux points stratégiques, tout le monde avait été prié d'assister à la réunion. Et ils étaient tous là, dans l'auditorium ou dans les couloirs avoisinants : les militaires et leurs chefs, les savants, le personnel administratif et technique.

Une cloche sonna. Petit à petit, les conversations s'arrêtèrent. La cloche sonna de nouveau. Le silence se fit. Le capitaine Leeth s'avança :

— Messieurs, dit-il, on ne nous laisse pas longtemps en paix, ne trouvez-vous pas ? Je commence à croire que nous autres militaires n'avons pas su, dans le passé, apprécier les savants à leur juste valeur. J'étais, pour ma part, persuadé qu'ils passaient leur vie dans les laboratoires, loin de tout danger. Mais je commence à croire qu'ils ont une façon bien à eux de déclencher la foudre là où le ciel est pur.

Il hésita un moment, puis poursuivit avec le même humour un peu sec :

— Morton et moi sommes d'accord pour penser que les militaires seuls ne pourront pas faire face à la situation telle qu'elle se présente maintenant. Aussi longtemps que ce monstre restera en liberté, chacun devra se faire son propre policier. Armez-vous, ne vous déplacez qu'à deux ou en groupe... Plus vous serez nombreux, mieux cela vaudra.

Il fit du regard le tour de son auditoire, puis reprit d'un ton grave :

— Il serait regrettable que vous ne vous rendiez pas compte que, dès maintenant, nous sommes tous en danger et qu'il y aura des victimes. Peut-être sera-ce moi. Peut-être vous. Il faut voir la situation en face et accepter l'idée que nous courons un danger mortel. Malgré cela, si votre destinée vous met face à face avec cette horrible créature, défendez-vous jusqu'à la mort. Essayez d'emporter le morceau. Ne souffrez et ne mourez pas en vain.

« Et maintenant (il se tourna vers Morton), le chef de l'expédition va mener la discussion concernant l'utilisation, contre l'ennemi, de l'immense capital scientifique réuni à bord. A vous, monsieur Morton.

Morton s'avança. Sa haute taille semblait moins imposante à côté du gigantesque tableau de bord devant lequel il s'arrêta. Ses yeux gris firent le tour de la salle, se posant, interrogateurs, sur tous les assistants, comme pour mesurer l'humeur de ces hommes. Il commença par louer l'attitude du capitaine Leeth, puis dit :

— J'ai repassé dans ma mémoire la suite des événements qui viennent de se dérouler et je crois pouvoir affirmer que personne — moi-même y compris — ne peut être tenu pour responsable de la présence du monstre à bord. Nous avions décidé, si vous vous en souvenez, de l'amener à l'intérieur d'un champ magnétique. Cette précaution avait satisfait toutes les critiques et il est regrettable qu'elle n'ait pas été prise à temps. De ce fait, le monstre a pénétré dans la fusée de sa propre volonté et par une méthode que nous ne pouvions prévoir. (Il se tut. De nouveau, il scruta tous les visages :) Ou alors, quelqu'un d'entre vous a-t-il eu quelque chose de plus précis qu'une prémonition ? En ce cas, qu'il lève la main.

Grosvenor regarda autour de lui, mais aucune main ne se leva. Il se cala sur son siège et alors constata non sans surprise que les yeux de Morton étaient fixés sur lui :

— Monsieur Grosvenor, dit le chef, le nexialisme vous a-t-il permis de prévoir que cette créature passerait à travers un mur ?

— Non, répondit Grosvenor d'une voix claire.

— Merci, dit Morton.

La réponse de Grosvenor parut le satisfaire, car il n'interpella personne d'autre. Grosvenor avait déjà deviné que Morton essayait de justifier sa propre position, ce qui présageait mal de l'état des esprits sur la fusée. Mais ce qui intéressait particulièrement Grosvenor, c'était que Morton s'en fût référé au nexialisme comme à une sorte d'autorité suprême.

— Siedel, disait maintenant Morton, expliquez-nous ce qui s'est passé du point de vue psychologique.

L'interpellé dit :

— Avant de nous lancer à la chasse de cette créature, il faut d'abord que nous éclairions notre lanterne à son sujet. Voici un être qui a des bras et des jambes et qui, pourtant, flotte dans l'espace et y survit. Il permet qu'on l'enferme dans une cage, mais il sait que cette cage ne peut pas l'emprisonner. Puis il se glisse à travers le fond de la cage, ce qui est sot de sa part, s'il ne veut pas que nous le sachions capable d'un pareil exploit. Quand des êtres intelligents commettent une erreur, il y a toujours une raison, une raison fondamentale qui devrait nous permettre de deviner d'où vient notre monstre et, naturellement, pourquoi il est ici. Smith, parlez-nous de sa structure biologique !

Smith se leva, sombre et efflanqué :

— Nous avons déjà noté l'évidente origine planétaire des mains et des pieds. La possibilité de vivre dans l'espace, en admettant qu'elle soit le résultat d'une évolution, est certainement remarquable. A mon avis, nous nous trouvons en présence d'un des membres d'une race qui a résolu les derniers mystères de la biologie ; si je savais par quels moyens on pourrait ne fût-ce que commencer à entreprendre de capturer une créature capable de passer le premier mur venu je dirais : traquez-la et tuez-la à vue.

— Ah !... soupira Kellie, le sociologue. (C'était un homme d'une quarantaine d'années, chauve et doué d'un regard remarquablement intelligent.) Un être qui pourrait s'adapter à la vie dans le vide serait le maître de l'univers. Sa race envahirait toutes les planètes, toutes les galaxies. Nous en verrions des essaims dans l'espace. Or, nous savons que, dans notre galaxie, il n'y en a pas. Voilà un paradoxe qui mérite qu'on y réfléchisse.

— Je ne vous saisis pas bien, Kellie, dit Morton.

— Eh bien, une race qui aurait résolu les derniers mystères de la biologie devrait être en avance de plusieurs millénaires sur l'homme. Ses membres seraient hautement sympodiques, c'est-à-dire en mesure de s'adapter à n'importe quel milieu ambiant. D'après les lois de la dynamique vitale, ils devraient se répandre jusqu'aux plus lointaines frontières de l'univers, tout comme essaie de le faire l'homme.

— C'est un paradoxe, en effet, reconnut Morton, et qui tendrait à prouver que ce monstre n'est pas un être supérieur. Quelle est son histoire, Korita ?

Le Japonais haussa les épaules, mais se leva et dit :

— J'ai bien peur de ne pouvoir vous être que d'un faible secours pour l'instant. Vous connaissez la théorie actuelle : la vie va en montant par une série de cycles. Chacun de ces cycles commence par le paysan, attaché à son lopin de terre. Le paysan va au marché ; petit à petit, la place du marché se transforme en village, avec des rapports directs de moins en moins nombreux avec la terre. Puis nous avons les villes et les nations, enfin les cités mondiales sans âme et une lutte dévastatrice pour la conquête du pouvoir, une série de guerres terribles qui replongent l'homme dans l'état primitif de paysan ou fellah. La question est : cette créature est-elle au stade paysan de son cycle, ou dans l'ère des mégalopoles ? Ou dans quel autre cycle ?

Il se tut. Chaque période d'un cycle, pensa Grosvenor, devait avoir, en gros, son décor psychologique propre. Il y avait de nombreuses explications possibles du phénomène, et la vieille théorie spenglérienne des cycles n'en était qu'une parmi d'autres. Il était même possible que Korita pût prévoir le comportement du monstre en se basant sur sa théorie cyclique. Il avait prouvé, dans des cas précédents, que son système était viable. Pour l'instant, il avait en tout cas l'avantage d'être le seul qui offrît des techniques applicables à une situation donnée.

La voix de Morton rompit le silence :

— Korita, étant donné le peu d'éléments dont nous disposons en ce qui concerne ce monstre, quels traits de caractère devrions-nous nous attendre à lui trouver, en supposant qu'il soit au stade mégalopole de sa culture ?

— Ce serait un esprit virtuellement invincible, formidable au dernier degré. Dans son élément, il ne commettrait aucune erreur et ne pourrait être vaincu que dans des circonstances indépendantes de son contrôle. Le meilleur exemple d'un tel être, précisa le Japonais d'un ton suave, est l'homme de notre ère.

— Mais il a déjà commis une erreur ! remarqua von Grossen. Il est très sottement tombé à travers le fond de sa cage. Nest-ce pas là ce que ferait un paysan ?

— Supposons qu'il soit dans le stade paysan ? dit Morton.

— En ce cas, dit Korita, ses réactions fondamentales seraient beaucoup plus simples. Il aurait avant tout le désir de se reproduire, d'avoir un fils, de savoir que sa race ne s'éteint pas. En supposant une grande intelligence, ce réflexe peut, chez un être supérieur, prendre la forme d'une lutte dramatique pour la survivance de la race. C'est tout ce que je peux dire pour le moment, conclut-il d'un ton ferme, et il se rassit.

Le regard de Morton revint vers Grosvenor. Il dit :

— J'ai acquis récemment la conviction que le nexialisme avait peut-être à nous offrir une nouvelle technique pour résoudre les problèmes. Puisque c'est une conception totaliste de la vie, portée au *énième* degré, il peut nous aider à prendre une décision rapide à un moment où le facteur temps est important. Grosvenor, donnez-nous, je vous prie, votre point de vue sur l'envahisseur.

Grosvenor se leva et dit :

— Je peux vous donner une conclusion basée sur mes observations. Je pourrais vous exposer ma petite théorie personnelle sur la façon dont nous avons pris contact avec le monstre — comment, la pile ayant été drainée de son énergie, nous avons été obligés d'aller réparer le mur extérieur de la chambre des machines — et j'ai noté là un certain nombre de pauses significatives. Mais plutôt que de m'étendre dans ce domaine, je préfère vous dire en quelques minutes comment, à mon avis, nous devrions tuer...

A ce moment, il fut interrompu par une douzaine d'hommes qui essayaient de se frayer un chemin à l'entrée de l'auditorium. Grosvenor lança un regard interrogateur à Morton. Celui-ci s'était tourné vers Leeth. Le capitaine s'avança vers les arrivants, parmi lesquels se trouvait Pennons, le chef mécanicien.

— Vous avez fini, monsieur Pennons ? demanda Leeth.

Celui-ci acquiesça :

— Oui, mon capitaine. (Il ajouta d'un ton d'avertissement :) Mettez tous vos combinaisons et vos gants isolants.

Leeth expliqua :

— Nous avons fait passer un champ magnétique

dans les murs des chambres à coucher. Rien ne dit que nous attraperons le monstre immédiatement et nous ne pouvons risquer de nous faire assassiner dans nos lits. Nous...

Il s'interrompit et demanda vivement :

— Qu'y a-t-il, monsieur Pennons ?

Pennons regardait un petit instrument qu'il tenait à la main. Il dit lentement :

— Est-ce que nous sommes tous ici, mon capitaine ?

— Oui, excepté les gardes.

— En ce cas... quelque chose s'est pris dans le mur magnétique. Vite, il faut l'encercler !

17

Pour Ixtl, qui revenait aux étages supérieurs après avoir visité la partie inférieure de la fusée, le choc fut terrible. Il allait, bercé par l'agréable idée qu'il allait pouvoir cacher ses guuls dans les sections métalliques de la cale lorsque, brusquement, il fut pris au centre d'un écran magnétique.

Son cerveau s'obscurcit. Des nuages d'électrons se libérèrent en lui. Ils s'élançaient de système en système, cherchant à s'intégrer à chacun, mais chaque fois repoussés par des atomes qui luttaient avec entêtement pour garder leur stabilité. Durant ces longues et horribles secondes, tout l'organisme, pourtant remarquablement équilibré d'Ixtl, faillit s'écrouler. Ce qui le sauva ce fut que le génie collectif de sa race avait été jusqu'à prévoir même la situation dans laquelle il se trouvait. En forçant leurs corps à une évolution artificielle, ils avaient tenu compte d'une rencontre possible avec des radiations violentes. Avec la rapidité de l'éclair, le corps d'Ixtl s'ajustait et se réajustait, chaque structure nouvelle supportant l'intolérable charge pendant une fraction de microseconde. Enfin, il put se détacher du mur. Il était sauvé.

Il réfléchit alors aux éventualités de cette nouvelle situation. Il devait y avoir, dans ce mur magnétique, un signal d'alarme. Cela voulait dire que des hommes allaient déboucher de tous les couloirs pour essayer de l'encercler. A cette idée, les yeux d'Ixtl brillèrent d'allégresse. Les hommes allaient être dispersés et il pourrait en attraper un pour examiner sa valeur en tant que guul.

Il n'y avait pas de temps à perdre. Il s'élança vers le premier mur non magnétisé. Sans s'arrêter, il courut de chambre en chambre, en restant en gros sur une ligne parallèle au couloir principal. Ses yeux sensibles distinguaient les silhouettes brouillées des hommes qui passaient en courant. Un, deux, trois, quatre, cinq dans ce couloir. Le cinquième était à une certaine distance derrière les autres. C'était un faible avantage, mais il n'en fallait pas plus à Ixtl.

Telle une apparition, il glissa à travers le mur juste devant le dernier homme. Dressé de toute sa hauteur, les yeux étincelants et la bouche ouverte, il était terrifiant. Il tendit ses quatre bras couleur de feu et attrapa l'être humain. L'homme se débattit désespérément mais, très vite, il s'écroula sur le sol.

Il resta étendu sur le dos et Ixtl vit sa bouche s'ouvrir et se fermer en une série de mouvements irréguliers. Chaque fois que la bouche de sa victime se fermait, Ixtl sentait des picotements dans ses pieds. Cette sensation n'était pas difficile à traduire : c'étaient les vibrations d'un appel à l'aide. Ixtl bondit et d'une de ses grandes mains frappa la bouche de l'homme. Celui-ci s'affaissa encore davantage. Mais il était toujours vivant et conscient, et Ixtl plongea deux mains en lui.

Ce geste parut pétrifier l'homme qui cessa de lutter. Les yeux écarquillés, il regarda les longs bras minces disparaître sous sa chemise, et s'agiter dans sa poitrine. Puis, horrifié, il fixa le cylindre écarlate penché sur lui.

L'intérieur du corps de l'homme semblait être fait de chair solide. Or, Ixtl avait besoin d'un espace ouvert, ou d'un espace qu'il pourrait ouvrir par pression, à condition que la pression ne tue pas la victime. Il fallait que la chair fût vivante.

Vite, vite ! Ses pieds enregistrèrent des vibrations indiquant l'approche de pas. Ceux-ci ne venaient que d'une seule direction, mais ils étaient très rapides. Dans son anxiété, Ixtl commit l'erreur de bâcler son examen. Il durcit ses doigts momentanément jusqu'à les rendre semi-solides. A cet instant, il toucha le cœur. L'homme eut un soubresaut convulsif et s'enfonça dans la mort.

Un instant plus tard, les doigts d'Ixtl découvraient l'estomac et les intestins. Il poussa un grognement de colère : il avait enfin mis la main sur ce qu'il voulait mais, par sa faute, l'avait rendu inutilisable. Mais, tandis qu'il se redressait, une nouvelle pensée lui fit retrouver sa sérénité : il n'avait pas espéré que ces êtres intelligents pussent mourir si facilement. Voilà qui changeait et simplifiait tout. Ils étaient à sa merci et non lui à la leur. Il n'avait qu'à être normalement prudent, c'était tout.

Deux hommes, vibrateur en main, débouchèrent à l'angle du couloir. Ils s'arrêtèrent net à la vue du monstre qui, penché au-dessus du cadavre, les accueillit avec un grognement menaçant. Ils ne se remirent de leur émotion que pour voir Ixtl traverser le mur le plus proche. Une minute plus tôt il était une masse écarlate dans le couloir illuminé, maintenant il avait disparu et ceux qui l'avaient vu pouvaient penser qu'ils avaient rêvé. Les ondes des vibrateurs allèrent se perdre dans le mur.

Ixtl avait son plan maintenant. Il allait capturer une douzaine d'hommes et en faire des guuls. Après cela, il pourrait tuer tous les autres, puisqu'ils ne lui seraient plus d'aucune utilité. Cela fait, il ne lui resterait plus qu'à atteindre la galaxie vers laquelle, de toute évidence, se dirigeait la fusée et, une fois là, s'emparer de la première planète habitée qu'il rencontrerait. Après cela, la prise en main de tout l'univers à portée ne serait plus qu'une question de temps.

Grosvenor, entouré de quelques autres, regardait sur l'écran d'un communicateur le groupe qui s'était rassemblé autour du cadavre. Il eût aimé être sur les lieux, mais il lui aurait fallu plusieurs minutes pour s'y rendre. Pendant ce temps, il aurait perdu le contact. Il préférait donc rester sur place et ne rien manquer de ce qui se passait.

Morton se trouvait au premier plan sur l'écran, à moins d'un mètre du Dr Eggert qui était penché sur le mort. Il paraissait tendu et sa mâchoire était crispée.

— Eh bien, docteur ? demanda-t-il au bout d'un moment à mi-voix.

Le médecin se redressa et se tourna vers Morton de sorte que son visage se trouva face à l'écran. Grosvenor constata qu'il paraissait soucieux.

— Arrêt du cœur, dit-il.

— *Arrêt du cœur ?*

— Je sais, je sais. (Le docteur étendit les mains dans un geste de défense.) On dirait bien qu'on lui a enfoncé les dents jusque dans les os du crâne et, moi qui l'ai examiné à différentes reprises, je sais que son cœur était en parfait état. Et pourtant, je ne peux conclure à autre chose qu'à un arrêt du cœur.

— Ça ne m'étonne pas, dit l'un des hommes d'un ton amer. C'est bien ce qui a failli m'arriver quand j'ai débouché dans le couloir et que j'ai vu ce monstre.

— Nous perdons du temps, dit von Grossen qui se tenait face à Morton. Nous pouvons encore l'emporter sur cet animal, mais pas si nous restons là à en parler et si nous avons une crise cardiaque chaque fois que nous le rencontrons dans un coin. Si jamais je dois être le suivant sur sa liste de victimes, j'aimerais savoir que les meilleurs savants de notre temps ne pleurnichent pas sur mon sort, mais cherchent un moyen de me venger.

— Vous avez raison. (C'était Smith qui venait de parler.) Ce qui nous perd, c'est notre sentiment d'infériorité. Cet être n'est pas ici depuis une heure, mais je vois bien que certains d'entre nous vont être tués. Si je dois être dans le tas, tant pis. Mais, pour l'instant, organisons la lutte.

Morton dit :

— Monsieur Pennons, voilà un problème pour vous. Nous avons environ cinq cent mille mètres carrés de surface de plancher sur nos trente étages. Combien de temps faudra-t-il pour énergiser le tout ?

Grosvenor ne pouvait distinguer le chef mécanicien qui se trouvait en dehors du champ de bataille, mais il devina que son expression devait valoir la peine d'être vue, car, lorsque Pennons répondit, ce fut d'une voix consternée :

— Il ne faudrait probablement pas plus d'une heure pour anéantir la fusée de fond en comble. Je n'entrerai pas dans les détails. Mais en énergisant au hasard toute la surface, nous tuerions tout être vivant à bord.

— Mais vous pourriez emmagasiner un peu plus d'énergie dans les murs, ne croyez-vous pas, Pennons ? demanda Morton.

— Nn...on. (Le mécanicien paraissait hésiter.) Ils ne le supporteraient pas. Ils fondraient.

— *Les murs ne le supporteraient pas ?* s'exclama quelqu'un. Mais vous rendez-vous compte alors de la force que vous supposez à cette créature ?

L'angoisse se peignit sur tous les visages. La voix de Korita rompit le lourd silence.

— Chef, dit le Japonais, je vous observe par le communicateur du poste de contrôle. Vous dites que nous avons affaire à un super-être. Mais n'oublions pas qu'il s'est fourvoyé dans le mur magnétique et qu'il a été obligé d'admettre qu'il ne pouvait pas pénétrer dans les chambres à coucher. J'emploie à dessein le mot « fourvoyé » parce que cela prouve, une fois de plus, que notre monstre est capable de faire des erreurs.

Morton dit :

— Cela me ramène à ce que vous disiez tout à l'heure des différentes caractéristiques psychologiques des divers stades cycliques. Supposons que cet être soit un paysan de son cycle.

Korita répondit sans hésitation :

— Incapacité de comprendre la puissance de l'organisation. Selon toute probabilité, il pensera qu'il suffit, pour prendre la direction de la fusée, de se battre contre les hommes qui sont dedans. Il négligera instinctivement le fait que nous faisons partie d'une grande civilisation galactique. Le véritable paysan est individualiste, presque anarchiste. Son désir de se reproduire est très égoïste : c'est le désir de voir continuer son propre sang. Cet être — si tant est qu'il soit au stade paysan — voudra très probablement avoir des êtres pareils à lui pour l'aider dans son combat. Il aime la compagnie, mais il a horreur qu'on se mêle de ses affaires. N'importe quelle société organisée peut dominer une communauté de paysans, parce que les paysans ne réalisent jamais rien de plus qu'une union très lâche contre l'étranger.

— Une union, même lâche, de ces mangeurs de feu, ce n'est déjà pas mal ! commenta l'un des techniciens d'un ton acide. Je... Aaaa-aaa !

Sa phrase se termina en un hurlement. Sa bouche resta ouverte, la mâchoire inférieure pendante. Les yeux lui sortirent de la tête. Grosvenor vit tous les hommes présents reculer de plusieurs pas.

En plein centre de l'écran se dressa Ixtl.

18

Il était là, spectre menaçant jailli d'un enfer écarlate. Il était encore sur le qui-vive, mais nullement alarmé. Il avait pris la mesure de ces humains et savait qu'il n'avait qu'à plonger dans le mur le plus proche avant qu'aucun d'eux n'ait eu le temps de décharger son arme.

Il était venu chercher son premier guul. En allant le prendre au milieu même de ce groupe, il allait démoraliser tous les membres de l'expédition.

Grosvenor avait peine à se persuader que ce qu'il voyait sur l'écran correspondait bien à la réalité. Seuls quelques hommes se trouvaient dans le champ de l'objectif. C'étaient von Grossen et deux techniciens qui se trouvaient le plus près d'Ixtl. Morton était juste derrière von Grossen et l'on voyait une partie de la tête de Smith près de l'un des techniciens. A eux tous, ils paraissaient de faibles adversaires face à l'immense silhouette cylindrique qui les dominait de toute sa taille.

Ce fut Morton qui rompit le silence. Il retira bien visiblement sa main du manche translucide de son vibrateur et dit d'une voix ferme :

— N'essayez pas de tirer sur lui. Il est trop rapide. D'ailleurs, il ne serait pas ici s'il croyait que nos armes puissent l'atteindre. Nous ne pouvons risquer un échec. Ceci est peut-être notre unique chance.

Il continua d'un ton plus pressant :

— Que toutes les équipes de secours qui entendront ceci aillent se poster au-dessus, au-dessous et autour de ce couloir. Apportez les projecteurs portables les plus lourds et même quelques semi-portables et qu'on brûle tous les murs. Déblayez le chemin autour de cette zone et balayez-la de vos projecteurs dans un rayon aussi proche que possible. Allez-y !

— Bonne idée, chef ! fit le capitaine Leeth, dont le visage apparut un instant sur l'écran. Tâchez de tenir trois minutes et nous arrivons.

Grosvenor quitta à son tour son communicateur. Il avait nettement conscience d'être beaucoup trop loin de la scène pour pouvoir se livrer aux observations indispensables à l'établissement d'un plan d'action. Ne faisant partie d'aucune équipe de secours, il ne lui restait plus, se dit-il, qu'à aller rejoindre Morton et les autres dans la zone dangereuse.

Tout en courant, il passa devant un certain nombre de communicateurs et entendit la voix de Korita qui offrait ses suggestions à distance :

— Morton, saisissez cette occasion, mais ne comptez pas sur la réussite. Remarquez qu'une fois de plus il est apparu avant que nous ayons eu le temps de nous préparer à l'attaquer. Peu importe que son arrivée soit accidentelle ou voulue. Le résultat est le même, à savoir que c'est le sauve-qui-peut général. Nous n'avons pas encore réussi à mettre de l'ordre dans nos pensées.

Grosvenor avait pris un ascenseur qui descendait. Arrivé en bas, il ouvrit la porte et se précipita dans le couloir.

— Je suis convaincu, continuait la voix de Korita, que, avec les ressources dont nous disposons, nous pouvons vaincre n'importe quelle créature... à condition qu'elle soit seule, bien entendu...

Si Korita continua son discours, Grosvenor n'en entendit rien. Il avait tourné le coin, et devant lui, il voyait les hommes et Ixtl.

Von Grossen venait juste de terminer de dessiner quelque chose sur son carnet de croquis. Non sans inquiétude, Grosvenor le vit s'avancer devant Ixtl et lui tendre la feuille. Le monstre, après un instant d'hésitation, la prit. Il y jeta un coup d'œil puis recula avec un grognement qui lui tordit la face.

— Mais enfin, qu'est-ce qui vous a pris ? cria Morton.

Von Grossen souriait nerveusement.

— Je viens de lui montrer comment nous pouvons le vaincre, dit-il. J'ai...

Il laissa sa phrase en suspens. Grosvenor, toujours à l'arrière-plan, assista à la scène qui suivit en spectateur.

Morton avait dû deviner ce qui allait se passer. Il s'était en effet avancé, comme pour essayer de protéger von Grossen de son grand corps. Une main aux longs doigts de fer envoya le chef rejoindre les hommes qui étaient derrière lui. Il tomba, faisant perdre l'équilibre aux autres. Il se releva, agrippa son vibrateur puis s'arrêta, pétrifié, son arme à la main.

Comme à travers un verre déformant, Grosvenor vit que la chose tenait von Grossen entre deux bras couleur de feu. Le pauvre physicien tordait en vain ses deux cent vingt livres de chair et d'os. Il était pris, comme dans des menottes. Ce qui empêcha Grosvenor de décharger son arme fut la certitude qu'en touchant la créature, il toucherait aussi von Grossen. Le vibrateur ne pouvait pas tuer un homme, mais pouvait lui faire perdre connaissance. Grosvenor se trouvait donc devant un dilemme redoutable : devait-il se servir de son arme dans l'espoir de faire perdre conscience à Ixtl aussi ou essayer à tout prix d'arracher des éléments d'information à von Grossen ? Il opta pour cette dernière solution.

Il interpella anxieusement le physicien :

— Von Grossen, que lui avez-vous montré ? Comment pouvons-nous le vaincre ?

Von Grossen l'entendit, car il tourna la tête. Mais

il n'eut pas le temps de faire autre chose. A ce moment, il se passa une chose incroyable. Le monstre fit un plongeon et disparut dans le mur, sans avoir lâché le physicien. Un instant, Grosvenor crut que ses yeux lui avaient joué un tour. Mais non, devant lui il n'y avait qu'un mur lisse et luisant et onze hommes en sueur, plantés là, les yeux exorbités, et dont sept tenaient à la main leurs armes inutiles.

— Nous sommes perdus ! murmura l'un d'eux. S'il est capable d'ajuster aussi nos structures atomiques à nous et de nous emmener à travers les murs avec lui, nous n'avons aucune chance.

Grosvenor vit que cette remarque irritait Morton. Celui-ci réagissait comme un homme qui essayait de garder son sang-froid malgré les circonstances. Il remarqua d'un ton sec :

— Nous avons toutes les chances, tant que nous sommes en vie ! (Puis, s'approchant du communicateur le plus proche, il demanda :) Capitaine Leeth, quelle est la situation ?

La tête et les épaules du capitaine apparurent sur l'écran :

— Rien à signaler, dit-il brièvement. Le lieutenant Clay croit avoir vu quelque chose d'écarlate passer par un plancher et descendre. Pour l'instant, nous pouvons concentrer nos recherches sur la partie inférieure de la fusée. Pour le reste, nous étions seulement en train de rassembler nos appareils quand c'est arrivé. Vous ne nous avez pas donné assez de temps.

— On ne nous a pas demandé notre avis, remarqua amèrement Morton.

Grosvenor se dit que ce n'était pas tout à fait exact. Von Grossen avait hâté sa propre capture en montrant à la créature un schéma indiquant comment on pouvait la vaincre. C'était un acte typiquement égotiste. Qui plus est, cela ne faisait que renforcer les objections de Grosvenor contre le spécialiste qui agissait unilatéralement et était incapable de collaborer intelligemment avec les autres savants. Von Grossen venait d'avoir une attitude périmée depuis plusieurs siècles. Cette attitude était valable dans les premiers temps de la recherche scientifique. Mais elle n'avait qu'une valeur limitée maintenant que chaque élément nouveau exigeait la coordination de plusieurs sciences.

Grosvenor allait jusqu'à douter que von Grossen eût vraiment trouvé un moyen de vaincre Ixtl. Il doutait qu'un seul spécialiste en fût capable. L'image qu'il avait montrée à Ixtl devait probablement être limitée par ses connaissances de physicien.

Morton interrompit le cours de ses pensées en disant :

— Quelqu'un aurait-il une idée de ce qu'il y avait sur la feuille que von Grossen a montrée à la créature ?

Grosvenor attendit que quelqu'un d'autre réponde. Mais voyant que tout le monde se taisait, il dit :

— Je crois que j'en ai une, chef.

Morton n'hésita qu'une seconde, puis dit :

— Voyons.

Grosvenor commença :

— La seule façon dont on puisse attirer l'attention d'un être étranger est de lui montrer un symbole universellement reconnu. Von Grossen étant un physicien, il me semble que le symbole dont il s'est servi est facile à deviner.

Il se tut et regarda autour de lui. Il se sentait un peu mélodramatique, mais il n'y pouvait rien. En dépit de l'amitié que lui portait Morton et de l'incident des Riims, il n'était pas reconnu comme une autorité à bord et il valait mieux que certains de ses auditeurs trouvent spontanément la réponse.

Morton coupa le silence.

— Allons, allons, jeune homme. Ne nous laissez pas en suspens.

— Un atome, dit Grosvenor.

Les visages autour de lui étaient vides d'expression.

— Mais cela n'a pas de sens, dit Smith. Pourquoi lui aurait-il montré un atome ?

— Pas n'importe quel atome, bien sûr, dit Grosvenor. Je parierais que von Grossen a dessiné, à l'intention de la créature, l'atome instable du métal qui forme l'enveloppe extérieure du *Fureteur*.

Morton dit :

— Vous avez raison !

— Un instant, intervint Leeth sur l'écran du communicateur. J'avoue que je ne suis pas physicien, mais j'aimerais tout de même savoir pourquoi il a raison.

Morton expliqua :

— Grosvenor veut dire que deux parties seulement de la fusée sont faites de ce métal incroyablement résistant : l'enveloppe extérieure et la salle des machines. Si vous aviez été avec nous au moment où nous avons capturé la créature, vous auriez remarqué qu'après avoir glissé à travers le plancher de la cage, elle a été arrêtée net par le métal de l'enveloppe extérieure. Il semble donc clair que ce métal lui résiste. Le fait qu'elle ait dû, pour entrer, prendre le même chemin que nous, n'en est qu'une autre preuve. Ce qui est surprenant, c'est que nous n'y ayons pas tous pensé tout de suite.

Le capitaine Leeth dit :

— Si von Grossen a montré la nature de nos défenses à la créature, n'est-il pas possible qu'il lui ait peint les écrans magnétiques que nous avons placés dans les murs ? Cette solution n'est-elle pas aussi probable que celle de l'atome ?

Morton lança un regard interrogateur à Grosvenor.

— A ce moment-là, dit celui-ci, la créature avait déjà fait l'expérience de l'écran magnétique et y avait survécu. Von Grossen était persuadé qu'il avait trouvé quelque chose de neuf. D'ailleurs, pour montrer un champ magnétique sur le papier, il faut poser une équation comportant des symboles arbitraires.

Leeth dit :

— Voilà un raisonnement qui est le bienvenu. Au moins y a-t-il à bord un endroit où nous soyons en sécurité : la salle des machines ; en outre, nous sommes peut-être relativement protégés par les écrans muraux de nos chambres à coucher. Je vois pourquoi von Grossen a pensé que cela nous donnait un avantage. Désormais tout le personnel à bord restera dans ces deux zones et n'en sortira qu'avec un ordre de mission spécial.

Il se tourna vers le communicateur le plus proche, y répéta son ordre, puis dit :

— Que les chefs de section se préparent à répondre à des questions se rapportant à leurs spécialités respectives. Certaines missions vont probablement être confiées à des personnes hautement qualifiées. Monsieur Grosvenor, vous pouvez vous considérer comme faisant partie de cette dernière catégorie. Docteur Eggert, vous remettrez des pilules anti-somniques à qui vous en demandera. Personne n'ira se coucher tant que cette bête sera en vie.

— Joli travail, capitaine ! dit Morton chaleureusement.

Leeth acquiesça et sa silhouette s'effaça de l'écran du communicateur.

Dans le couloir, l'un des techniciens remarqua d'un ton hésitant :

— Et von Grossen ?

Morton répondit sans hésiter :

— La seule façon que nous ayons d'aider von Grossen est de tuer son ravisseur !

19

Dans l'immense pièce, au milieu des gigantesques machines, les hommes étaient comme des nains dans un antre de géants. Grosvenor clignait des yeux malgré lui à chaque fois que le plafond était balayé d'une vague de lumière bleuâtre. Et, tout comme cette lumière frappait douloureusement ses yeux, un son crispait ses nerfs : un vrombissement d'une terrible puissance, roulant comme une suite de coups de tonnerre et provoqué par l'écoulement d'un colossal flot d'énergie.

La fusée continuait sa route ; elle s'enfonçait toujours plus avant dans l'abîme noir qui séparait la galaxie en spirale, dont la Terre n'était qu'un faible atome, d'une autre galaxie d'importance presque égale. Et cet abîme insondable servait de cadre à la lutte à mort qui était en train de se jouer. La plus grande et la plus ambitieuse des expéditions qui fût jamais partie du système solaire se trouvait en très grave danger, le plus grave dont elle eût été menacée jusqu'alors.

De cela, Grosvenor était persuadé. Ce n'était pas un Zorl, cette fois, dont l'organisme surexcité avait survécu aux guerres meurtrières des seigneurs expérimentateurs de la planète des chats. Ce n'étaient pas non plus les Riims dont, après un premier effort de communication mal dirigé, il était parvenu à guider toutes les actions, remportant ainsi à lui seul la victoire contre toute une race.

Le monstre écarlate était visiblement d'une espèce tout à fait à part.

Le capitaine Leeth grimpa par une échelle métallique jusqu'à un petit balcon. Morton le rejoignit un instant plus tard et fit des yeux le tour des hommes rassemblés là. Il tenait à la main une liasse de feuilles de papier divisées en deux parties par un de ses doigts interposé. Les deux hommes étudièrent ces notes, puis Morton dit :

— Ceci est le premier instant de répit que nous ayons eu depuis l'arrivée de cette créature à bord, c'est-à-dire, aussi incroyable que cela paraisse, depuis à peine deux heures. Le capitaine Leeth et moi-même avons lu les suggestions qui nous ont été remises par les divers chefs de section. Ces suggestions, nous les avons divisées en gros en deux catégories. Nous laisserons la première, qui comporte des recommandations d'ordre purement théorique, pour plus tard. La seconde, étant donné qu'elle traite de moyens mécaniques de cerner notre ennemi, vient en premier lieu. Laissez-moi vous assurer, tout d'abord, que nous sommes tous ici anxieux de voir mettre sur pied un plan qui nous permette de trouver et de libérer M. von Grossen. Monsieur Zeller, exposez votre point de vue à ces messieurs.

Zeller, un homme alerte qui n'avait pas encore atteint la quarantaine, s'avança. Il avait succédé à Breckenridge, tué par Zorl, à la tête de la section de métallurgie. Il dit :

— Dès que nous avons appris que la créature ne pouvait pénétrer le groupe d'alliages que nous appelons métaux résistants, nous avons immédiatement décidé de fabriquer une combinaison interplanétaire faite d'un tel métal. Mon assistant y travaille actuellement et le vêtement sera probablement prêt d'ici trois heures. De plus, pour chercher la créature, nous

nous servirons naturellement d'une caméra au fluor. Si quelqu'un a une objection à faire...

— Pourquoi ne faites-vous pas plusieurs combinaisons ? demanda quelqu'un.

Zeller hocha la tête :

— Nous ne disposons que d'une quantité limitée de matériel. Nous pourrions en faire davantage, mais seulement par transmutation, ce qui prendrait du temps. Il ne faut pas oublier que notre section n'a jamais été très importante. Ce sera déjà très bien si nous arrivons à faire un vêtement dans le délai que j'ai mentionné.

Il n'y eut pas d'autres questions et Zeller retourna dans l'atelier adjacent à la chambre des machines.

Morton leva le bras pour demander le silence, et dit :

— Pour moi, c'est déjà une consolation de savoir qu'une fois que nous aurons un vêtement protecteur, la créature sera obligée de déplacer von Grossen tout le temps pour que nous ne le trouvions pas.

— Comment savez-vous qu'il est vivant ? demanda quelqu'un.

— Parce que si un cadavre avait intéressé cette satanée bête, elle aurait emporté sa première victime. C'est vivants qu'il nous veut. Les notes de Smith nous donnent certains éclaircissements sur les fins du monstre, mais comme elles se trouvent dans ma seconde catégorie, nous n'en discuterons que plus tard.

« Parmi les plans d'attaque proprement dits, j'en ai ici un qui m'a été présenté par deux techniciens de la section de physique, et un d'Elliott Grosvenor. Le capitaine Leeth et moi-même avons soumis ces plans à Pennons et d'autres experts ; nous avons conclu que le plan de M. Grosvenor présentait de trop grands dangers pour les membres de l'expédition et avons décidé de le mettre de côté pour ne l'utiliser qu'en dernier ressort. Donc, à moins qu'on ne nous présente de sérieuses objections, nous allons entreprendre tout de suite la réalisation du premier plan, auquel ont été incorporées diverses additions qui nous ont été suggérées. Je sais qu'il est de règle de laisser chacun exposer lui-même ses idées, mais en l'occurrence je crois que nous gagnerons du temps si je vous résume moi-même en quelques mots le plan sur lequel les experts se sont finalement mis d'accord.

« Nos deux physiciens, (Morton se référa aux papiers qu'il tenait en main) Lomas et Hindley, admettent que leur plan n'est viable que si le monstre nous laisse établir les contacts énergétiques nécessaires. Cela nous paraît probable si nous nous appuyons sur la théorie de M. Korita qui dit qu'un « paysan » est trop préoccupé de lui-même et de la reproduction de sa race pour ne pas méconnaître la valeur d'une opposition organisée. Sur cette base et suivant le plan modifié de Lomas et Hindley, nous allons énergiser les septième et neuvième étages, le sol seulement et pas les murs. Voici ce que nous espérons : jusqu'à maintenant, le monstre n'a mis en œuvre aucun plan méthodique pour nous exterminer. Korita dit qu'étant de mentalité paysanne, cet être n'a pas encore compris qu'il doit nous tuer tous s'il ne veut pas que nous le tuions. Tôt ou tard, cependant, il finira quand même par comprendre qu'il faut nous tuer avant toute chose. S'il n'interrompt pas notre travail, nous allons le cerner au huitième étage, entre les deux planchers énergisés. Là, étant assurés qu'il ne peut ni monter ni descendre, nous le soumettrons au feu de nos projecteurs. M. Grosvenor comprendra aisément, j'en suis sûr, que ce plan comporte considérablement moins de risques que le sien et que, pour cette raison, nous lui avons donné la préférence.

Grosvenor rassembla tout son courage pour remarquer :

— Si ce sont les risques courus qui entrent en jeu, pourquoi ne restons-nous pas simplement tous réunis ici et n'attendons-nous pas qu'il trouve un moyen de venir nous attaquer ? (Il reprit gravement :) Je vous en prie, ne croyez pas que j'essaye avant tout de faire prévaloir mes idées personnelles mais... (Il hésita encore, puis se lança :) Je considère le plan que vous venez d'exposer comme sans valeur aucune.

Morton parut sincèrement interloqué.

— N'est-ce pas là un jugement un peu sec ? dit-il.

— Si je comprends bien, dit Grosvenor, le plan, tel que vous l'avez présenté, est une version modifiée de l'original. Qu'en a-t-on retranché ?

— Les deux physiciens, dit Morton, recommandaient d'énergiser quatre étages : sept, huit, neuf et dix.

De nouveau, Grosvenor hésita. Il n'avait nullement envie de paraître trop difficile. S'il continuait, on pourrait tout simplement cesser de lui demander son avis. Il dit enfin :

— C'est déjà mieux.

Le capitaine Leeth, qui se tenait derrière Morton, intervint à son tour.

— Monsieur Pennons, voulez-vous expliquer pourquoi il est préférable de ne pas énergiser plus de deux étages ?

Le chef mécanicien s'avança. Il dit d'un ton un peu tendu :

— La principale raison, c'est que cela prendrait trois heures de plus et nous sommes tous d'accord pour estimer qu'il n'y a pas de temps à perdre. Si le facteur temps n'entrait pas en ligne de compte, il serait préférable d'énergiser la fusée tout entière, murs et planchers, tout en limitant la quantité d'énergie libérée. Ainsi, le monstre ne pourrait pas nous échapper, mais il faudrait, pour mettre le dispositif en place, environ cinquante heures de travail. Comme je vous l'ai déjà dit, énergiser sans contrôle, ce serait nous suicider. D'autre part, un autre facteur entre en jeu, purement humain celui-là. Si le monstre revient nous attaquer, c'est qu'il veut d'autres hommes, c'est donc que chaque fois il repartira après s'être emparé de l'un d'entre nous. Or, nous voulons que celui-là, quel qu'il soit, ait une chance de survivre. (La voix de Pennons se fit plus dure :) Pendant les trois heures qu'il nous faudra pour mettre le plan modifié au point, nous n'aurons pour nous défendre que nos vibrateurs mobiles et nos projecteurs calorifiques. Nous n'osons nous servir d'armes plus lourdes à l'intérieur de la fusée et encore faudra-t-il employer, avec prudence, celles que j'ai citées, car elles sont mortelles pour l'homme. Bien entendu, chacun devra se défendre avec son propre vibrateur.

Il recula.

— Allons-y !

Le capitaine Leeth ne paraissait pas très satisfait.

— Pas si vite ! fit-il. Peut-être M. Grosvenor a-t-il d'autres objections à nous faire ?

Grosvenor dit :

— Il serait peut-être intéressant, si nous en avions le temps, de voir comment la créature réagit devant les murs énergisés.

Quelqu'un intervint vivement :

— Je ne vois pas à quoi tout cela rime. Nous savons bien que si cette créature est coincée entre deux étages énergisés, c'est sa fin. Nous savons qu'elle ne peut pas s'en sortir.

— Nous n'en savons absolument rien, fit Grosvenor posément. Tout ce que nous savons, c'est qu'elle est entrée dans un mur de force et qu'elle s'en est échappée. Nous supposons que l'endroit ne lui a pas plu. En fait, il semble établi que cet être ne pourrait pas rester longtemps dans un champ énergétique. Malheureusement pour nous, nous ne pouvons pas lui opposer un écran d'une force illimitée. Pennons nous l'a dit, cela ferait fondre les murs. Donc, à mon avis, *nous avons fait dans ce domaine ce que nous avons pu et cela n'a pas suffi puisqu'il s'est échappé.*

Leeth était déconcerté.

— Messieurs, dit-il, pourquoi ce point n'a-t-il pas

encore été mis en lumière ? Il constitue certainement une objection solide.

Morton dit :

— J'avais suggéré que Grosvenor participât à la discussion, mais on m'a objecté que la coutume était que l'auteur d'un plan mis en discussion s'abstienne. Les deux physiciens n'ont pas été invités à la réunion, eux non plus, pour cette même raison.

Siedel s'éclaircit la gorge :

— Je ne pense pas, dit-il, que M. Grosvenor se rende bien compte de ce qu'il vient de nous faire. On nous a tous persuadés que l'écran énergétique de la fusée était une des plus grandes réalisations scientifiques de l'homme. Personnellement, j'en retirais un sentiment de bien-être et de sécurité. Et voilà qu'il nous dit que cet être peut le pénétrer.

— Je n'ai pas dit que l'écran était vulnérable, monsieur Siedel, répliqua Grosvenor. Au contraire, nous avons des raisons de croire que l'ennemi n'a pas pu et ne peut pas le traverser. Rappelez-vous qu'il a attendu derrière que nous le fassions traverser. L'énergisation des planchers, par contre, telle que nous la discutons, constitue un système de défense infiniment plus faible.

— Malgré tout, dit Siedel, ne croyez-vous pas que les experts ont inconsciemment vu une similitude entre les deux formes ? Ne croyez-vous pas que leur raisonnement a été : si l'énergisation n'a pas d'effet, nous sommes perdus. Donc, elle doit avoir de l'effet.

Le capitaine Leeth intervint d'un ton las :

— Je crois bien que M. Siedel vient de mettre le doigt sur notre point faible. Je me souviens maintenant m'être tenu le raisonnement dont il parle.

Du centre de la pièce, Smith dit :

— Peut-être pourrions-nous étudier le plan de M. Grosvenor.

Leeth se tourna vers Morton, lequel hésita, puis dit :

— Il proposait que nous nous divisions en autant

de groupes qu'il y a de projecteurs atomiques à bord...

Il n'alla pas plus loin. Un physicien s'exclama :

— L'énergie atomique... à l'intérieur d'une fusée !

Pendant la minute qui suivit, l'agitation régna dans la salle.

Quand elle se fut calmée, Morton reprit, comme s'il n'y avait pas eu d'interruption :

— Nous avons quarante et un de ces projecteurs. Si nous adoptions le plan de M. Grosvenor, chacun de ces projecteurs serait pris en main par un noyau de militaires, tandis que nous-mêmes nous disperserions et, tout en restant à portée des projecteurs, servirions d'appât. Les militaires recevraient l'ordre de mettre leur projecteur en action, même si l'un ou plusieurs d'entre nous se trouvaient dans la ligne de feu.

Morton hocha la tête, puis reprit :

— Il est possible que ce plan soit le meilleur de ceux qui nous ont été proposés. Cependant, nous avons été choqués par sa cruauté. L'idée de tirer sur les siens, si elle n'est pas neuve, est, je crois, beaucoup plus pénible à concevoir que ne le pense M. Grosvenor. Je dois d'ailleurs ajouter, en toute justesse, qu'un autre facteur nous a décidés à rejeter ce plan. Le capitaine Leeth, en effet, avait stipulé que les « appâts » devraient être désarmés. Pour la plupart d'entre nous, c'en était trop. Chaque homme devrait avoir le droit de se défendre. (Il haussa les épaules.) Comme il y avait un second plan, nous avons voté pour l'autre. Personnellement, je suis maintenant d'avis de revenir à celui de M. Grosvenor, mais je fais toujours objection à la condition posée par le capitaine Leeth.

En entendant celle-ci, Grosvenor s'était détourné et avait regardé le militaire. Leeth n'avait pas détourné les yeux. Au bout d'un moment, Grosvenor dit tout haut, d'un ton décidé :

— Je crois que vous devriez prendre le risque, mon capitaine.

L'autre s'inclina presque cérémonieusement.

— Très bien, dit-il. Je retire ma condition.

Grosvenor vit que Morton était intrigué par cette brève conversation. Le regard du chef allait successivement de Leeth au jeune savant. Puis la lumière dut se faire dans son esprit, car il descendit vers Grosvenor et dit :

— Quand je pense que je ne voyais absolument pas où il voulait en venir. Il croit que, dans un moment de crise...

Il se retourna pour regarder le capitaine Leeth.

Grosvenor remarqua d'un ton apaisant :

— Je crois qu'il se rend compte maintenant qu'il a eu tort de soulever la question.

Morton acquiesça et reconnut, un peu à contrecœur :

— Au fond, il n'a peut-être pas tellement tort. Après tout, l'instinct de conservation est fondamental. Mais je crois qu'il vaut mieux se taire à ce sujet. Les savants pourraient se sentir offensés, et il y a déjà assez de dissensions à bord.

Il se tourna vers l'ensemble des assistants et dit, d'une voix forte :

— Messieurs, je crois que nous allons mettre le plan de M. Grosvenor aux voix. Que ceux qui sont pour lèvent la main.

A la grande déception de Morton, une cinquantaine de bras seulement se levèrent. Morton hésita, puis dit :

— Ceux qui sont contre, maintenant.

Cette fois, à peine plus d'une douzaine de bras se levèrent.

Morton interpella un homme qui se tenait au premier rang :

— Vous n'avez levé la main dans aucun des cas. Pourquoi ?

L'autre haussa les épaules.

— Je suis neutre. Je ne sais pas si je suis pour ou contre. Je n'en sais pas assez.

— Et vous ? demanda Morton, s'adressant à un autre.

L'homme dit :

— Et les radiations secondaires ?

Leeth répondit à l'objection :

— Nous les bloquerons. Nous fermerons hermétiquement toute la zone. (Il se tourna vers Morton :) Mais je ne comprends pas ce que nous attendons. Il y a eu cinquante-neuf voix contre quatorze pour le plan de Grosvenor. Bien que ma juridiction en ce qui concerne les savants soit limitée en temps de crise, je considère que le vote a été décisif.

Morton paraissait décontenancé :

— Mais, protesta-t-il, il y a eu près de huit cents abstentions !

Leeth était ferme :

— Tant pis. Ceux qui se sont abstenus l'ont fait de leur plein gré. Des adultes sont censés savoir ce qu'ils veulent. Toute la démocratie est basée sur cette supposition. En conséquence, j'ordonne que nous passions immédiatement à l'action.

Morton dit lentement :

— Eh bien, messieurs, je n'ai plus qu'à m'incliner. Mettons-nous donc au travail. Il faudra un certain temps pour mettre les projecteurs atomiques en place, commençons donc à énergiser les septième et neuvième étages en attendant. Après tout, nous pouvons très bien combiner les deux plans et abandonner l'un ou l'autre suivant la façon dont la situation se développera.

— Voilà qui paraît raisonnable, dit un homme, visiblement soulagé.

Beaucoup de ses compagnons parurent éprouver le même sentiment. Les visages se détendirent et la foule des assistants commença à quitter la salle. Grosvenor se tourna vers Morton.

— Ça, c'était un trait de génie, dit-il. J'étais trop

opposé à l'énergisation limitée pour avoir pensé à un pareil compromis.

Morton accepta gravement le compliment.

— Je tenais ça en réserve, dit-il. J'ai remarqué, depuis que j'ai affaire à des hommes, que le tout n'est pas toujours de résoudre un problème, mais de calmer la tension de ceux qui ont à le résoudre. Dans le danger, action au maximum, pendant l'action, relaxation par tous les moyens possibles. (Il tendit la main :) Eh bien, bonne chance, jeune homme. J'espère que vous vous en sortirez sain et sauf.

Tandis qu'ils se serraient la main, Grosvenor demanda :

— Combien de temps faudra-t-il pour sortir le canon atomique

— Une heure, un peu plus peut-être. En attendant, nous aurons les grands vibrateurs pour nous protéger.

La réapparition des hommes ramena Ixtl en toute hâte au septième étage. Pendant plusieurs minutes, il circula rapidement parmi les murs et les planchers. Deux fois, on le vit, et les projecteurs se déchargèrent sur lui. Il y avait des vibrateurs aussi différents des armes à main qu'il avait vues que la vie était différente de la mort. Ils secouaient les murs à travers lesquels Ixtl bondissait pour leur échapper. Une fois, un faisceau toucha un de ses pieds. Il vacilla sous le choc. Son pied redevint normal en moins d'une seconde, mais il n'en mesura pas moins les limites de sa résistance contre ces puissantes pièces mobiles.

Malgré cela, il ne se sentait pas alarmé. Par sa rapidité, son intelligence, un minutage et une mise en scène exacte de chacune de ses apparitions, il arriverait à neutraliser l'effet des nouvelles armes. L'important, c'était de savoir *ce que les hommes faisaient*. De toute évidence ils s'étaient enfermés dans la salle des machines, y avaient mis sur pied un plan et procédaient maintenant à l'exécution de ce plan. Les yeux fixes et luisants, Ixtl regarda le plan prendre forme.

Dans chaque couloir, des hommes peinaient sur des sortes de fours surbaissés de métal noir. D'un trou percé au sommet de chacun de ces fours sortait une flamme blanche qui se tordait furieusement. Ixtl vit que les hommes étaient à demi aveuglés par l'éclat de cette flamme. Ils portaient leurs combinaisons, mais la matière translucide en était électriquement rendue opaque, ce qui ne suffisait pas encore à protéger les regards de la lumière blanche. Des fours sortaient de longues bandes d'une matière luisante. Chacune de ces bandes, à mesure qu'elle sortait, était saisie par des machines-outils, ramenée à certaines dimensions puis appliquée sur le plancher. Le plancher tout entier fut ainsi recouvert de ces bandes. A l'instant où elles étaient par terre, d'immenses réfrigérateurs absorbaient la chaleur du métal.

Tout d'abord, le cerveau d'Ixtl refusa d'accepter le résultat de ses observations. Il s'entêtait à chercher des solutions plus complexes, moins aisément discernables. Mais bientôt, il dut reconnaître qu'il n'y avait là rien de plus que ce qu'il voyait. Ces hommes essayaient d'énergiser deux planchers sous un système de contrôle. Plus tard, quand ils comprendraient que ce piège limité ne servait à rien, ils essayeraient probablement autre chose. A quel moment précis leur système de défense commencerait-il à présenter pour lui un certain danger, Ixtl ne le savait pas exactement. L'essentiel était de savoir que dès l'instant où il lui semblerait être en danger, rien ne serait plus simple pour lui que de suivre les hommes et de rompre leurs contacts d'énergisation.

Plein d'un souverain mépris, Ixtl rejeta ces préoccupations à l'arrière-plan. Ces hommes ne faisaient que lui faciliter les choses, lui rendant plus simple la capture des guuls dont il avait encore besoin. Il choisit avec soin sa prochaine victime. Il avait découvert, dans l'homme qu'il avait tué involontairement, que l'estomac et les intestins convenaient fort bien à ses desseins. Il en résultait tout naturellement que c'étaient les hommes qui avaient les plus gros ventres qui l'intéressaient le plus.

Après un rapide examen, il se lança. Avant qu'on ait pu braquer sur lui un seul projecteur, il avait disparu en emportant le corps qui se débattait. Il lui était facile de réajuster sa structure atomique dès qu'il venait de franchir un plafond, de façon à stopper sa chute sur le plancher qu'il trouvait ensuite. Mais, cette fois, il se laissa tomber à travers plusieurs étages et ne s'arrêta que dans la cale de l'appareil. Il aurait pu aller plus vite, mais il fallait faire attention à ne pas endommager le corps humain qu'il transportait.

La cale lui était familière maintenant. Dès son arrivée à bord, il l'avait explorée à fond quoique très rapidement et, en y apportant von Grossen, il avait découvert la cachette qu'il lui fallait. Dans la demi-obscurité, il se dirigea tout droit vers le mur du fond. De grandes caisses étaient empilées jusqu'au plafond. Tantôt les contournant, tantôt passant à travers, il arriva devant un énorme tuyau. L'intérieur était assez grand pour qu'il pût s'y tenir debout. C'était une des conduites de l'immense système de conditionnement d'air.

Pour des yeux ordinaires, sa cachette aurait certainement paru sombre. Mais pour ses yeux sensibles à l'infrarouge il régnait dans le tuyau une vague lueur crépusculaire. Il aperçut le corps de von Grossen et allongea à côté de lui sa nouvelle victime. Puis, avec mille précautions, il plongea l'une de ses mains dans sa propre poitrine et en tira un œuf qu'il déposa dans l'estomac de l'homme.

Celui-ci luttait encore, mais Ixtl ne s'en préoccupa pas : il savait ce qui allait arriver. Lentement, en effet, le corps de sa victime se raidit, les muscles devinrent progressivement rigides. Saisi de panique, l'homme sentit la paralysie le gagner. Le monstre le tenait bien serré, attendant que la réaction chimique fût achevée. Enfin l'homme, incapable de faire le moindre mouvement, resta étendu par terre, complètement immobile, les yeux grand ouverts et le front ruisselant de sueur.

Dans quelques heures, les œufs allaient éclore dans les estomacs des deux hommes et de minuscules répliques de Ixtl seraient nées, qui grandiraient en tirant leur subsistance des organismes où elles se trouvaient. Satisfait, Ixtl se prépara à quitter la cale pour aller là-haut chercher d'autres guuls.

Ixtl venait de descendre son troisième prisonnier dans la cale quand les hommes s'attaquèrent au neuvième étage. Des vagues de chaleur déferlaient le long du couloir, poussées par une sorte de vent infernal. Malgré le système de réfrigération adapté à leurs combinaisons individuelles, les hommes étaient très éprouvés et transpiraient à grosses gouttes. La lumière incandescente, en outre, les aveuglait et, malades de fatigue, ils travaillaient presque automatiquement.

Brusquement quelqu'un, à côté de Grosvenor, s'exclama d'une voix rauque :

— Les voilà !

Le savant se tourna dans la direction indiquée et se sentit frémir malgré lui. La machine qui s'avançait vers eux, mue par son propre moteur, n'était pas très grande. C'était une masse sphérique dont l'enveloppe extérieure était composée de carbure de tungstène ; dans la masse une seule protubérance qui avait la forme d'une sorte de bec. La partie fonctionnelle de l'appareil était montée sur un coussinet qui, lui-même, reposait sur quatre roues de caoutchouc.

Tout autour de Grosvenor, les hommes avaient cessé leur travail. Très pâles, ils regardaient, fascinés, la monstrueuse machine qui arrivait vers eux. Subitement, l'un des hommes présents se tourna vers Grosvenor et lui dit d'un ton plein de rancœur :

— Mon vieux, c'est vous qui êtes responsable de ce truc-là. Si jamais je dois écoper des radiations, j'aurai plaisir à vous casser la figure avant.

— Je reste ici, dit Grosvenor, très calme. Si vous êtes tué, je le serai aussi.

Ceci parut calmer un peu son interlocuteur. Il remarqua cependant avec une certaine animosité :

— On ne me fera pas croire qu'on n'aurait pas pu trouver mieux que de se servir d'êtres humains comme appât.

— Mais si, il y a une autre solution, dit Grosvenor.

— Laquelle ?

— Nous suicider, fit Grosvenor, très sérieusement.

L'autre le regarda, interloqué, puis se détourna en marmonnant quelque chose sur les gens qui faisaient des plaisanteries stupides. Grosvenor ne se laissa pas démonter et retourna à son travail. Presque tout de suite, il remarqua que ses compagnons avaient beaucoup perdu de leur entrain. Il y avait de l'électricité dans l'air. Le moindre geste malencontreux provoquait d'aigres protestations.

Ils étaient des appâts. A tous les niveaux, les hommes connaissaient ainsi la peur de la mort. Personne n'était immunisé contre elle, car l'instinct de conservation était partie intégrante du système nerveux. Le capitaine Leeth, par exemple avec son entraînement de militaire, saurait feindre l'impassibilité mais la tension n'en existerait pas moins, juste sous la surface. Ainsi Grosvenor sentait-il le danger dans toutes ses fibres mais n'en était-il pas moins convaincu qu'il avait choisi la bonne voie et décidé à tout faire pour que son plan fût suivi.

— Garde à vous, tout le monde !

Comme les autres, Grosvenor sursauta au son de la voix qui venait de clamer cet ordre dans le communicateur. Il lui fallut un bon moment pour reconnaître qu'elle appartenait au commandant de la fusée.

Le capitaine Leeth continua :

— Tous les projecteurs sont actuellement en position aux étages sept, huit et neuf. Sachez que mes officiers et moi-même avons discuté des risques encourus par les hommes et voici ce que nous vous recommandons : si vous voyez le monstre, n'attendez pas, ne regardez pas autour de vous ! Jetez-vous instantanément à terre. Que les équipes chargées du tir ajustent immédiatement leurs pièces à 50 : 1 1/2. Cela vous donnera à tous un dégagement d'un pied et demi. Cela ne vous protégera pas des radiations secondaires, mais je crois sincèrement qu'à condition que vous vous jetiez par terre suffisamment vite, cela permettra au docteur Eggert et à ses assistants de vous sauver la vie.

« En conclusion (Leeth semblait plus à l'aise maintenant qu'il avait formulé l'essentiel de son discours), je puis vous assurer que nous n'avons pas d'embusqués à bord. A l'exception des médecins — qui sont dans la salle des machines — et de trois malades immobilisés, chacun est en aussi grand danger que vous-mêmes. Mes officiers et moi-même nous sommes dispersés parmi les divers groupes. Morton, chef de l'expédition est au septième étage ; M. Grosvenor, dont nous réalisons le plan est au neuvième, etc. Bonne chance, messieurs !

Il y eut un moment de silence. Puis le chef de la section de tireurs qui se trouvait près de Grosvenor s'écria :

— Hé, les gars ! Nous avons ajusté notre pièce. Si vous arrivez à vous coller à plat ventre à temps, vous êtes tranquilles !

— Merci mon vieux, dit Grosvenor.

Pendant un instant la tension se relâcha. Un mathématicien-biologiste remarqua :

— C'est ça, Grove, passez encore un peu de pommade.

— J'ai toujours adoré les militaires, dit un autre.

(Et à part, mais assez fort cependant pour que les tireurs l'entendent, il ajouta :) Ça me donnera peut-être la seconde qu'il me faut.

Grosvenor l'entendit à peine. Des appâts, pensait-il. Et aucun des groupes ne saurait quand l'heure du danger aurait sonné pour les autres. A l'instant de « pointe critique » — forme modifiée de la masse critique dans laquelle une petite pile produisait une quantité énorme d'énergie sans exploser — un faisceau traçant sortirait de la gueule du canon. Dans tout ce faisceau se répandraient les radiations invisibles.

Quand tout serait fini, les survivants préviendraient le capitaine Leeth sur sa bande privée. Celui-ci avertirait les autres groupes en temps opportun.

— Monsieur Grosvenor !

Instinctivement, au son de cette voix perçante, Grosvenor plongea vers le sol. Ce ne fut qu'après avoir rudement pris contact avec le plancher qu'il reconnut la voix de Leeth et se releva.

D'autres hommes, à côté de lui, se remettaient debout en maugréant. Quelqu'un dit :

— Flûte, il exagère !

Grosvenor s'approcha du communicateur et, sans quitter des yeux le couloir dit :

— Oui, mon capitaine ?

— Voulez-vous descendre tout de suite au septième ? Couloir central.

— Bien, j'y vais.

Grosvenor partit, saisi d'un pressentiment. Il avait senti, d'après le ton du capitaine, qu'il venait de se passer quelque chose.

Il trouva une scène de cauchemar. En s'en approchant, il vit que l'un des canons atomiques était couché sur le flanc. A côté, brûlés au point d'en être méconnaissables, gisaient les restes de trois des quatre servants. Le quatrième était par terre lui aussi, à côté de ses camarades ; il avait perdu conscience, mais son corps qui, visiblement, venait de recevoir une décharge de vibrateur, était encore agité de violents soubresauts.

De l'autre côté, à portée du canon, gisaient vingt hommes, sans connaissance ou morts ; parmi eux, Grosvenor reconnut Morton.

Des ambulanciers, revêtus de combinaisons protectrices, arrivaient en toute hâte et emportaient les victimes sur des chariots à moteur. Les infirmiers étaient probablement à l'œuvre depuis quelques minutes ; il fallait en conclure qu'il y avait encore d'autres victimes, mais qui déjà recevaient les soins du docteur Eggert et de ses assistants.

Grosvenor se dirigea vers une barrière qu'on avait rapidement édifiée à un tournant du couloir. Il y trouva le capitaine Leeth qui, en quelques mots, lui expliqua ce qui venait de se passer.

Ixtl était arrivé. Un jeune technicien — Leeth ne le nomma pas — avait oublié, dans sa panique, que, pour sauver sa vie, il devait s'aplatir au sol et, se tournant vers les tireurs, avait déchargé son arme sur eux et les avait étourdis. Ceux-ci, selon toute probabilité, avaient dû avoir une seconde d'hésitation en voyant le jeune technicien dans leur ligne de tir. Un instant plus tard, ces soldats, sans s'en rendre compte, avaient été les auteurs d'un désastre. Sous le choc du vibrateur, en effet, trois d'entre eux étaient tombés contre le canon et, s'y accrochant, l'avaient fait vaciller. La pièce, en roulant, avait entraîné avec elle le quatrième tireur.

Par malheur, celui-ci tenait le détonateur et, pendant près d'une seconde, il avait tiré.

Ses trois compagnons se trouvaient directement dans la ligne de feu. Ils étaient morts sur le coup. Quant au canon, il avait poursuivi sa course et aspergé de radiations tout un mur. Morton et son groupe, qui ne s'étaient à aucun moment trouvés dans la trajectoire du tir, avaient été touchés par les radiations secondaires. On ne pouvait pas encore dire avec précision jusqu'à quel point ils étaient atteints, mais le moins touché d'entre eux devrait garder le lit un an. Quelques-uns ne survivraient pas.

— Nous avons été un peu lents, confessa le capitaine Leeth. Ceci s'est probablement passé quelques secondes après que j'eus fini de parler. Mais il s'est passé près d'une minute avant que quelqu'un, attiré par le bruit, ne vienne voir ici ce qui s'était passé. (Il soupira :) Même dans mes prévisions les plus pessimistes, je n'ai jamais supposé que nous aurions un groupe entier anéanti d'un seul coup.

Grosvenor se taisait. C'était pour cela, évidemment, que Leeth avait voulu que les savants fussent désarmés. Dans une crise, l'homme cherche à se protéger lui-même. Il ne peut s'en empêcher. Comme un animal, il lutte aveuglément pour sauvegarder son existence.

Il essaya de ne pas penser à Morton qui, ayant compris que les savants ne voudraient pas être désarmés, avait connu le *modus operandi* qui rendrait l'emploi de l'énergie atomique acceptable pour tous. Il dit :

— Pourquoi m'avez-vous appelé ?

— J'ai l'impression que cet échec affecte votre plan. Qu'en pensez-vous ?

— L'élément de surprise a disparu, reconnut Grosvenor à contrecœur. Quand il est arrivé, le monstre ne devait pas se douter de ce qui l'attendait. Maintenant, il sera prudent.

Il imaginait la bête écarlate risquant une tête à travers un mur, scrutant un couloir, et, sûre de son fait, arrivant d'un bond à côté d'un des canons et attrapant l'un des tireurs. La seule protection adéquate serait de mettre un second projecteur pour couvrir le premier. Mais c'était hors de question, car il n'y avait que quarante et une pièces disponibles dans la fusée.

— A-t-il enlevé encore quelqu'un ? demanda-t-il enfin.

— Non.

Comme les autres, Grosvenor ne pouvait que se livrer à des hypothèses sur les raisons qu'avait le monstre d'emporter ainsi des prisonniers vivants. L'une de ces raisons, on pouvait la chercher dans la théorie de Korita selon laquelle la bête était au stade paysan et préoccupée de sa reproduction. Grosvenor entrevoyait là une possibilité terrifiante, un besoin qui pousserait la créature à chercher d'autres victimes encore.

— D'après moi, dit Leeth, il reviendra. Mon idée c'est qu'on laisse les canons où ils sont pour le moment et qu'on finisse d'énergiser trois étages. Le sept est fait, le neuf presque ; passons donc au huit. Cela nous fera trois étages en tout. En ce qui concerne les probabilités de réussite d'un tel plan, rappelons-nous qu'en dehors de von Grossen, le monstre a capturé trois hommes. Dans chacun des cas, nous l'avons vu se diriger vers le bas. Je propose que, dès que nous aurons énergisé les trois étages, nous montions au neuvième pour attendre l'ennemi. Quand il aura capturé l'un de nous, nous resterons momentanément en attente. Puis monsieur Pennons baissera le levier qui envoie le courant dans les étages. Le monstre arrivera au huitième et le trouvera énergisé. S'il essaye de passer, il trouvera le septième énergisé aussi. S'il monte, ce sera la même chose. Dans les deux sens, nous l'obligerons à entrer en contact avec des planchers énergisés. (Le capitaine fit une pause, regarda pensivement Grosvenor, puis dit :) Je sais que vous considériez que le contact avec un seul étage énergisé ne le tuerait pas. Mais vous ne vous êtes pas montré aussi positif pour deux étages.

Il se tut, regardant Grosvenor d'un air interrogateur.

Celui-ci répondit :

— Voyons toujours. En fait, rien ne nous permet d'affirmer qu'il réagira de telle ou de telle façon. Peut-être aurons-nous une agréable surprise.

Il en doutait, mais il savait qu'il devait, pour le moment, tenir compte d'un facteur important : celui des convictions et des espoirs des hommes. Seul un événement pourrait faire changer certains d'avis. Lorsque leurs convictions seraient altérées par la réalité, alors — et alors seulement — ils seraient prêts pour des solutions plus énergiques.

Lentement mais sûrement, semblait-il à Grosvenor, il apprenait à influencer des hommes. Il ne suffisait pas de connaître et d'avoir raison. Il fallait persuader et convaincre. Quelquefois, cela pouvait prendre plus de temps qu'on n'en avait à perdre. Quelquefois, on pouvait ne pas y réussir du tout. Ainsi croulaient des civilisations, se perdaient des batailles et s'anéantissaient des fusées parce que celui ou ceux qui détenaient les connaissances salvatrices ne voulaient pas prendre la peine et le temps de convaincre les autres.

Mais Grosvenor n'allait pas permettre qu'il en fût ainsi cette fois. Du moins ferait-il son possible pour l'éviter.

— Nous pouvons laisser les projecteurs atomiques en place tant que nous n'aurons pas fini d'énergiser les planchers, dit-il. Puis il faudra les enlever. L'énergisation provoquerait la « pointe critique » même si les becs n'étaient pas ouverts. Cela les ferait éclater.

Ainsi, le plus simplement du monde, fit-il renoncer ses compagnons à appliquer le plan Grosvenor pour lutter contre l'ennemi.

20

Ixtl remonta deux fois durant l'heure trois quarts qu'il fallut pour préparer le huitième étage. Il lui restait six œufs et il comptait les utiliser tous sauf deux. Le seul ennui était que chaque guul lui prenait plus de temps. Ses ennemis, lui semblait-il, mettaient plus d'acharnement à se défendre et la présence des canons atomiques l'obligeait à chercher à s'emparer de ceux-là mêmes qui faisaient fonctionner les projecteurs.

Malgré cela, chacune de ses sorties était un chef-d'œuvre de calcul. Il ne se sentait pas inquiet. Il fallait que ce fût fait. Il s'occuperait des hommes en temps voulu.

Quand le huitième fut achevé, le canon retiré et que tout le monde fut réuni au neuvième, Grosvenor entendit le capitaine Leeth demander :

— Monsieur Pennons, êtes-vous prêt à mettre le courant ?

— Oui, mon capitaine, répondit celui-ci par le communicateur. (Il ajouta d'un ton sombre :) Cela fait cinq hommes de partis et un encore à partir. Nous avons eu de la chance, mais il en reste au moins encore un à partir.

— Entendez-vous, monsieur ? Encore un. L'un de nous servira d'appât, qu'il le veuille ou non.

La voix était familière, bien qu'on ne l'eût pas entendue depuis longtemps. Elle reprit gravement :

— Ici, Gregory Kent. Et je suis désolé de vous avouer que je vous parle de la salle des machines, c'est-à-dire que je ne risque rien. Le Dr Eggert ne veut pas me lâcher avant une semaine. Si je vous parle dès maintenant, c'est que le capitaine Leeth m'a remis les papiers de M. Morton et que j'aimerais entendre Kellie s'expliquer un peu en détail sur sa note que j'ai ici. Cela éclaircira un point très important et nous permettra d'avoir une vue plus nette de la situation. Mieux vaut, en effet, que nous sachions le pire.

— Ah !... (La voix fêlée du sociologue se fit entendre sur le communicateur.) Voici mon raisonnement. Quand nous avons découvert cette créature, elle flottait à un quart de million d'années-lumière du système stellaire le plus proche, ne possédant apparemment aucun moyen de locomotion spatial. Imaginez-vous cette distance et puis demandez-vous combien de temps il faudrait, approximativement, pour qu'un objet la franchisse mû par le seul hasard. C'est Lester qui m'a donné ces chiffres, aussi aimerais-je qu'il vous fasse part de ce qu'il m'a dit.

L'astronome prit à son tour la parole. Il avait une voix étonnamment sèche.

— La plupart d'entre vous, dit-il, connaissent la théorie actuellement en faveur en ce qui concerne la genèse de l'univers actuel. Il existe des preuves qui permettent de croire que cet univers est né de l'anéantissement d'un autre univers, il y a plusieurs millions d'années. On croit aussi que, d'ici quelques millions d'années, notre univers à nous, ayant complété son cycle, éclatera à la suite d'une explosion cataclysmique. On ne peut que formuler des hypothèses sur la nature de cette explosion.

Il continua :

— En ce qui concerne la question de Kellie, je ne peux vous offrir qu'une image. Supposons que l'être écarlate ait été projeté dans l'espace quand la grande explosion s'est produite. Il se serait donc retrouvé dans l'espace intergalactique sans aucun moyen pour changer de direction. Dans de telles conditions, il pourrait flotter jusqu'à la fin des temps sans s'approcher de plus d'un million d'années-lumière d'une étoile. Est-ce cela que vous vouliez, Kellie ?

— Exactement. La plupart de vous se souviendront m'avoir entendu dire que c'était un paradoxe qu'une créature purement sympodiale, comme celle qui nous occupe, ne peuple pas tout l'univers. La réponse à ceci est, en toute logique, que si cette race *avait dû* contrôler l'univers, elle l'aurait fait. Mais, nous le voyons maintenant, il s'agit d'un univers précédent, et non du nôtre. Bien entendu, cette créature compte maintenant s'emparer aussi de l'univers dans lequel nous vivons. C'est là du moins une théorie plausible, sinon plus.

— Je suis sûr, dit Kent d'un ton conciliant, que tous les savants à bord comprennent que la nécessité nous oblige à avancer des hypothèses sur des questions au sujet desquelles nous n'avons que peu d'éléments. Je pense toutefois qu'il est bon que nous croyions avoir affaire au survivant de la race suprême d'un univers. Peut-être n'est-il pas le seul dans sa situation. Espérons seulement qu'aucune autre fusée ne tombera sur un autre de ces survivants. Biologiquement, cette race est peut-être de plusieurs billions d'années en avance sur nous. C'est pourquoi nous pouvons nous sentir justifiés de demander à chaque homme à bord le maximum d'efforts et de sacrifice personnel...

Ce discours fut interrompu par un cri déchirant :

— Il m'a eu !... Vite ! Il m'enlève ma combinaison...

Ces mots se terminèrent dans un gargouillement.

— C'est Dack, assistant chef de géologie, dit Grosvenor automatiquement, car il connaissait maintenant toutes les voix des membres de l'expédition.

Un autre cri se fit entendre sur les communicateurs :

— Il descend. Je l'ai vu descendre !

— J'ai mis le courant, annonça Pennons, très calme.

Grosvenor se surprit à regarder ses pieds avec curiosité. Il y voyait, en effet, une jolie flamme bleue, très brillante. Des langues de feu léchaient sa combinaison protectrice. On n'entendait aucun bruit. Le savant regarda jusqu'au bout du couloir qui, tout entier, était couvert du tapis de flammes bleues. Un instant, il eut l'illusion qu'il ne regardait pas seulement le couloir, mais que ses yeux plongeaient jusqu'au tréfonds de la fusée.

Pennons reprit la parole :

— Si tout a bien marché, fit-il dans un souffle, ce satané animal doit être au septième ou au huitième.

Déjà Leeth ordonnait :

— Que tous les hommes dont les noms commencent de A à L me suivent au septième. De M à Z suivez M. Pennons au huitième ! Les équipes de projecteurs resteront à leurs postes. Les équipes de caméras, faites ce qu'on vous a ordonné.

Au septième étage, au second coin à partir des ascenseurs, les hommes s'arrêtèrent net. Grosvenor se trouva parmi ceux qui continuèrent et se trouvèrent devant le corps humain qui gisait par terre, apparemment collé au métal par les flammes bleues. Le capitaine Leeth rompit le silence :

— Libérez-le !

Deux hommes s'avancèrent en hésitant et touchèrent le corps. La flamme bleue sauta sur eux. Les hommes tirèrent et les flammes cédèrent leur proie. On amena le corps au dixième étage, non énergisé. Grosvenor suivit le groupe. Quand on eut étendu le corps par terre, il resta quelques minutes animé de soubresauts, déchargeant des torrents d'énergie, puis, graduellement, il retrouva le calme de la mort.

— J'attends des rapports.

Leeth parlait d'une voix tendue.

Il y eut une seconde de silence, puis Pennons dit :

— Les hommes sont répartis sur les trois étages, comme prévu. Ils prennent des photos ininterrompues avec leurs appareils au fluor. Si l'ennemi est quelque part, on le verra. Il faut attendre encore au moins trente minutes.

Le rapport vint enfin.

— Rien ! (Pennons ne pouvait cacher sa déception.) Mon capitaine, il a dû passer.

Une voix plaintive résonna sur le circuit momentanément libre des communicateurs :

— Mais alors, qu'allons-nous faire maintenant ?

Dans cette phrase, pensa Grosvenor, se trouvaient exprimés les doutes et les angoisses de tous les passagers du *Fureteur*.

21

Le silence s'appesantit. Ces hommes qui, d'ordinaire, se montraient si éloquents, semblaient avoir perdu la voix. Grosvenor, quant à lui, frissonnait intérieurement à la pensée du nouveau plan qu'il venait de concevoir. Puis, lentement, il prit conscience de la situation vraiment critique dans laquelle ils se trouvaient maintenant. Mais il attendit quand même. Car il ne lui appartenait pas de parler le premier.

Ce fut Kent qui finalement rompit le charme.

— Il semblerait, dit-il, que notre ennemi passe aussi aisément à travers les murs énergisés qu'à travers ceux qui ne le sont pas. Nous pouvons continuer à supposer que l'expérience ne lui est pas agréable, mais il faut nous rendre à l'évidence : sa rapidité d'adaptation est telle que ce qu'il ressent à un étage a cessé de l'affecter quand il parvient à l'autre.

Le capitaine Leeth intervint :

— J'aimerais savoir ce qu'en pense M. Zeller. Où est-il ?

— Me voici ! répondit tout de suite le métallurgiste. J'ai terminé la combinaison résistante, mon capitaine, et j'ai commencé mes recherches au fond de la fusée.

— Combien de temps faudrait-il pour faire des combinaisons pour tout le monde ?

Zeller réfléchit avant de répondre.

— Il faudrait mettre une chaîne de fabrication sur pied, dit-il enfin. Autrement dit, il faudrait commencer par fabriquer les machines-outils qui fabriqueraient les appareils permettant de faire des combinaisons en quantité illimitée et dans n'importe quel métal. En même temps, il faudrait mettre l'une des piles thermiques à la production de métaux résistants. A mon avis, nous pourrions sortir la première combinaison de série d'ici deux cents heures environ.

Grosvenor se dit que c'était là une façon optimiste de voir les choses, car la fabrication du métal résistant était d'une extrême complexité. Quoi qu'il en fût, la réponse de Zeller parut avoir réduit le capitaine Leeth au silence. Ce fut Smith qui parla :

— Donc, il n'en est pas question ! Et comme, d'autre part, l'énergisation totale de la fusée prendrait trop longtemps, elle aussi, il ne nous reste plus rien.

La voix généralement traînante de Gourlay, l'expert des transmissions, se fit entendre, cinglante :

— Je ne vois pas pourquoi les deux méthodes sont hors de question. Nous ne sommes pas encore morts. A mon avis, il ne nous reste qu'à nous mettre au travail et à en faire le plus possible dans le minimum de temps.

— Qu'est-ce qui vous fait croire, demanda Smith sèchement, que le monstre n'est pas capable de réduire le métal résistant en bouillie ? C'est un être supérieur et ses connaissances en physique dépassent probablement les nôtres. Peut-être est-ce pour lui un jeu d'enfant de nous envoyer des radiations qui détruiraient tout ce que nous avons ? Notre minet, lui, pouvait pulvériser les métaux, ne l'oubliez pas. Et Dieu sait qu'il ne manque pas d'outifs utilisables dans les laboratoires !

— A votre avis donc, il ne nous reste plus qu'à nous rendre ? demanda Gourlay, amer.

— Non ! (Cette fois la colère s'était emparée du biologiste :) Ce que je veux, c'est que nous fassions appel à notre bon sens. Ne nous lançons pas en aveugles vers un but que nous ne pourrons atteindre.

Korita vint interrompre ce duel oratoire :

— Je serais assez de l'avis de Smith. J'irai plus loin en disant que désormais notre ennemi va certainement se rendre compte, d'un instant à l'autre, qu'il a intérêt à ne pas nous laisser trop de temps pour nous retourner. Pour cette raison, et d'autres encore, je crois qu'il ne nous permettrait pas d'énergiser tout le vaisseau.

Leeth ne dit rien. Dans la salle des machines, Kent reprit la parole :

— Que croyez-vous qu'il fera quand il aura compris qu'il risque gros à nous laisser continuer à organiser notre défense contre lui ?

— Il commencera à tuer. Je ne vois pas comment nous pourrions l'en empêcher, si ce n'est en nous calfeutrant dans la salle des machines. Et encore suis-je de l'avis de Smith quand il dit que, si nous lui en laissons le temps, il pourra venir nous chercher même là.

— Avez-vous une suggestion à faire ? demanda Leeth.

Korita hésita.

— Franchement non. Je dirais que nous ne devons pas oublier que nous avons affaire à un être qui est au stade paysan de son cycle. Pour un paysan, sa terre et son fils, ou pour parler de façon plus abstraite, ses biens et son sang sont sacrés. Il lutte aveuglément contre tous ceux qui l'attaquent. Comme une plante, il s'attache à un lopin de terre, y enfonce ses racines et s'en nourrit. Voilà comment les choses se présentent, messieurs. Pour le moment, je ne saurais vous dire quelles conclusions pratiques il faut en tirer.

— Je ne vois pas bien, en effet, en quoi cela peut nous aider, dit Leeth. Que chaque chef de section confère avec ses subordonnés sur sa ligne privée.

Si, dans cinq minutes, l'un de vous a eu une idée, qu'il vienne m'en faire part.

Grosvenor, qui n'avait pas de subordonnés, demanda :

— Pourrais-je poser quelques questions à M. Korita durant ces cinq minutes ?

— Si personne ne s'y oppose, dit Leeth, vous avez ma permission.

Il n'y eut pas d'objections et Grosvenor dit :

— Monsieur Korita, pouvez-vous me consacrer quelques instants ?

— Qui est-ce ?

— Grosvenor.

— Oh ! mais oui, monsieur Grosvenor, je reconnais votre voix maintenant. Allez-y, je vous en prie.

— Vous nous avez parlé de la ténacité avec laquelle le paysan s'accroche à sa terre. En admettant que cette créature soit au stade paysan, croyez-vous qu'elle pourrait nous prêter, à propos de notre « terre », des sentiments différents des siens ?

— Je suis sûr que non.

— Ainsi donc, cet être baserait tous ses plans sur la conviction que nous ne pouvons lui échapper, puisque nous sommes coincés à bord de cette fusée ?

— Ce qui ne serait pas si déraisonnable. Nous ne pouvons pas abandonner cette fusée et survivre.

Grosvenor insista :

— Mais nous-mêmes, nous sommes dans un cycle où la terre n'a pas pour nous une très grande signification ? Nous n'y sommes pas aveuglément attachés ?

— Je ne vois toujours pas où vous voulez en venir, fit Korita, visiblement interloqué.

— Je pousse votre analyse à sa conclusion logique, dit Grosvenor simplement.

Le capitaine Leeth les interrompit :

— Monsieur Grosvenor, je crois que je commence à suivre votre raisonnement. Allez-vous nous proposer un nouveau plan ?

— Oui.

Malgré lui, sa voix tremblait légèrement.

Leeth avait remarqué cette tension et dit :

— Monsieur Grosvenor, je pressens que la solution que vous allez proposer exigera une certaine dose de courage et d'imagination. Je veux que vous l'exposiez d'ici... (Il regarda sa montre :)... dès que les cinq minutes seront écoulées.

Après un bref silence, Korita dit :

— Monsieur Grosvenor, votre raisonnement est juste. Nous pouvons faire ce sacrifice sans en être spirituellement anéantis. C'est la seule solution.

Un instant plus tard, Grosvenor exposa son plan devant tous les membres de l'expédition rassemblés. Quand il eut fini, ce fut Smith qui dit d'une voix qui était à peine plus qu'un souffle :

— Grosvenor, vous avez trouvé ! Cela veut dire sacrifier von Grossen et les autres. Cela veut dire que chacun de nous devra se sacrifier individuellement. Mais vous avez raison. Pour nous, la propriété n'est pas sacrée. Quant à von Grossen et à ceux qui partagent son sort... (Sa voix se fit tendue :) ... je ne vous ai pas encore parlé de la note que j'avais remise à Morton. Lui-même ne vous en a rien dit parce que je lui ai suggéré de faire le parallèle avec une espèce de guêpe qui vit sur terre. La pensée en est si horrible que je crois que la mort sera pour ces hommes une délivrance.

— La guêpe ! s'exclama quelqu'un. Vous avez raison, Smith. Plus tôt ils seront morts, mieux cela vaudra !

— A la salle des machines ! ordonna le capitaine Leeth. Nous...

Mais une voix excitée résonna dans le communicateur. Il fallut un moment à Grosvenor pour reconnaître Zeller, le métallurgiste.

— Mon capitaine... vite ! Envoyez des hommes et des projecteurs dans la cale ! Je les ai trouvés dans le tuyau d'aération. Le monstre est ici et je le tiens en respect avec mon vibrateur, mais ça ne lui fait pas grand effet, alors... dépêchez-vous !

Le capitaine Leeth ne perdit pas de temps :

— Tous les savants et leur personnel, allez vers les sas. Les militaires, prenez les monte-charge et suivez-moi ! Nous ne pourrons probablement pas le cerner ou le tuer dans la cale. Mais, messieurs (son ton était grave et résolu), nous allons nous débarrasser de ce monstre à n'importe quel prix. Le moment est passé de ne penser qu'à nous-mêmes.

Ixtl recula à regret quand il vit les hommes emmener ses guuls. Pour la première fois, la peur de la défaite s'insinua en lui et il ressentit le brusque désir de foncer au milieu de ces hommes et de les écraser. Mais leurs armes brillantes le retenaient. Il recula, empli d'un sentiment de catastrophe. Il avait perdu l'initiative. Ces hommes allaient maintenant découvrir ses œufs et les détruire, annihilant ainsi toutes ses chances immédiates de se voir renforcé par d'autres ixtls.

Une unique détermination lui remplit le cerveau : à partir de maintenant il devait tuer et tuer seulement. Il était stupéfait de n'avoir pensé qu'à se reproduire et d'avoir négligé tout le reste. Déjà, il avait perdu un temps précieux. Pour tuer, il lui fallait une arme invincible. Après un moment de réflexion, il se dirigea vers le laboratoire le plus proche. Jamais encore, il n'avait eu à ce point la sensation d'être traqué.

Tandis qu'il travaillait, penché sur sa machine, ses pieds extrêmement sensibles perçurent un changement dans le flux de vibrations discordantes qui traversaient la fusée. Il abandonna son travail et se redressa. Brusquement, il comprit ce qui se passait. Les moteurs s'étaient tus. La fusée s'était arrêtée dans l'espace. Ixtl fut saisi d'une angoisse indéfinissable.

Ses longs doigts flexibles s'acharnèrent fébrilement sur leur délicat ouvrage.

Soudain, il s'arrêta de nouveau. Plus forte encore qu'auparavant lui parvint la sensation qu'il s'était passé quelque chose, quelque chose de terriblement dangereux. Les muscles de ses pieds se raidirent. Et alors, il sut : il ne sentait plus les vibrations des hommes. *Les hommes avaient quitté la fusée !*

Se détournant de son arme presque achevée, Ixtl plongea à travers le mur le plus proche. Il connaissait son destin avec une certitude qui ne trouvait de l'espoir que dans la nuit de l'espace.

Il courait à travers les couloirs déserts. Les murs luisants semblaient se moquer de lui. Tout ce grand vaisseau qui promettait tant n'était plus maintenant qu'un infernal réservoir d'énergie qui allait éclater d'un instant à l'autre. Avec soulagement, il vit un sas devant lui. Il sauta à travers la première section, la seconde, la troisième... et se retrouva dans l'espace. Il s'attendait à ce que les hommes guettent son apparition, aussi déclencha-t-il une violente force de répulsion entre son corps et la fusée. Il éprouva une sensation de légèreté croissante tandis que son corps s'éloignait du flanc de la fusée et s'enfonçait dans la nuit noire.

Derrière lui, les lumières des hublots s'éteignirent et furent remplacées par une lueur bleue surnaturelle. Le feu bleu transpirait par tous les pores de la fusée. Puis il disparut à son tour, presque à regret. Bien avant qu'il ne se fût complètement éteint, le grand écran d'énergie réapparut, interdisant à jamais l'accès de la fusée à Ixtl. Quelques hublots se rallumèrent, d'abord doucement scintillants, puis plus vifs. Les puissantes machines se remettaient du choc d'énergie qu'elles avaient subi. Bientôt, les lumières de la fusée redevinrent normales.

Ixtl, qui s'était éloigné de plusieurs kilomètres, se rapprocha. Il était très prudent. Maintenant qu'il était dehors, ils pouvaient utiliser contre lui des canons atomiques sans courir eux-mêmes le moindre danger. Il s'approcha jusqu'à quelques centaines de mètres de l'écran et, là, s'arrêta, mal à l'aise. Il vit le premier canot sortir de l'obscurité, traverser l'écran et s'insinuer dans la fusée par une ouverture dans le flanc. D'autres suivirent rapidement et leurs ombres se découpèrent, vaguement lumineuses, sur le fond noir de l'espace. On les voyait aussi à la lueur de la lumière qui, maintenant, venait des hublots.

L'ouverture dans le flanc de la fusée se referma et, brusquement, celle-ci disparut. Un instant plus tôt elle était là, vaste sphère métallique. Et maintenant elle n'était plus qu'une tache brillante, une galaxie qui flottait de l'autre côté d'un golfe d'un million d'années-lumière.

Le temps se traînait tristement vers l'éternité. Ixtl flottait, immobile et désespéré, dans la nuit sans bornes. Il ne pouvait s'empêcher de penser aux petits ixtls qui ne naîtraient jamais et à l'univers qu'il avait perdu par sa faute.

Grosvenor ne quittait pas des yeux le chirurgien dont le bistouri électrifié venait de pénétrer dans l'estomac du quatrième homme. Le dernier œuf fut déposé au fond de la grande cuve de métal résistant. C'étaient des œufs ronds, grisâtres, et dont l'un était légèrement fêlé.

Plusieurs hommes étaient là, leurs armes braquées, et regardaient la fêlure s'accentuer. Une horrible tête rouge, avec des petits yeux ronds, en sortit. La tête tourna sur le petit cou et les yeux fixèrent les hommes d'un regard féroce. Avec une vivacité qui faillit prendre les observateurs par surprise, la créature se dressa et essaya de sortir de la cuve, mais elle glissa sur les parois métalliques, retomba et fut anéantie par les flammes que l'on versa sur elle.

Smith se passa la langue sur les lèvres et dit :

— Supposez qu'il se soit dissous dans le mur le plus proche !

Personne ne répondit. Tous les yeux étaient fixés sur la cuve. Les œufs fondaient très lentement sous la chaleur des armes, mais ils finirent par brûler avec une flamme dorée.

— Ah ! dit le Dr Eggert. (Tous les yeux se tournèrent vers lui et vers son malade, von Grossen.) Ses muscles commencent à se détendre et il a ouvert les yeux. Je suppose qu'il se rend compte de ce qui se passe. Sa paralysie était provoquée par la présence de l'œuf et disparaît maintenant qu'on l'en a débarrassé. Il n'a rien de très grave. Je crois qu'ils seront tous sur pied avant peu. Et le monstre ?

Le capitaine Leeth répondit :

— Deux hommes qui se trouvaient dans un canot disent avoir vu une forme rouge sortir du sas principal juste après que nous ayons ouvert l'énergisation sans contrôle sur la fusée. Ce devait être notre ennemi puisque nous n'avons pas retrouvé son corps. De toute façon, Pennons fait le tour des lieux avec ses équipes de caméramen qui prennent des photos avec leurs appareils au fluor, de sorte que nous serons fixés dans quelques heures. Le voici. Eh bien, monsieur Pennons ?

L'ingénieur entra et plaça un objet métallique informe sur l'une des tables.

— Je n'ai encore rien de définitif à vous dire..., mais j'ai trouvé ceci au laboratoire de physique. Qu'en pensez-vous ?

Grosvenor se retrouva poussé au premier rang des chefs de section qui se pressaient autour de la table pour examiner la chose de plus près. Il vit un objet d'aspect très fragile, avec tout un réseau de fils. Il y avait trois tubes distincts qui auraient pu être des gueules passant à travers trois petites boules qui reflétaient une sorte de lumière argentée. Cette lumière pénétrait la table, la rendant transparente. Et, ce qui était plus étrange que tout, les boules absorbaient la chaleur, comme des sortes d'éponges thermiques. Grosvenor tendit le bras vers l'une des boules et sentit sa main se raidir et toute chaleur s'en retirer. Il ramena vivement son bras.

A côté de lui, le capitaine Leeth dit :

— Je crois que nous ferions mieux de laisser les physiciens examiner ceci. Von Grossen sera bientôt remis. Vous dites que vous avez trouvé ça au laboratoire ?

Pennons acquiesça. Smith dit :

— Il semblerait donc que le monstre y travaillait quand il s'est rendu compte qu'il se passait quelque chose. Il a dû comprendre tout de suite, puisqu'il a quitté la fusée. Ceci infirme votre théorie, Korita. Vous disiez qu'étant paysan, il n'imaginerait même pas que nous ferions ce que nous avons fait.

L'archéologue eut un pâle sourire.

— Monsieur Smith, dit-il poliment, il est hors de doute que celui-ci l'a très bien imaginé. Ce qu'il faut probablement en conclure, c'est que notre monstre était, de toute évidence, le paysan le plus supérieur que nous ayons jamais rencontré.

Pennons grommela :

— J'aimerais bien que nous possédions quelques-unes des possibilités de ce paysan-là. Savez-vous qu'il va nous falloir au moins trois mois pour réparer les dommages qu'ont faits sur la fusée trois minutes d'énergisation non contrôlée ? Un moment, j'ai eu peur que...

Il laissa sa phrase en suspens.

Le capitaine Leeth eut un petit sourire :

— Je vais finir votre phrase pour vous, monsieur Pennons. Vous avez eu peur que la fusée ne soit complètement détruite. Je crois que nous avons presque tous compris quel risque nous prenions en adoptant le plan final de M. Grosvenor. Nous savions que nous ne pouvions réaliser qu'une gravitation artificielle partielle sur nos canots. Autrement dit, nous serions restés échoués ici, à un million d'années-lumière de chez nous.

— Jc me demande, dit quelqu'un, si, dans le cas où le monstre aurait réussi à s'emparer de la fusée, il aurait vraiment réalisé ses vœux de domination de la galaxie. Après tout, les hommes y sont assez solidement établis... et plutôt entêtés.

Smith hocha la tête :

— Il l'avait déjà dominée et il pouvait y réussir encore. Vous êtes trop prêt à assurer que l'homme est un modèle de justice et vous oubliez qu'il a un long passé de sauvagerie. Il a tué d'autres animaux, pas seulement pour se nourrir, mais aussi pour son plaisir ; il a fait de ses voisins des esclaves, assassiné ses ennemis et tiré la joie la plus sadique des souffrances d'autrui. Il n'est pas impossible que nous rencontrions encore, au cours de nos voyages, d'autres créatures intelligentes, bien plus dignes que l'homme de diriger l'univers.

— Seigneur ! dit l'un des hommes, n'amenons plus jamais de créature d'apparence dangereuse à bord de cette fusée. J'ai les nerfs à bout et je ne suis plus le même homme que lorsque j'ai embarqué.

— Nous pouvons tous en dire autant !

C'était Kent, maintenant chef de l'expédition, qui venait de prononcer ces mots dans le communicateur.

22

Quelqu'un murmura dans l'oreille de Grosvenor, si doucement qu'il n'arriva pas à distinguer les mots. Le son fut suivi par une sorte de trille, tout aussi atténuée que le murmure et manquant tout autant de signification.

Grosvenor ne put s'empêcher de se retourner et de regarder autour de lui.

Il se trouvait dans son propre studio d'enregistrement et il y était absolument seul. Il alla jusqu'à la porte de l'auditorium pour voir s'il avait un visiteur, et n'y vit personne.

Très perplexe, il revint à sa table, se demandant si quelqu'un n'avait pas dirigé sur lui un régleur encéphalien, car c'était la seule explication qu'il trouvait au phénomène auditif qui venait de se produire en lui.

Mais, très vite, il comprit que c'était improbable. Les régleurs ne fonctionnaient qu'à de courtes distances et, qui plus est, ses bureaux étaient protégés contre la plupart des vibrations. Enfin, il ne connaissait que trop le processus mental de semblables illusions. Il ne croyait pas pouvoir négliger l'incident qui venait de se produire.

Par mesure de précaution, il explora les cinq pièces de sa section et vérifia les régleurs dans sa salle des techniques. Tout était dans son état normal et rangé à sa place habituelle. En silence, Grosvenor retourna dans sa salle d'enregistrement et reprit son étude des schémas lumineux des images hypnotiques enregistrées lors de l'attaque de la fusée par les Riims.

Une vague de terreur déferla sur son cerveau. Il se recroquevilla sur lui-même. Puis le murmure revint, aussi doux que la première fois, mais, sans que Grosvenor pût définir pourquoi, nettement hostile maintenant.

Stupéfait, il se redressa. Ce devait être un régleur encéphalien. Quelqu'un excitait son cerveau à distance avec une machine si puissante que les parois protectrices de la pièce ne suffisaient pas à neutraliser son action.

Il réfléchit, décida que l'attaque ne pouvait vraisemblablement venir que de la section de psychologie et appela Siedel. Celui-ci vint lui-même à l'appareil et Grosvenor lui raconta ce qui venait de se produire. Il n'eut pas le temps de finir.

— J'allais justement vous appeler, l'interrompit Siedel. Je pensais que c'était vous le responsable.

— Vous voulez dire que tout le monde l'a senti ? dit Grosvenor lentement tout en essayant d'imaginer ce que cela impliquait.

— Je suis surtout étonné que vous, vous ayez senti quelque chose, étant donné la façon dont vos murs sont protégés, dit Siedel. Il y a plus de vingt minutes qu'on m'appelle de tous côtés pour se plaindre et un peu plus longtemps encore que quelques-uns de mes instruments ont été affectés.

— Lesquels ?

— Le détecteur d'ondes cervicales, l'enregistreur d'impulsions nerveuses et les détecteurs électriques les plus sensibles. Kent va réunir tout le monde au poste de contrôle. Je vous retrouverai là-bas.

Mais Grosvenor ne le laissa pas aller si vite :

— Y a-t-il déjà eu une discussion ? demanda-t-il.

— Eh bien... nous faisons tous des suppositions.

— Comment cela ?

— Nous sommes sur le point de pénétrer dans la grande galaxie M-33 et nous supposons que cela vient de là.

Grosvenor eut un petit rire :

— C'est une hypothèse assez raisonnable. Je vais y penser et je vous verrai dans quelques instants.

— Préparez-vous à un choc quand vous arriverez dans le couloir. Ici, la pression est continuelle. Il y en a vraiment pour tous les goûts : des bruits, des jeux de lumière, des rêves, tout un tourbillon émotionnel.

Grosvenor acquiesça et coupa la communication. Il avait à peine rangé ses films que l'annonce de la réunion de Kent lui parvenait sur le communicateur. Un instant plus tard, il ouvrit la porte du couloir et il put se rendre compte que Siedel n'avait pas exagéré.

Des vagues d'excitation attaquaient son cerveau. Soucieux et mal à l'aise, il se dirigea vers le poste de contrôle.

Il était assis au milieu de ses compagnons et, tout autour d'eux, la nuit, l'immense nuit de l'espace, se pressait contre le vaisseau et murmurait ses menaces. Capricieuse et terrible, elle leur multipliait les avertissements. Elle sifflotait, puis murmurait. Elle grognait de faim et frémissait de peur. Elle mourait d'une lente agonie puis renaissait, exultante de vie. Et, sans cesse, insidieusement, elle menaçait.

— Je vous donne mon idée pour ce qu'elle vaut, dit quelqu'un derrière Grosvenor. Il est temps que cette fusée regagne son port d'attache.

Incapable d'identifier cette voix, Grosvenor se retourna pour voir qui avait parlé, mais l'orateur s'était tu. Reprenant sa position première, Grosvenor constata que Kent, leur nouveau chef, n'avait pas détourné les yeux de la lunette du télescope à travers lequel il regardait. Ou bien il considérait que la remarque ne valait même pas une réponse, ou bien encore il n'avait rien entendu. Parmi les assistants, personne d'autre ne fit de commentaire.

Le silence persistant, Grosvenor manipula le communicateur qui se trouvait au bras de son fauteuil ; il eut ainsi une image légèrement brouillée de ce que Kent et Lester regardaient directement par le télescope. Il oublia peu à peu ses compagnons et se concentra sur la scène qu'il voyait sur l'écran. Ils avaient presque atteint la bordure extérieure de tout un système galactique ; toutefois, les étoiles les plus proches étaient encore tellement lointaines que le télescope avait peine à rendre avec quelque netteté les myriades de pointes d'aiguille brillantes qui constituaient la nébuleuse spirale M-31 d'Andromède, lieu de leur destination.

Grosvenor leva les yeux juste au moment où Lester se détournait du télescope :

— Ce qui se passe paraît incroyable, dit l'astronome. Nous percevons des vibrations émises par une galaxie de plusieurs milliards de soleils.

Il se tut, puis reprit :

— Monsieur Kent, je crois que ce problème ne relève pas de l'astronomie.

Kent se détourna à son tour du télescope pour répliquer :

— Tout ce qui embrasse la totalité d'une galaxie est classé dans la catégorie des phénomènes astronomiques. A moins que vous ne puissiez me dire quelle autre science ils concernent ?

Lester hésita, puis répondit lentement :

— L'échelle de grandeur est fantastique. Je ne pense pas que nous puissions dès maintenant parler de phénomène galactique. Ces vagues d'excitations peuvent venir portées par un faisceau braqué sur notre fusée.

Kent se tourna vers les gradins où les hommes avaient pris place et demanda :

— Quelqu'un a-t-il quelque chose à dire ou une suggestion à nous faire ?

Grosvenor regarda autour de lui. Il espérait que l'auteur anonyme de la remarque de tout à l'heure allait à nouveau prendre la parole. Mais celui-ci, quel qu'il fût, garda le silence.

Il était évident que les hommes ne se sentaient plus aussi libres d'exprimer leur opinion qu'ils ne l'étaient sous la direction de Morton. Kent leur avait déjà fait sentir qu'il considérait comme sans aucune valeur les opinions autres que celles des chefs de section. Il était évident aussi que, personnellement, il se refusait à considérer le nexialisme comme une section. Depuis plusieurs mois, Grosvenor et lui, tout en observant l'un envers l'autre la plus grande correction, avaient évité les contacts non indispensables. Pendant cette période, le nouveau chef avait consolidé sa position en faisant voter diverses motions qui élargissaient l'autorité de sa section, donnant pour raison qu'il fallait éviter autant que possible un cumul des efforts.

L'intérêt qu'il y avait à encourager à bord les initiatives personnelles, fût-ce un peu au détriment de l'efficacité, ne pouvait apparaître, Grosvenor le savait bien, qu'à un autre nexialiste. Aussi s'était-il gardé de protester. Et ces hommes, déjà confinés et dangereusement enrégimentés à bord de la fusée, s'étaient vu imposer encore quelques restrictions.

Smith, du fond du poste de contrôle, fut le premier à répondre à la demande de Kent. Il dressa sa silhouette osseuse et dit d'une voix sèche :

— Je remarque que M. Grosvenor se tortille sur sa chaise. Serait-ce qu'il est trop poli pour prendre la parole avant ses aînés ? Monsieur Grosvenor, qu'avez-vous à dire ?

Grosvenor attendit que les rires, auxquels Kent n'avait pas pris part, se fussent éteints, puis il dit :

— Il y a quelques minutes, l'un de nous a suggéré que nous fassions demi-tour et rentrions chez nous. J'aimerais que celui qui a parlé nous expose ses raisons.

Il n'y eut pas de réponse. Grosvenor vit que Kent fronçait les sourcils. Il était étrange, en effet, qu'il y eût à bord quelqu'un qui ne désirait pas reconnaître avoir émis une opinion, si brièvement exprimée et si nettement négligée qu'elle eût été. Plusieurs hommes regardaient autour d'eux avec étonnement.

Ce fut Smith qui, enfin, rompit le silence :

— Quand cette déclaration a-t-elle été formulée ? Je ne me souviens pas l'avoir entendue.

— Moi non plus ! firent en écho une douzaine de voix.

Les yeux de Kent s'étaient mis à briller. Il fonçait dans la discussion comme s'il en attendait une victoire personnelle.

— Remettons les choses au point, dit-il. Ou bien quelqu'un a fait cette déclaration, ou bien il n'en a rien été. Qui a entendu quelque chose ? Levez le bras !

Aucun bras ne se leva. Ce fut d'une voix légèrement sardonique que Kent demanda :

— Monsieur Grosvenor, qu'avez-vous entendu exactement ?

Celui-ci répondit posément :

— Autant que je me souvienne, quelqu'un a dit : « Je vous donne mon idée pour ce qu'elle vaut, il est temps que cette fusée regagne son port d'attache. » Il semble clair maintenant que ce que j'ai entendu a été provoqué par une excitation des centres auditifs de mon cerveau. Quelque chose, là-bas, a le désir profond de nous voir rentrer chez nous, et je l'ai senti. (Il haussa les épaules :) Bien entendu, je ne prétends pas vous offrir là une analyse positive.

Kent remarqua avec raideur :

— Ce que nous continuons à essayer de comprendre, monsieur Grosvenor, c'est pourquoi vous êtes le seul à avoir entendu ces mots.

Tout en continuant à ne pas tenir compte de l'ironie hostile de Kent, Grosvenor répondit gravement :

— C'est ce que je me demande aussi depuis quelques secondes. Je ne peux m'empêcher de me souvenir que, durant l'incident des Riims, j'ai été soumis à une excitation soutenue. Peut-être cela m'a-t-il rendu plus sensible à de semblables communications.

Ainsi s'expliquerait peut-être aussi le fait qu'il eût perçu des murmures malgré les parois isolantes de ses bureaux.

Grosvenor ne fut pas surpris de voir Kent esquisser une grimace. Le chimiste avait déjà montré qu'il préférait ne pas se souvenir de l'effet moral que les êtres-oiseaux avaient eu sur les membres de l'expédition.

— J'ai eu le privilège, dit-il d'un ton acide, d'entendre un enregistrement de votre rapport en ce qui concerne cet épisode. Si mes souvenirs sont exacts, vous avez déclaré que vous deviez votre victoire au fait que les Riims n'avaient pas compris à quel point il était difficile pour un individu d'une race donnée de contrôler le système nerveux d'un être appartenant à une race tout à fait différente. Comment alors expliquez-vous que quelqu'un, là-bas (il désigna du bras la direction qu'avait prise la fusée), ait atteint votre cerveau et ait excité certaines zones sensorielles avec une précision telle que vous avez clairement entendu les mots que vous venez de nous répéter ?

Le ton de Kent, les mots qu'il avait choisis, son attitude satisfaite, tout cela, semblait-il à Grosvenor, témoignait d'une déplaisante hostilité. Aussi fut-ce d'un ton assez vif qu'il répondit :

— Rien ne nous dit, monsieur, que celui qui a ainsi excité mon cerveau n'avait pas, lui, connaissance du problème que cela représentait. Nous ne sommes pas obligés de penser qu'il connaissait notre langue. Et d'ailleurs, le succès n'a été que partiel, puisque j'ai été le seul sujet atteint. A mon avis, il ne s'agit pas, pour le moment, de nous demander comment j'ai entendu cette phrase, mais pourquoi, et ce que nous devons faire à ce propos.

Mc Cann, le géologue, s'éclaircit la gorge et dit :

— Grosvenor a raison. Je crois, messieurs, qu'il faut nous rendre à l'évidence : nous avons pénétré dans le domaine privé de quelqu'un, *et quel quelqu'un !*

Kent se mordit la lèvre, parut sur le point de parler, puis hésita. Il dit enfin :

— Je crois que nous ne devrions pas nous persuader que nous avons déjà suffisamment de preuves pour conclure. Mais nous devons nous comporter, en effet, comme si nous avions affaire à une intelligence plus puissante que celle de l'homme... plus puissante que la vie telle que nous la connaissons.

Il y eut un silence dans le poste de contrôle. Grosvenor remarqua que, inconsciemment, chacun rassemblait ses forces. Les bouches se serrèrent et les fronts se plissèrent. Il ne fut pas le seul, d'ailleurs, à remarquer cette réaction.

Kellie, le sociologue, déclara doucement :

— Je suis heureux... de voir qu'aucun de vous ne montre qu'il a envie de rentrer. Tant mieux. En tant que serviteurs de notre gouvernement et de notre race, nous avons le devoir d'étudier ce que nous offre de remarquable toute galaxie nouvelle ; ceci vaut en particulier dans le cas qui nous occupe puisque la race dominante de cette nouvelle galaxie sait que *nous* existons. Remarquez, je vous prie, que je me conforme à la suggestion de monsieur Kent et que je parle comme si nous avions vraiment affaire à un être sensible. Le fait qu'il ait pu exciter plus ou moins directement le cerveau, fût-ce d'un seul d'entre nous, prouve qu'il nous a observés et qu'il sait beaucoup de choses sur nous. Nous ne pouvons pas permettre que ceci reste unilatéral.

Kent avait retrouvé son aplomb et dit :

— Que pensez-vous, monsieur Kellie, de l'endroit où nous allons ?

Le vieux sociologue rajusta son pince-nez :

— C'est... Euh !... c'est difficile à dire. Mais ces murmures pourraient être l'équivalent d'ondes radiophoniques entrecroisées comme celles qui existent sur notre propre galaxie. Il se peut que nous n'ayons vu que des signes annonciateurs par exemple du fait que nous passons du désert à une région civilisée.

Kellie se tut. Comme personne ne faisait de commentaire, il poursuivit :

— Rappelez-vous ; l'homme, lui aussi, a laissé son empreinte impérissable sur sa propre galaxie. En rajeunissant des soleils éteints, il a allumé des feux sous forme de *novae* visibles à une douzaine de galaxies plus loin. Il a détourné des planètes de leur orbite. Il a irrigué et fait reverdir des mondes dénudés. Des océans remplacent des déserts qui s'étendaient, sans vie, sous des soleils plus brûlants que celui de la Terre. Et notre présence ici, à bord de cette fusée, est une émanation de la puissance de l'homme qui s'étend plus loin que ces murmures que nous entendons n'ont jamais été capables d'aller.

Gourlay, des transmissions, dit :

— Les empreintes de l'homme ne sont absolument pas permanentes au sens cosmique. Je ne vois pas comment vous pouvez les comparer à ceci. Ces pulsations sont vivantes. Ce sont des formes de pensée si fortes, si envahissantes que tout l'espace autour de nous les murmure. Ceci n'est ni un chat à tentacules, ni un monstre écarlate, ni une race de paysans confinés dans leur système. Peut-être est-ce une totalité inconcevable d'esprits qui parlent entre eux pardessus les kilomètres et les années de leur temps spatial. Ceci est la civilisation de la seconde galaxie, et si un de leurs porte-parole vient de nous avertir...

Gourlay se tut brusquement, poussa un cri étouffé et mit un bras devant lui, comme pour se protéger.

Il ne fut pas le seul à faire ce mouvement. Partout, dans la pièce, des hommes se recroquevillaient sur leurs sièges car Kent, d'un mouvement spasmodique, venait de saisir son vibrateur et de tirer dans la salle. Ce ne fut qu'après avoir instinctivement rentré la tête dans les épaules que Grosvenor constata que l'arme ne visait pas sa tête, mais quelque chose au-dessus.

Derrière lui, il y eut un hurlement de douleur puis un craquement qui fit trembler le plancher.

Grosvenor se retourna d'un bond, comme les autres, et se trouva fixer une bête blindée de neuf mètres qui se tordait par terre derrière la dernière rangée de sièges. L'instant d'après, une réplique aux yeux rouges de la première bête se matérialisa dans l'espace et vint s'aplatir trois mètres plus loin avec un bruit sourd. Un troisième être diabolique apparut, tomba sur le premier, roula plusieurs fois sur lui-même et se releva enfin avec un rugissement.

Quelques secondes plus tard, il y en avait une douzaine.

A son tour, Grosvenor tira son vibrateur, et le déchargea. Le rugissement animal redoubla d'intensité. Des écailles d'une dureté métallique crissèrent contre les parois de métal. Des griffes d'acier s'entrechoquèrent et des pieds lourds martelèrent le sol.

Tout autour de Grosvenor, des hommes tiraient. Les monstres continuant à se matérialiser, Grosvenor enjamba deux rangées de sièges, puis sauta sur la plus basse plate-forme du tableau de bord. En le voyant arriver vers lui, Kent cessa de tirer et s'exclama rageusement :

— Qu'est-ce que vous fichez là, espèce de lâche ?

Son vibrateur se détourna... et Grosvenor lui décocha un coup de poing qui l'envoya à terre. Il était furieux, mais ne disait rien. Tandis qu'il sautait vers la plate-forme suivante, il vit Kent ramper pour récupérer son arme. Le chimiste comptait tirer sur lui, Grosvenor en était persuadé. Ce fut avec un soupir de soulagement qu'il trouva le levier qui manœuvrait le grand écran à énergie polyvalente, le tira, et se jeta contre terre... juste à temps. Kent venait de décharger son arme à l'endroit même où, une fraction de seconde plus tôt, se trouvait la tête de Grosvenor. Mais déjà le faisceau de radiations disparaissait et le chef de l'expédition, qui s'était remis debout, criait :

— Je n'avais pas compris ce que vous faisiez.

Cette excuse laissa Grosvenor de glace. De toute évidence, Kent avait pensé justifier son geste meurtrier en disant qu'il n'avait cherché qu'à châtier un déserteur. Grosvenor repassa devant le chimiste ; il était trop furieux pour parler. Depuis des mois, il tolérait Kent, mais maintenant il voyait bien que le comportement de cet homme le rendait indigne de se trouver à la tête de l'expédition. Ils auraient des semaines critiques à traverser et les sentiments personnels de Kent, sa nervosité, ne risquaient que d'envenimer encore toutes les situations.

Lorsqu'il fut redescendu sur la plus basse des plates-formes, Grosvenor se reprit à décharger son vibrateur comme les autres. Du coin de l'œil, il vit que trois hommes avaient mis un projecteur calorifique en position. Au moment où le projecteur commença à lancer ses flammes, les bêtes avaient déjà perdu conscience sous l'effet de l'énergie moléculaire, et il ne fut pas difficile de les tuer.

Le danger une fois passé, Grosvenor eut le temps de réaliser que ces êtres monstrueux avaient été transportés là, vivants, à travers des centaines d'années-lumière. C'était fantastique et à peine croyable.

Mais l'odeur de chair brûlée était là pour prouver la réalité de ce cauchemar. Et aussi le sang d'un gris bleuâtre qui couvrait le sol. Et, enfin, la douzaine de carcasses écailleuses dispersées à travers la pièce.

23

Lorsque Grosvenor revit Kent, quelques instants plus tard, celui-ci était très calme et lançait des ordres dans un communicateur. Des grues arrivèrent et on emporta les cadavres. Des messages s'entrecroisèrent sur les communicateurs. Très vite, le tableau s'éclaircit.

Les créatures n'avaient été précipitées que dans le poste de contrôle. Le radar n'avait enregistré la présence d'aucun objet matériel, tel qu'une fusée ennemie. La distance jusqu'à l'étoile la plus proche, dans quelque direction que l'on se tournât, était d'un millier d'années-lumière. A l'annonce de ces divers faits, des jurons montèrent de tous les coins de la salle.

— Dix siècles-lumière ! dit Selenski, le chef pilote. Nous ne sommes même pas capables de transmettre des messages à une distance pareille sans relais.

Le capitaine Leeth arriva, affairé. Il s'entretint brièvement avec plusieurs savants, puis réunit un conseil de guerre. Il ouvrit lui-même la discussion :

— J'ai à peine le besoin d'insister sur la situation dans laquelle nous nous trouvons. Nous sommes une fusée contre ce qui apparaît être une civilisation galactique hostile. Pour l'instant, nous sommes en sécurité derrière notre écran énergétique. La nature de la menace exige que nous nous fixions des objectifs limités, mais pas trop limités toutefois. Il faut savoir pourquoi l'on nous a avertis de rebrousser chemin. Il faut déterminer la nature du danger et mesurer l'intelligence qui est derrière. Je vois que notre chef biologiste est toujours en train d'examiner les cadavres. De quel genre d'animaux s'agit-il, monsieur Smith ?

Smith releva la tête, se détourna du monstre au-dessus duquel il était penché, et dit lentement :

— La Terre aurait pu en produire de semblables à l'âge des dinosaures. A en juger par l'extrême petitesse du cerveau, l'intelligence devait être des plus faibles.

Kent dit :

— Monsieur Gourlay m'assure que ces animaux auraient pu être précipités à travers l'hyperespace. Peut-être pourrions-nous lui demander de développer son idée.

— Monsieur Gourlay, vous avez la parole, dit le capitaine Leeth.

— Il ne s'agit que d'une théorie, commença Gourlay de sa voix traînante, et encore est-ce une théorie assez récente. L'univers est comparé à un ballon gonflé. Si l'on fait une piqûre dans l'enveloppe du ballon, celui-ci commence aussitôt à se dégonfler et, simultanément, à réparer les dégâts. Maintenant, aussi étrange que cela paraisse, quand un objet pénètre l'enveloppe extérieure du ballon, il ne revient pas forcément au même point dans l'espace. Il est possible que si l'on connaissait un moyen de contrôler ce phénomène, on pourrait l'utiliser comme une forme de télé-transport. Je sais bien que tout cela paraît plutôt relever d'une imagination débordante, mais je crois qu'il en est de même pour ce qui s'est réellement passé sous nos yeux.

Kent dit d'un ton acide :

— Il est difficile de croire qu'il y a des êtres à ce point plus intelligents que nous. Il doit exister, pour les problèmes de l'hyperespace, des solutions fort simples que nos savants n'ont pas su voir. Peut-être allons-nous apprendre quelque chose.

Il fit une pause, puis reprit :

— Korita, vous restez bien silencieux. Si vous nous disiez ce que vous pensez de tout cela ?

L'archéologue se leva et étendit les bras dans un geste d'impuissance.

— Je ne saurais même pas vous offrir une hypothèse. Il nous faudra être un peu plus renseignés sur les motifs de l'attaque avant de nous lancer dans des comparaisons basées sur la conception cyclique de l'histoire. Par exemple, si leur but était de s'emparer de la fusée, ils ont eu tort de nous attaquer ainsi. Si, par contre, il s'agissait simplement de nous faire peur, alors ce fut un brillant succès.

Korita se rassit parmi les rires. Mais Grosvenor remarqua que le visage du capitaine Leeth restait grave.

— En ce qui concerne les motifs, dit lentement le capitaine, il m'est venu une idée assez déplaisante mais qu'il ne faut pas négliger. Cela correspondrait assez aux faits. Voici : supposons que cette puissance intelligente désire savoir d'où nous venons ?

Il se tut et d'après le remous que ses paroles provoquèrent dans la salle on put voir qu'elles avaient fait de l'effet. Il poursuivit :

— Considérons le problème de... *son* point de vue. Une fusée approche. Dans la direction d'où elle vient il y a un nombre considérable de galaxies, d'amas d'étoiles et de nébuleuses. Où nous plaçons-nous ?

Le silence se fit dans la salle. Leeth se tourna vers Kent.

— Si vous n'y voyez pas d'inconvénient, je suggère que nous examinions quelques-uns des systèmes planétaires de cette galaxie.

— Je n'y vois aucune objection, dit Kent, à moins évidemment, que quelqu'un d'autre...

Grosvenor leva le bras. Kent poursuivit :

— Je déclare la séance...

Grosvenor se leva et dit à haute voix :

— Monsieur Kent !

— ... levée, acheva Kent.

Les hommes restèrent à leur place. Kent hésita et, enfin, dit d'un ton gêné :

— Je vous demande pardon, monsieur Grosvenor, vous avez la parole !

Grosvenor dit résolument :

— On a peine à croire que cet être sera capable d'interpréter nos symboles, mais je n'en propose pas moins que nous détruisions nos cartes stellaires.

— J'étais sur le point de proposer la même chose, dit von Grossen, très excité. Continuez, Grosvenor !

Il y eut un remous d'approbation, et Grosvenor reprit :

— Nos actions se basent sur notre croyance que nous sommes en sécurité derrière notre écran. En fait, nous n'avons d'autre ressource que de continuer comme s'il en était bien ainsi. Mais, au moment où nous atterrirons, mieux vaudra peut-être avoir quelques grands régleurs encéphaliens. Nous pourrions nous en servir pour brouiller les ondes cervicales, et par conséquent éviter qu'on ne continue à lire dans nos pensées.

Cette fois encore, la salle manifesta son approbation.

— C'est tout, monsieur Grosvenor ? demanda Kent froidement.

— Un avertissement d'ordre général encore, dit Grosvenor. Les chefs de section pourraient faire un inventaire du matériel qu'ils contrôlent, au cas où *Le Fureteur* serait capturé et où il y aurait intérêt à détruire tout ce qui pourrait mettre notre race en danger.

Il s'assit au milieu d'un silence pétrifié.

Le temps passait et l'ennemi, semblait-il, ne prenait pas de nouvelle initiative, à moins que l'écran énergétique n'arrêtât bien tous les assauts. Toujours est-il qu'il n'y avait pas eu de nouvel incident.

Les soleils étaient lointains et désolés sur la bordure extérieure de cette galaxie. Le premier soleil apparut, énorme boule lumineuse qui brûlait violemment dans la grande nuit. Lester et ses assistants localisèrent cinq planètes suffisamment proches du soleil pour mériter d'être étudiées. Ils les visitèrent toutes. L'une d'elles était habitable : c'était un monde de jungles, de brumes et d'animaux énormes. La fusée le quitta après avoir survolé une mer intérieure et un grand continent marécageux. Rien n'y indiquait l'existence d'une civilisation quelconque et surtout pas de celle qu'ils suspectaient.

Le Fureteur avança de trois cents années-lumière et parvint à un petit soleil incandescent rouge cerise autour duquel gravitaient deux planètes. L'une de ces planètes était habitable et c'était aussi un monde de jungles, de brumes et d'animaux du type saurien. Ils la quittèrent sans l'explorer, après avoir survolé à basse altitude un grand marécage et une terre parsemée d'une végétation luxuriante.

De nouvelles étoiles brillaient sur cent cinquante années-lumière, devant le vaisseau. Un grand soleil d'un blanc bleuté, avec un cortège d'au moins vingt planètes, retint l'attention de Kent : la fusée fonça dans cette direction. Les sept planètes les plus proches du soleil étaient des enfers brûlants où l'on ne pouvait espérer rencontrer la vie. Le vaisseau passa en spirale près de trois planètes très proches l'une de l'autre et habitables, puis s'en fut à toute allure dans la solitude interstellaire, sans explorer les autres.

Derrière eux; trois planètes fumantes tournaient sur leur orbite autour du soleil brûlant qui leur avait donné naissance. Et, à bord, Kent réunit les chefs de section et leurs assistants directs.

Il commença sans préambule.

— Personnellement, dit-il, je ne pense pas que nous

possédions pour l'instant de preuves bien déterminantes. C'est Lester qui a insisté pour que je vous réunisse. (Il haussa les épaules.) Peut-être allons-nous apprendre quelque chose.

Il se tut et Grosvenor, qui l'observait, fut surpris de voir que le petit homme semblait irradier de satisfaction. « Qu'a-t-il en tête ? » se demanda le jeune homme. Il était curieux que le nouveau chef de l'expédition eût, à l'avance, tenu à se défendre de tous les bons résultats qui pourraient sortir de la réunion. Il venait de reprendre la parole, et son ton était amical.

— Gunlie, voulez-vous venir ici et vous expliquer vous-même ?

L'astronome grimpa sur la première plate-forme. C'était un homme aussi grand et mince que Smith. Il avait des yeux d'un bleu de porcelaine dans un visage sans expression. Toutefois, l'émotion perçait dans sa voix lorsqu'il parla :

— Messieurs, les trois planètes habitables du dernier système étaient des triplettes identiques qui sont le résultat d'un processus artificiel. Je ne sais pas combien d'entre vous connaissent la théorie actuelle concernant la formation des systèmes planétaires. Ceux d'entre vous qui l'ignorent voudront bien me croire sur parole si je dis que la répartition des masses dans le système que nous venons de traverser est, du point de vue dynamique, impossible. Je peux affirmer que deux des trois planètes habitables que nous venons de voir ont été artificiellement amenées dans leur position actuelle. A mon avis, nous devrions retourner sur place et étudier la chose de plus près. Il semble bien que quelqu'un crée délibérément des planètes-jungles ; je ne prétends pas expliquer pour quelle raison.

Il se tut et lança en direction de Kent un regard agressif. Le chimiste s'avança, un léger sourire aux lèvres, et déclara :

— Gunlie est venu me demander que nous retournions à l'une des planètes-jungles. Nous allons discuter la question et la mettre aux voix.

« C'était donc cela », soupira Grosvenor, qui, sans exactement éprouver de l'admiration pour Kent, appréciait du moins son attitude à sa juste valeur. Celui-ci n'avait fait aucun effort pour fournir des arguments à l'opposition. Il était bien possible qu'il ne fût pas réellement opposé au plan de Lester. Mais en acceptant l'idée de cette réunion où son point de vue personnel aurait la minorité, il prouvait à tout le monde qu'il était prêt à se soumettre à une procédure démocratique. C'était une façon adroite quoiqu'un peu démagogique de conserver l'appui de ses supporters.

En fait, se conformer à la requête de Lester soulevait des objections solides. Il était difficile de croire que Kent connaissait ces objections car cela revenait à penser qu'il négligeait de propos délibéré une menace qui pesait sur l'expédition. Grosvenor décida d'accorder à Kent le bénéfice du doute et attendit patiemment, tandis que plusieurs savants posaient à l'astronome des questions d'importance secondaire. Quand tout le monde eut obtenu satisfaction et que la question parut réglée, le jeune homme se leva et dit :

— J'aimerais défendre le point de vue de M. Kent en ce qui concerne cette question.

L'intéressé remarqua froidement :

— Vraiment, monsieur Grosvenor, l'attitude de vos collègues semble très nette étant donné le peu d'objections qu'ils ont soulevées et je doute qu'une discussion plus prolongée...

Sur ce, il se tut. Il venait enfin de saisir l'exacte signification des paroles de Grosvenor et paraissait frappé de stupeur. Il eut un geste incertain vers les autres, comme pour appeler à l'aide. Mais personne ne dit rien ; il laissa alors retomber son bras et murmura :

— Vous avez la parole, monsieur Grosvenor.

Grosvenor dit d'un ton ferme :

— M. Kent a raison. Il est trop tôt. Nous avons, jusqu'à maintenant, visité trois systèmes planétaires. Il aurait fallu en voir au moins trente, pris au hasard. C'est un minimum, étant donné l'ordre de grandeur de notre recherche. Je serais heureux de soumettre mes calculs à la vérification des mathématiciens. Qui plus est, si nous atterrissions sur l'une de ces planètes, il nous faudrait quitter notre écran protecteur. Nous devrions alors être prêts à subir une attaque par surprise d'un ennemi assez intelligent pour être capable de nous envoyer instantanément ses forces à travers l'hyperespace. J'imagine ce qui se passerait si deux billions de tonnes de matière étaient projetés sur nous tandis que nous serions bloqués, sans défense, sur une planète quelconque. A mon sens, messieurs, nous avons devant nous un bon mois ou deux de préparation intensive. Bien entendu, nous devons, durant cette période, visiter autant de soleils que possible. Si leurs planètes habitables sont aussi exclusivement — ou même de façon prédominante — du type primitif, ou type planète-jungle, alors nous aurons une base solide à l'appui de l'idée de M. Lester qu'il s'agit d'une situation créée artificiellement. Monsieur Kent, est-ce bien votre opinion que je viens d'exprimer ?

Kent avait retrouvé la pleine maîtrise de lui-même :

— Presque exactement, monsieur Grosvenor. (Il regarda autour de lui.) Si personne n'a plus rien à dire, je propose que nous passions au vote de la proposition de Gunlie.

L'astronome se leva.

— Je la retire, dit-il. Je reconnais que je n'avais pas réfléchi à tous les inconvénients que présenterait un atterrissage prématuré.

Il se rassit.

Kent hésita, puis dit :

— Si quelqu'un veut défendre la proposition de Gunlie...

Mais personne n'ayant répondu à cet appel, il reprit avec assurance :

— Je désire que chacun des chefs de section me fasse parvenir un rapport détaillé concernant la façon dont il estime pouvoir contribuer au succès de l'atterrissage que nous devrons finalement décider. C'est tout, messieurs.

Dans le couloir, Grosvenor sentit une main se poser sur son bras. Il se retourna et reconnut Mc Cann, le chef des géologues :

— Nous avons été tellement pris par les travaux de réparation ces mois derniers, lui dit Mc Cann, que je n'ai pas eu l'occasion de vous inviter à venir chez moi. Je suppose que, quand nous atterrirons, l'équipement de la section de géologie sera utilisé à des fins auxquelles il n'était pas précisément destiné. Un nexialiste pourra alors nous être fort utile.

— Je viendrai demain matin, acquiesça Grosvenor après un instant de réflexion. J'aimerais d'abord préparer mes recommandations pour M. Kent.

Mc Cann lui jeta un petit coup d'œil, hésita, puis dit :

— Vous n'espérez pas l'intéresser, n'est-ce pas ?

Ainsi, on avait remarqué que Kent ne l'aimait pas. Grosvenor dit lentement :

— Mais si, car il n'aura pas à m'en créditer personnellement.

Mc Cann acquiesça :

— Eh bien, bonne chance, mon garçon.

Il se retournait pour partir, mais Grosvenor l'arrêta.

— A votre avis, lui demanda-t-il, d'où vient la popularité de Kent en tant que chef ?

L'autre parut réfléchir avant de dire :

— Il est humain. Il a des préférences et des antipathies. Il s'excite. Il a mauvais caractère. Il commet des erreurs et essaie de prétendre qu'il n'en est rien. Il a terriblement envie d'être le chef. Quand la fusée sera revenue sur terre, on fera beaucoup de bruit autour du chef de l'expédition. Il y a du Kent en chacun de nous. Mais oui... c'est un être humain.

— Je remarque, dit Grosvenor, que vous n'avez pas mentionné en quoi il peut être qualifié à remplir le poste.

— Ce n'est à vrai dire pas un poste d'importance vitale. Chaque fois qu'il a besoin d'un renseignement, il peut se référer à un expert. (Mc Cann plissa les lèvres d'un air songeur.) Il est difficile d'exprimer par des mots ce qui fait le succès de Kent. Je crois, toutefois, que les savants sont toujours sur la défensive en ce qui concerne leur prétendue sécheresse intellectuelle. C'est pourquoi ils sont heureux d'avoir à leur tête quelqu'un qui soit capable d'émotions violentes et dont, en même temps, la valeur scientifique soit indiscutable.

Grosvenor secoua la tête :

— Je crois que vous avez tort de penser que le poste de Kent n'est pas de première importance. Tout dépend de l'individu qui l'occupe et de la façon dont il exerce sa considérable autorité.

Mc Cann le regarda malicieusement et dit :

— Les gens strictement logiques de votre espèce ont toujours eu du mal à comprendre le succès d'un Kent. Ils n'ont d'ailleurs pas beaucoup de chances en face d'eux, politiquement j'entends.

Grosvenor eut un sourire désabusé :

— Ce n'est pas leur dévouement à la méthode scientifique qui nuit aux technologues. C'est leur intégrité. Dans la moyenne des cas, le technologue comprend mieux les tactiques que l'on utilise pour lutter contre lui que celui-là même qui les a conçues. Mais il ne peut se résoudre à se venger par des procédés semblables, car il en éprouverait un certain mépris pour lui-même.

Mc Cann fronça les sourcils :

— Vous voulez dire que vous n'avez pas ces scrupules ?

Grosvenor garda le silence.

Mc Cann insista :

— Supposons que vous décidiez que Kent doit être limogé, que feriez-vous ?

— Pour l'instant, mes pensées sont purement constitutionnelles, dit Grosvenor prudemment.

A sa surprise Mc Cann parut soulagé. Le vieillard le saisit amicalement par le bras et dit :

— Je suis heureux d'entendre que vous n'avez pas l'intention de sortir des voies légales, dit-il gravement. Depuis votre conférence de l'autre jour, j'ai compris ce que personne ne semble encore soupçonner, que vous êtes, en puissance, l'homme le plus dangereux à bord. Cette connaissance intégrante que vous portez en vous, si vous l'appliquiez à certaines fins, pourrait être plus désastreuse que n'importe quelle attaque venue de l'extérieur.

Un instant interloqué, Grosvenor secoua la tête :

— Vous allez trop loin, dit-il. Un seul homme est trop facile à tuer.

— Je remarque, dit Mc Cann, que vous ne niez rien en ce qui concerne vos connaissances.

Grosvenor lui tendit la main pour prendre congé :

— Merci pour la haute opinion que vous avez de moi. Bien que très exagérée, elle me fait moralement beaucoup de bien.

24

La trente et unième étoile qu'ils visitèrent avait la taille et le type du Soleil. De ces trois planètes, l'une suivait une orbite de cent vingt-huit millions de kilomètres de rayon. Comme tous les autres mondes habitables qu'ils avaient vus, c'était une masse fumante de jungles primitives et d'océans.

Le Fureteur, immense sphère métallique, traversa l'enveloppe gazeuse d'air et de vapeur d'eau de la planète et poursuivit sa course à basse altitude.

Dans la section de géologie, Grosvenor observait une rangée d'instruments qui déterminaient la nature du terrain survolé. C'était un travail complexe, demandant la plus grande attention, car il fallait, pour interpréter la plupart des éléments d'information, un cerveau entraîné à tous les processus d'association. Il fallait canaliser avec une extrême précision, dans le temps et l'espace, le flot constant des signaux ultrasoniques émis depuis la fusée et réfléchis par la surface de la planète. Grosvenor avait ajouté, aux techniques habituelles familières à Mc Cann, certains raffinements en accord avec les principes nexialistes. Sous leurs yeux prenait forme un tableau étonnamment détaillé de l'écorce de l'astre.

Grosvenor resta là pendant une heure, étudiant les éléments nouveaux. Ceux-ci variaient grandement dans le détail, mais présentaient une certaine identité géologique quand on considérait la structure moléculaire et la distribution des différents éléments : boue, grès, argile, granit, débris organiques — probablement dépôts carbonifères — silicates sous forme de sable recouvrant le rocher, eau...

Sur plusieurs des cadrans que Grosvenor avait devant les yeux, les aiguilles firent un brusque saut, puis s'arrêtèrent. Leur réaction indiquait la présence de minerai de fer en grandes quantités, avec traces de carbone, de molybdène...

De l'acier ! Grosvenor saisit un levier, ce qui précipita une série d'événements. Une cloche se mit à sonner. Mc Cann arriva en courant. La fusée s'arrêta. A quelques pieds de Grosvenor, Mc Cann commença à parler avec Kent.

— Oui, monsieur, disait-il, de l'acier, pas seulement du minerai de fer. Nous avons un observateur capable de discerner la différence. (Il ne prononça pas le nom de Grosvenor, mais poursuivit :) Nous avons réglé nos instruments à trente mètres maximum. Il peut s'agir d'une cité morte... ou cachée... dans la boue de la jungle.

Kent répondit avec le plus grand calme :

— Nous le saurons dans quelques jours.

Prudemment, la fusée fut maintenue bien au-dessus de la surface, et l'équipement nécessaire fut descendu à travers une ouverture provisoire dans l'écran énergétique. Des pelles géantes, des grues, des bandes transporteuses furent installées, ainsi que nombre d'autres machines. Le tout avait été si soigneusement répété que, une demi-heure après que la fusée eut commencé à dégorger du matériel, elle repartait à nouveau dans l'espace.

Tout le travail de déblaiement se fit par télécontrôle. Des hommes observaient le déroulement des opérations sur des écrans de communicateurs, et dirigeaient les machines qui fonctionnaient au sol. En huit jours un trou de soixante-quinze mètres de profondeur, cent vingt mètres de large et deux cent quarante mètres de long fut ainsi creusé. Les débris fantastiques de ce qui avait été une cité apparurent alors.

Les immeubles avaient croulé, semblait-il, sous le poids d'un fardeau qu'ils avaient été incapables de supporter. Les rues se trouvaient tout au fond de l'excavation et c'est aussi à ce niveau que commencèrent à apparaître des ossements. L'ordre fut donné de cesser de creuser et plusieurs appareils furent envoyés en reconnaissance. Grosvenor, qui se trouvait à bord de l'un de ces appareils, avec Mc Cann, se trouva bientôt, avec les autres savants, devant l'un des squelettes.

— Il a été rudement secoué, dit Smith, mais je crois que j'arriverai à le rafistoler.

Au bout d'un moment, il déclara :

— Quadrupède. (Il soumit l'un des membres à un examen fluoroscopique et dit :) Celui-ci semble mort depuis un quart de siècle à peu près.

Grosvenor se détourna. Peut-être ces reliques morcelées révéleraient-elles le secret des principales caractéristiques physiques d'une race évanouie. Mais il était peu probable de tirer de ces squelettes le moindre renseignement sur l'identité des êtres implacables qui les avaient assassinés. Car ce qu'ils avaient devant les yeux, c'étaient les victimes et non leurs assassins.

Grosvenor alla donc rejoindre Mc Cann qui étudiait un échantillon de terre prélevé sur ce qui avait été une rue de la cité.

— Je crois, dit le géologue, que nous aurions intérêt à faire un examen stratigraphique de toute cette zone en descendant encore de quelques centaines de mètres.

A ces mots, une équipe de perforeuses se mit en action. Durant l'heure qui suivit, Grosvenor fut très occupé à étudier des parcelles de terrain qu'on lui apportait à mesure qu'avançaient les travaux. De temps en temps, il établissait la formule chimique de l'un de ces échantillons. Quand leur appareil de reconnaissance rejoignit la fusée, Mc Cann put ainsi apporter à Kent un rapport relativement détaillé. Grosvenor ne participa pas à la communication de ce rapport.

— Vous vous souvenez, monsieur, dit Mc Cann, qu'on m'a demandé de déterminer si nous nous trouvions en face d'une planète-jungle artificielle. Il semble que ce soit le cas. Les couches qui se trouvent sous la boue semblent appartenir à une planète plus ancienne, moins primitive. On a peine à croire qu'on a prélevé une couche de terrain d'une planète quelconque pour venir l'étendre sur celle-ci, mais pourtant il semble bien que c'est cela qui s'est passé.

— Et la ville elle-même ? demanda Kent. Comment a-t-elle été détruite ?

— Nous avons fait quelques calculs, mais pas autant qu'il le faudrait. C'est donc sous toutes réserves que nous supposons que les dommages que nous avons constatés ont pu être provoqués par le poids énorme du roc, de la terre et de l'eau.

— Pourriez-vous estimer à quelle époque environ cette catastrophe à eu lieu ?

— Nous avons quelques indices d'ordre géophysique. A certains des endroits que nous avons examinés, la nouvelle surface a formé des dépressions dans l'ancienne, indiquant une pression trop forte sur une zone plus faible. Nous avons cherché à déterminer en quoi la couche inférieure était plus faible et nous avons quelques chiffres sur lesquels nous comptons baser nos calculs. Un mathématicien compétent (il pensait à Grosvenor) a estimé en gros que la pression dévastatrice a commencé à être appliquée il y a tout au plus une centaine d'années. Etant donné que la géologie s'occupe de phénomènes qui s'étendent sur des centaines et des millions d'années, tout ce que nos machines peuvent faire, c'est vérifier les calculs de l'homme. Je ne peux pas faire d'estimation plus précise.

Il y eut une pause, puis Kent dit d'un ton grave :

— Merci. Je vois que vous-même et votre personnel avez fait du bon travail. Une question encore : avez-vous, au cours de vos recherches, découvert un indice quelconque qui puisse nous donner une idée sur la nature de ceux qui ont provoqué ces destructions cataclysmiques ?

— Je ne saurais rien vous affirmer à ce sujet avant d'avoir consulté mes assistants. Pour ma part, je dirais : non.

Grosvenor fut ravi d'entendre Mc Cann faire des réserves sur cette négation. Pour le géologue, l'étude de cette planète était le début de la recherche de l'ennemi. Mais, pour lui-même, c'était le dernier maillon d'une chaîne de découvertes et de raisonnements dont les étranges murmures entendus dans l'espace avaient constitué le premier maillon.

Il connaissait l'identité de la plus monstrueuse des intelligences étrangères concevables. Il devinait ce que pouvait être son terrible dessein. Il avait soigneusement analysé ce qui devait être fait.

Il ne se demandait plus : quel est le danger ? Il avait atteint le stade où il lui fallait, avant tout, faire adopter sa solution sans restriction. Malheureusement, ces hommes qui ne possédaient qu'une, ou tout au plus deux sciences, ne sauraient ou ne voudraient peut-être pas saisir toute l'ampleur du plus terrible des dangers qui ait jamais menacé toute la vie de l'univers intergalactique. La solution de Grosvenor deviendrait donc peut-être l'objet d'une violente controverse.

Le problème était à la fois d'ordre politique et d'ordre scientifique. Le moment était venu de mettre soigneusement au point une tactique de combat et de s'y tenir avec la plus farouche détermination.

Il était trop tôt pour prévoir jusqu'où il faudrait aller. Mais Grosvenor ne croyait plus avoir le droit de fixer des limites à ses actions. Il devait faire tout ce qui était nécessaire.

25

Quand il fut prêt à agir, Grosvenor écrivit une lettre à Kent :

Cher Monsieur Kent,

J'ai une communication importante à faire à tous les chefs de section. Cette communication concerne l'être étranger que nous avons rencontré dans cette galaxie. J'ai à l'heure actuelle rassemblé à son sujet des éléments qui nous permettent de passer à l'action sur une vaste échelle. Pourriez-vous, je vous prie, demander une réunion des chefs de section afin que je puisse leur exposer la solution que je suggère ?

Bien à vous,

ELLIOTT GROSVENOR.

Il se demanda si Kent remarquerait que ce qu'il proposait, c'était une solution, sans preuves à l'appui. En attendant la réponse, il déménagea sans bruit ses effets personnels, les transportant de sa cabine à ses bureaux. C'était le dernier acte d'un plan de défense qui envisageait la possibilité d'un siège.

La réponse arriva le lendemain matin.

Cher Monsieur Grosvenor,

J'ai communiqué à Monsieur Kent l'essentiel de votre note d'hier après-midi. Il propose que vous fassiez un rapport sur le formulaire ci-joint, n° A-16-4 et s'étonne que vous ne l'ayez pas fait tout naturellement.

Nous avons reçu d'autres rapports concernant le sujet en question et le vôtre sera pris en considération et examiné en son temps.

Je vous prie de bien vouloir me renvoyer le formulaire ci-joint, dûment rempli, aussitôt que possible.

Pour Monsieur Kent,

JOHN FORAN.

Grosvenor lut la lettre et resta soucieux. De toute évidence, Kent avait fait à son secrétaire quelques remarques acides concernant l'unique nexialiste de l'expédition. Mais il avait certainement mesuré son langage et réprimé toute la haine qui bouillonnait en lui. Si Korita ne se trompait pas, celle-ci jaillirait au cours d'une crise. On était à la période « hiver » de la civilisation actuelle et des cultures entières avaient été réduites en morceaux par la faute de l'égotisme de certains individus.

Bien qu'il n'eut tout d'abord pas été dans ses intentions de révéler des faits, Grosvenor décida de remplir le formulaire que lui avait fait parvenir le secrétaire de Kent. Toutefois, il limita ses informations aux preuves. Il ne les interpréta pas, ni ne présenta sa solution. Sous la rubrique RECOMMANDATIONS, il écrivit : « La conclusion apparaîtra clairement à toute personne qualifiée. »

En fait, chacun des éléments qu'il avait cités devait être connu de l'un ou l'autre des experts qui se trouvaient à bord du *Fureteur* et tous devaient s'être accumulés depuis des semaines sur le bureau de Kent.

Grosvenor alla porter le formulaire lui-même. Il ne s'attendait pas à une réponse immédiate, mais néanmoins resta à son bureau. Il s'y fit même monter ses repas. Quarante-huit heures passèrent, et la réponse de Kent arriva.

Cher Monsieur Grosvenor,

En jetant un coup d'œil sur le formulaire A-16-4 que vous m'avez soumis, je constate que vous n'avez pas spécifié vos recommandations.

Etant donné que nous avons reçu des recommandations d'autres sections et que nous comptons réunir les meilleures d'entre elles en un plan d'ensemble, je vous prierai de bien vouloir me communiquer les vôtres en détail.

Je serais heureux de recevoir une réponse aussi rapide que possible à cette note.

C'était signé GREGORY KENT — *Directeur.*

Grosvenor en conclut qu'il avait frappé un coup direct et que l'action allait s'engager.

Le jeune savant s'administra des drogues qui devaient produire des symptômes impossibles à distinguer de ceux de l'influenza. En attendant que ces drogues fissent leur effet, il écrivit à Kent une autre note, disant qu'il se sentait trop malade pour rédiger ses *recommandations,* lesquelles, dit-il « seraient nécessairement assez longues puisqu'elles devraient inclure toute une chaîne de raisonnements déductifs basés sur les éléments connus de plusieurs sciences. En tout état de cause, il serait prudent d'entreprendre dès maintenant une propagande préliminaire destinée à accoutumer les membres de l'expédition à l'idée qu'ils devront rester cinq ans de plus dans l'espace. »

Dès qu'il eut mis cette lettre dans la boîte postale, il appela le bureau du Dr Eggert. Les événements, en effet, s'étaient précipités, et, dix minutes plus tard, le Dr Eggert arrivait avec sa trousse.

Au moment où il terminait son examen, des pas résonnèrent dans le couloir. Kent fit son entrée, accompagné de deux chimistes.

Le Dr Eggert se retourna, salua le nouvel arrivant d'un cordial « Salut, Greg, » puis reporta son attention sur Grosvenor :

— Eh bien, mon ami, lui dit-il, on dirait que nous avons un microbe. C'est formidable, nous avons beau prendre toutes les précautions possibles et imaginables, il en passe toujours. Je vais vous faire transporter à la salle d'isolement.

— J'aimerais autant rester ici.

Eggert plissa le front, puis haussa les épaules.

— Après tout, dans votre cas, c'est faisable. Je vais vous envoyer un infirmier tout de suite. Nous ne pouvons pas prendre de risques avec un microbe.

Le médecin rangea ses instruments dans sa trousse.

Kent, dans son coin, émit un grognement. Grosvenor, qui jouait l'étonnement, le regarda d'un air interrogateur. Kent fit d'un ton ennuyé :

— Qu'est-ce qui se passe, docteur ?

— Je ne peux encore rien dire. Il faut attendre le résultat des analyses. (Il fronça les sourcils.) J'ai prélevé tout ce qu'on pouvait prélever. Pour l'instant, les seuls symptômes sont la fièvre et probablement du liquide dans les poumons. Je suis désolé, Greg, mais je crois que je ne peux pas vous laisser lui parler maintenant. Son état est peut-être sérieux.

— Il faut pourtant que nous prenions le risque, répliqua Kent vivement. M. Grosvenor est en possession de renseignements importants et (le ton de Kent était ferme) je suis certain qu'il est en état de me les donner.

Le Dr Eggert se tourna vers Grosvenor :

— Comment vous sentez-vous ? lui demanda-t-il.

— Je peux encore parler, fit Grosvenor d'un ton faible.

Son visage était brûlant, ses yeux lui faisaient mal. Mais l'une des deux raisons qui l'avaient poussé à se rendre malade était de forcer Kent à monter chez lui, ce qui venait de se produire.

La seconde raison était qu'il ne voulait pas assister aux réunions de savants. Dans ses bureaux, et là seulement, il était à même de se défendre contre toutes les mesures que les autres pourraient brusquement décider de prendre contre lui.

Le docteur regarda sa montre :

— Ecoutez, fit-il en s'adressant à Kent, et plus directement à Grosvenor, j'envoie un infirmier ici. Il faut que votre entretien soit terminé lorsqu'il arrivera. Entendu ?

— Parfait, dit Kent avec un enthousiasme mitigé.

Grosvenor acquiesça.

Le Dr Eggert s'arrêta sur le seuil pour ajouter :

— Monsieur Fander sera ici dans une vingtaine de minutes.

Quand il fut parti, Kent s'approcha lentement du lit de Grosvenor et regarda le malade. Il resta ainsi un bon moment, puis dit avec un calme forcé :

— Je ne vous comprends pas. Pourquoi ne nous communiquez-vous pas ce que vous savez ?

— En êtes-vous vraiment surpris, monsieur Kent ? demanda Grosvenor.

Une fois de plus, il y eut un silence. Grosvenor eut nettement l'impression que son interlocuteur se contenait à grand-peine. Enfin Kent dit, sans élever le ton :

— Je suis le chef de cette expédition. Je vous demande de formuler sur-le-champ vos recommandations.

Grosvenor secoua lentement la tête. Il se sentait lourd et brûlant de fièvre. Il dit :

— Je ne sais pas bien quoi vous répondre, monsieur Kent. Voyez-vous, vous êtes un homme dont il est facile de prévoir les réactions. Je m'attendais à ce que vous traitiez mes lettres comme vous l'avez fait. Je prévoyais que vous monteriez ici avec... (il jeta un coup d'œil sur les deux compagnons de

Kent) ... deux hommes de main. Dans ces conditions, je crois pouvoir vous demander de convoquer les chefs de section, afin que je puisse leur présenter personnellement mes recommandations.

S'il en avait eu le temps, il aurait levé le bras pour se protéger. Il s'aperçut trop tard que Kent était encore plus furieux qu'il ne l'aurait cru.

— Vous vous trouvez malin, hein ? fit le chimiste d'un ton rageur. (Son bras se leva et la paume de sa main vint frapper le visage de Grosvenor. Il poursuivit, entre ses dents :) Alors, vous êtes malade ? Les gens qui ont de drôles de maladies peuvent parfois perdre la tête, et il faut les traiter sans ménagement de peur qu'ils ne mettent en danger leurs plus chers amis.

Grosvenor le regarda comme à travers un brouillard. Il porta la main à son visage. Il était fiévreux et réellement affaibli, et il eut du mal à glisser l'antidote dans sa bouche. Il fit semblant de se tenir la joue à l'endroit où Kent l'avait frappé, avala la nouvelle drogue, puis dit d'un ton mal assuré :

— C'est bon, je suis fou. Alors ?

Si Kent fut surpris par cette réaction, il n'en montra rien. Il demanda d'un ton sec :

— Qu'est-ce que vous voulez exactement ?

Grosvenor dut un instant lutter contre la nausée. Quand le malaise fut dissipé, il répondit :

— Je veux que vous entrepreniez une propagande dont le thème sera qu'à votre avis les découvertes faites sur notre ennemi actuel exigeront que les membres de l'expédition s'habituent à l'idée de rester dans l'espace cinq ans de plus qu'il n'avait été prévu. C'est tout pour l'instant. Quand vous aurez fait cela, je vous dirai ce que vous désirez savoir.

Il commençait à se sentir mieux. L'antidote faisait son œuvre. La fièvre baissait. Et il pensait exactement ce qu'il venait de dire. Son plan n'était pas inflexible. A n'importe quel moment, Kent, ou plus tard le groupe, pouvait accepter ses propositions, ce qui le dispenserait de ses stratagèmes.

Par deux fois, Kent ouvrit la bouche comme pour parler et, chaque fois, il la referma. Enfin, il dit d'un ton stupéfait :

— Est-ce tout ce que vous allez nous offrir pour le moment ?

Sous la couverture, la main de Grosvenor était posée sur un bouton, prête à le presser. Il dit :

— Je vous jure que vous aurez ce que vous voulez.

— Il n'en est pas question, dit Kent d'un ton décidé. Je ne me prêterai pas à une pareille folie. Les hommes ne voudront même pas entendre parler d'une seule année de prolongation du voyage.

Grosvenor répondit sans se départir de son calme :

— Votre présence ici prouve que vous ne pensez pas que le plan que j'ai en tête soit si fou que cela.

Kent crispa ses poings.

— C'est impossible ! Comment voulez-vous que je justifie mon attitude devant les chefs de section ?

Grosvenor, qui observait le petit homme, sentit que la crise était proche.

— Vous n'avez pas à leur expliquer quoi que ce soit pour l'instant. Tout ce que vous avez à faire, c'est leur promettre de les informer.

L'un des techniciens, qui n'avait pas quitté Grosvenor des yeux, prit la parole :

— Dites, chef, cet homme n'a pas l'air de réaliser à qui il parle. Si on lui donnait une petite leçon ?

Kent, qui allait dire quelque chose, s'arrêta. Il recula et se passa la langue sur les lèvres. Enfin, il acquiesça vigoureusement :

— Vous avez raison, Bredder. Je me demande pourquoi je discute avec lui. Attendez que je ferme la porte à clef. Après ça, nous...

— Je ne la fermerais pas, si j'étais vous, fit Grosvenor. Cela va mettre des signaux d'alarme en branle partout.

Kent, qui avait déjà une main sur la porte, s'arrêta net et se retourna. Il avait un sourire aux lèvres.

— C'est bon, dit-il, nous allons faire ça avec la porte ouverte. Allez, parlez, mon ami.

Les deux techniciens s'avançèrent vivement. Grosvenor dit :

— Bredder, vous a-t-on jamais parlé des décharges électrostatiques périphériques ? (Et, comme les deux hommes hésitaient, il poursuivit froidement :) Touchez-moi et vous brûlerez. Vos mains se couvriront d'ampoules. Votre figure...

Les deux hommes s'écartaient. Le blond Bredder jetait en direction de Kent des regards hésitants. Celui-ci dit d'un ton furieux :

— La quantité d'électricité contenue dans un corps humain ne suffirait pas à tuer une mouche.

Grosvenor secoua la tête :

— Ne croyez-vous pas que ceci dépasse un peu votre domaine, monsieur Kent ? L'électricité n'est pas dans mon corps, mais elle sera dans le vôtre si vous mettez la main sur moi.

Kent sortit son vibrateur et le régla d'un geste résolu.

— Reculez ! lança-t-il à ses hommes. Je vais lui lancer un jet d'un dixième de seconde. Cela ne lui fera pas perdre connaissance, mais le secouera jusqu'à la dernière molécule.

— A votre place, Kent, je ne ferais pas cela, remarqua Grosvenor calmement. Je vous préviens.

Mais l'autre ne l'entendit pas, ou alors il était trop furieux pour lui prêter la moindre attention. Le faiseau lumineux disparut et Grosvenor vit Kent essayer de rejeter son arme qui collait à sa main. Enfin, le vibrateur tomba par terre avec un bruit métallique. Kent qui, visiblement, souffrait le martyre, tenait contre lui sa main blessée.

Grosvenor remarqua, non sans une certaine pitié :

— Pourquoi ne m'avez-vous pas écouté ? Ces plaques murales contiennent un potentiel élevé d'électricité. Or, comme un vibrateur ionise l'air, on obtient, en le déchargeant, un choc électrique qui neutralise l'énergie libérée partout, excepté autour de la gueule de l'arme. J'espère que vous n'avez pas été trop profondément brûlé.

Kent avait recouvré le contrôle de lui-même. Il était très pâle, mais calme.

— Ceci va vous coûter cher, dit-il à voix basse. Quand les autres verront par quels procédés vous essayez de faire adopter votre point de vue...

Il s'interrompit et fit signe à ses deux hommes :

— Venez, nous n'avons plus rien à faire ici pour le moment.

Huit minutes après leur départ, Fander arriva à son tour. Grosvenor dut lui expliquer, patiemment et à plusieurs reprises, qu'il n'était plus malade. Il fallut plus longtemps encore pour convaincre le Dr Eggert, que l'infirmier avait aussitôt appelé. Grosvenor se souciait peu d'avoir été découvert. Il faudrait des soupçons définis et de considérables recherches pour découvrir la drogue dont il s'était servi.

En fin de compte, Eggert et l'infirmier le laissèrent seul, lui conseillant seulement de rester chez lui pendant un jour ou deux. Grosvenor leur promit de suivre ce conseil et il avait d'ailleurs nettement l'intention de ne pas sortir. Désormais, ses bureaux devraient lui servir de forteresse.

Il ne savait pas exactement de quelle manière on allait l'attaquer, mais il se tenait néanmoins aussi prêt que possible à toute éventualité.

Une heure environ après le départ des médecins, il entendit un déclic dans sa boîte postale. C'était l'annonce d'une réunion convoquée par Kent « à la requête d'Elliott Grosvenor », citant les mots employés par celui-ci dans sa première lettre, mais ne fournissant aucune précision sur les événements qui avaient suivi. L'avis se terminait par ces mots : « Etant donné les exploits précédents accomplis par

M. Grosvenor, le chef de l'expédition estime qu'il a le droit de se faire entendre. »

Sur l'avis adressé à Grosvenor lui-même, Kent avait ajouté de sa propre main : « Cher monsieur Grosvenor, puisque vous êtes malade, j'ai prié M. Gourlay de vous relier avec l'auditorium afin que vous puissiez, de votre lit, participer à la réunion. Celle-ci sera, d'autre part, privée. »

A l'heure fixée, Grosvenor se mit en rapport avec le poste de contrôle. Lorsque l'image lui parvint, il vit qu'on avait dû la lui transmettre par le grand communicateur qui se trouvait juste au-dessus du tableau de bord. Lui-même apparaissait sur l'écran à l'auditoire, regardant l'assistance. C'était la première fois, constata-t-il non sans ironie, qu'il tenait à une réunion une place à ce point en vue.

La plupart des chefs de section avaient déjà pris place dans la salle. Juste sous l'écran, Kent s'entretenait avec le capitaine Leeth. Ce devait être la fin, et non le début d'une conversation, car il leva les yeux vers Grosvenor, sourit légèrement, puis se retourna pour faire face aux hommes rassemblés là. Grosvenor constata qu'il avait la main gauche bandée.

— Messieurs, dit Kent, je vais tout de suite vous passer M. Grosvenor. (Puis se retournant vers celui-ci, toujours avec son mauvais sourire, il lui dit :) Monsieur Grosvenor, vous avez la parole.

Grosvenor commença :

— Messieurs, il y a déjà une semaine environ, j'étais en possession d'un nombre suffisant d'éléments pour justifier une action dirigée contre l'ennemi que nous avons rencontré dans cette galaxie. Cela paraît une déclaration bien formidable et je suis au regret de ne pouvoir vous fournir que mon interprétation personnelle des éléments que nous possédons. Je ne peux pas prouver à chacun ici présent que l'être que j'appelle notre ennemi existe réellement. Certains d'entre vous verront que mon raisonnement est juste. D'autres, parce que leurs connaissances ne touchent pas certains domaines scientifiques, estimeront que mes solutions sont nettement sujettes à controverse. Je me suis creusé la tête pour trouver un moyen de vous convaincre que seule l'action que je vous propose peut nous tirer d'affaire. Je suis arrivé à la conclusion qu'il serait bon que je vous fasse part des expériences que j'ai faites.

Il ne mentionna pas le fait qu'il avait déjà dû user d'un stratagème pour arriver à se faire entendre. En dépit de ce qui s'était passé, il ne tenait pas à s'aliéner Kent plus encore qu'il n'était nécessaire. Il continua :

— Je vais maintenant en appeler à M. Gourlay. Je suis certain que vous ne serez pas trop surpris d'apprendre que tout ceci remonte à l'automatique C-9. J'aimerais que vous donniez quelques précisions à ce sujet à vos collègues.

Le chef des communications lança un regard interrogateur à Kent. Celui-ci acquiesça en haussant les épaules. Gourlay dit :

— Il est impossible de dire exactement à quel moment C-9 est apparu. Pour ceux qui déjà ne me suivent pas bien, je préciserai que C-9 est un écran secondaire qui entre automatiquement en action quand la poussière contenue dans l'espace ambiant atteint une densité qui pourrait nuire à la bonne marche de la fusée. La densité apparente de la poussière dans un volume d'espace donné est, bien entendu, relativement plus élevée à de hautes vitesses qu'à des vitesses faibles. C'est un de mes assistants qui, le premier, remarqua l'apparition du C-9 peu avant que les fameux lézards ne viennent nous rendre visite au poste de contrôle. C'est tout, conclut-il, et il se rassit.

— Monsieur von Grossen, dit Grosvenor, qu'avez-vous découvert en ce qui concerne la poussière contenue dans l'atmosphère de cette galaxie ?

Le puissant von Grossen bougea sur sa chaise. Il dit, sans se lever :

— Rien qu'on puisse considérer comme caractéristique ou extraordinaire. Elle est un peu plus dense que dans notre galaxie à nous. Nous en avons recueilli quelques échantillons en ionisant des plaques à un très haut potentiel, puis en grattant les dépôts. Ces échantillons étaient pour la plupart solides et contenaient, à côté de quelques corps simples, des traces de nombreux composés — qui avaient pu se former au moment de la condensation — plus un peu de gaz libre, surtout de l'hydrogène. L'ennui c'est que les spécimens que nous avons recueillis ne présentent peut-être qu'une faible ressemblance avec la poussière telle qu'elle existe dehors ; on n'est pas encore parvenu, en effet, à mettre au point une méthode qui permette de prélever des échantillons dans leur forme originale. Cette forme se modifie au cours même du prélèvement. On ne peut donc que faire des hypothèses sur ce qui se produit, en fait, dans l'espace. (Le physicien leva les bras en un geste d'impuissance :) C'est tout ce que je puis vous dire pour l'instant.

Grosvenor reprit la parole :

— Je pourrais continuer à demander à plusieurs chefs de section ce qu'ils ont découvert, dit-il. Mais je crois pouvoir résumer leurs déclarations tout en leur faisant justice. Tant chez M. Smith que chez M. Kent, les techniciens rencontrèrent les mêmes difficultés que ceux de la section de physique. Je crois que M. Smith a saturé une cage avec la poussière qui nous occupe. Les animaux qu'il a mis dans cette cage n'ayant pas paru affectés, il a finalement fait l'expérience sur lui-même. Monsieur Smith, avez-vous quelque chose à nous dire à ce sujet ?

Smith secoua la tête :

— Si vous cherchez à démontrer l'existence d'une forme de vie, je ne vous serai d'aucun secours. L'opération qui nous a permis d'obtenir un échantillon se rapprochant le plus de la forme originale de la poussière a consisté à sortir dans un appareil de reconnaissance, à ouvrir toutes les portes, puis à les refermer et à laisser l'air pénétrer à nouveau. Il s'est produit alors de légères modifications dans la composition chimique de l'air, mais rien d'important.

— Voilà les faits, dit Grosvenor. Moi aussi, j'ai prélevé de la poussière par le même procédé que M. Smith. La question que je me posais était : si c'est un être vivant, de quoi se nourrit-il ? J'ai donc pris l'air que j'avais ramené dans mon appareil de reconnaissance. Je l'ai analysé. Puis j'ai tué quelques petits animaux et j'ai de nouveau analysé l'atmosphère. J'ai envoyé deux sortes d'échantillons, pris respectivement avant et après, à M. Kent, à M. von Grossen et à M. Smith. Plusieurs modifications chimiques, très faibles, ont été constatées. Elles auraient pu être attribuées à une erreur d'analyse. Mais j'aimerais demander à M. von Grossen de nous dire ce qu'il a trouvé.

Von Grossen se redressa sur son siège et cligna des yeux :

— Etait-ce une preuve ? demanda-t-il d'un ton surpris. (Il regarda ses collègues avec perplexité :) Je ne vois pas comment l'interpréter, mais les molécules d'air du spécimen marqué APRÈS contenaient une charge électrique légèrement plus élevée.

C'était le moment décisif. Grosvenor scruta tous les visages, l'un après l'autre, dans l'espoir que l'un d'entre eux, au moins, ferait montre d'une lueur de compréhension.

Mais personne ne réagit et la même perplexité resta peinte sur tous les visages. Quelqu'un, finalement, remarqua d'un ton ironique :

— Je suppose qu'on s'attend à nous voir conclure, de but en blanc, que nous avons affaire à une intelligence issue de la poussière nébuleuse. C'en est trop pour moi.

Grosvenor ne dit rien. Le saut qu'il aurait aimé les voir faire était bien plus grand que cela, bien que la différence fût subtile. Déjà, il se sentit envahi par un profond sentiment de déception... Il se prépara à ce qui allait suivre.

Kent lança :

— Allons, monsieur Grosvenor, expliquez-vous et nous verrons ce qu'il faut en penser.

Grosvenor commença à contrecœur :

— Messieurs, je suis extrêmement troublé de voir que vous ignorez encore où je veux en venir. Je prévois que nous allons avoir des ennuis. Considérez ma position. Je vous ai exposé tous les éléments dont nous disposions et je vous ai décrit les expériences qui m'ont amené à identifier notre ennemi. Il est dès maintenant évident que mes conclusions vont soulever des controverses. Et pourtant, si je ne me trompe pas — ce dont je suis convaincu — il serait désastreux, tant pour la race humaine que pour toute race intelligente existant dans l'univers, que vous refusiez de suivre le plan d'action que j'ai conçu. Mais voici la situation : si je vous expose ce plan, la décision ne m'appartiendra plus. La majorité décidera et je n'aurai, contre elle, aucun recours légal.

Il se tut pour que tout le monde eût le temps de bien assimiler ce qu'il venait de dire. Quelques hommes échangeaient des regards perplexes. Kent dit :

— Attendez. Je me suis déjà heurté au mur qu'est l'égotisme de cet homme.

C'était la première remarque hostile qu'il se fût permis depuis le début de la réunion, Grosvenor le regarda vivement, puis se détourna et poursuivit :

— J'ai le pénible devoir de vous informer, messieurs, qu'étant donné les circonstances, le problème a cessé d'être scientifique pour devenir politique. Je dois donc insister pour que ma solution soit acceptée. Une propagande adéquate doit être entreprise ayant pour effet de faire savoir à tous que

M. Kent et tous les chefs de section sont préparés à l'idée que *Le Fureteur* devra rester dans l'espace encore cinq années terrestres ; il faut, par ailleurs, agir comme si c'étaient cinq années astrales. Je vais vous donner mon interprétation, mais il faut que chaque chef de section comprenne qu'il doit irrévocablement jouer toute sa réputation et son renom dans l'affaire. Le danger, à mon sens, est si vaste que toute querelle, si infime soit-elle, constituera une grave perte de temps.

En quelques mots, il leur définit ce qu'était ce danger. Puis, sans attendre leur réaction, il leur exposa la façon dont il envisageait de l'éliminer.

— Il va falloir que nous trouvions des planètes contenant du fer et que nous utilisions la capacité productrice de notre fusée à la confection de torpilles atomiquement instables. Je prévois qu'il nous faudra passer près d'une année à parcourir cette galaxie et à envoyer nos torpilles en grande quantité et au hasard. Puis, quand nous aurons rendu tout ce secteur de l'espace pratiquement intenable pour l'ennemi, nous partirons et lui offrirons l'occasion de nous poursuivre, et ce, à un moment où il n'aura littéralement d'autre recours que de poursuivre notre fusée dans l'espoir que nous le mènerons vers une nouvelle et meilleure source de nutrition que celle dont il jouira ici. Nous aurons à consacrer la plus grande partie de notre temps à nous assurer que nous ne le ramenons pas dans notre propre galaxie.

Il fit une pause, puis reprit calmement :

— Voilà, messieurs, ce que j'avais à vous dire. Je vois, sur plusieurs visages, que les réactions vont être variées et que nous allons tomber dans l'une de ces terribles controverses dont nous sommes coutumiers.

Il se tut. Il y eut un silence, puis quelqu'un dit :

— Cinq ans !

C'était presque un soupir. Mais le signal était

donné et, partout, des hommes remuèrent sur leurs sièges.

Grosvenor dit vivement :

— Des années terrestres.

Il devait insister sur ce point. Il avait délibérément choisi ce chiffre, de façon que, traduit en années astrales, la période parût un peu plus courte. Le fait était que le temps astral, avec son heure de cent minutes, sa journée de vingt heures et son année de trois cent soixante jours, avait été conçu à des fins psychologiques. Une fois habitués à ces journées plus longues, les gens avaient tendance à oublier qu'en réalité le temps qui passait était beaucoup plus grand qu'ils n'avaient pris l'habitude de le penser.

C'était pourquoi Grosvenor estimait qu'ils allaient être soulagés quand ils auraient fait le calcul et se seraient aperçus qu'il ne s'agissait, en fait, que de trois années astrales.

— Pas d'autres commentaires ? demandait Kent.

Von Grossen dit d'un ton ennuyé :

— Je ne peux malheureusement pas me déclarer d'accord avec M. Grosvenor. Ses exploits précédents m'ont inspiré une profonde estime pour lui. Mais il nous demande de croire sur parole ce que nous accepterions probablement s'il nous en fournissait des preuves valables. Je ne veux pas croire que le nexialisme soit une science à ce point intégratrice que seuls ceux qui la possèdent puissent comprendre certains phénomènes un peu complexes.

Grosvenor répliqua :

— Ne vous hâtez-vous pas trop de rejeter quelque chose que vous ne vous êtes même pas donné la peine d'étudier ?

Von Grossen haussa les épaules.

— C'est possible.

— D'après ce que je vois, dit Zeller, nous allons consacrer beaucoup de temps et d'efforts à la réalisation d'un plan dont, à aucun moment, nous n'aurons la preuve directe qu'il est en train de réussir.

Grosvenor hésita ; mais très vite il comprit qu'il n'avait d'autre solution que de maintenir sa position. L'enjeu était trop grand. Il ne pouvait prendre en considération les sentiments de ces hommes. Il dit :

— *Moi,* je saurai si nous réussissons, et si quelques-uns d'entre vous daignent venir chez moi pour s'instruire un peu, ils en sauront autant que moi le moment venu.

Smith remarqua d'un ton sombre :

— Il y a une chose qu'il faut accorder à M. Grosvenor, c'est que, toujours, il s'offre à nous hisser à son niveau.

— Pas d'autres commentaires ?

La voix de Kent avait monté d'un ton, et un sentiment de triomphe y perçait.

Quelques hommes firent mine de parler, puis finalement se ravisèrent. Kent poursuivit :

— Plutôt que de perdre du temps, je propose que nous mettions la proposition de M. Grosvenor aux voix.

Il s'avança lentement. Grosvenor ne voyait pas son visage, mais devinait que celui-ci exprimait l'arrogance.

— Voyons, dit le chimiste, que tous ceux qui sont pour la méthode de M. Grosvenor, et qui, autrement dit, acceptent de prolonger notre voyage de cinq ans, lèvent la main.

Pas une main ne se leva.

Quelqu'un dit d'un ton agressif :

— Il faudrait un bon moment pour bien réfléchir à la question.

Kent répliqua :

— Ce que nous voudrions, c'est nous faire une idée de l'opinion présente. Il est important, pour tous, de savoir ce que pensent les plus grands savants de l'expédition. Ceux qui sont nettement contre, levez la main.

Toutes les mains, sauf trois se levèrent. D'un coup

d'œil, Grosvenor identifia les trois hommes qui s'étaient abstenus : c'étaient Korita, Mc Cann et von Grossen.

Puis il vit que le capitaine Leeth, qui était debout à côté de Kent, s'était, lui aussi, abstenu. Il dit brusquement :

— Capitaine Leeth, ceci est sûrement un moment où votre droit constitutionnel de prendre en main le contrôle des opérations à bord doit s'appliquer. Le danger est évident.

— Monsieur Grosvenor, fit lentement l'interpellé, ce serait vrai si nous étions en présence d'un ennemi visible. En l'occurrence, je ne peux que suivre l'avis des experts scientifiques.

— Il n'y a qu'un expert scientifique à bord, dit Grosvenor froidement. Les autres ne sont que des amateurs qui barbotent à la surface des choses.

Cette remarque parut remplir les assistants de stupéfaction. Quelques-uns essayèrent de parler tout de suite, puis se renfrognèrent dans un silence rageur.

Finalement, Leeth déclara d'un ton mesuré :

— Monsieur Grosvenor, je ne puis accepter une déclaration qui me paraît sans fondement.

Kent remarqua avec une froide ironie :

— Eh bien, messieurs, nous savons maintenant l'opinion que M. Grosvenor a de nous.

Le chimiste ne paraissait pas touché par l'insulte elle-même, mais au contraire d'humeur à plaisanter. Il oubliait, semblait-il, que son rang lui imposait de garder à la réunion un ton de dignité et de courtoisie.

Meader, chef de la sous-section de botanique, le rappela à l'ordre d'un ton furieux :

— Monsieur Kent, je ne vois pas comment vous pouvez tolérer une remarque aussi insolente.

— C'est cela, dit Grosvenor, défendez-vous. L'univers tout entier court un danger mortel, mais veillez surtout à conserver votre dignité.

Mc Cann, à son tour, prit la parole.

— Korita, dit-il, s'il existait là-bas une entité telle que nous l'a décrite Grosvenor, comment cela cadrerait-il avec la théorie de l'histoire cyclique ?

L'archéologue hocha la tête d'un air de doute :

— Très mal, je dois dire. On pourrait postuler une forme de vie primitive. (Il regarda autour de lui.) Ce qui me préoccupe bien davantage, c'est de voir à quel point les théories de l'histoire cyclique sont confirmées par le comportement de mes amis. Plaisir à voir la défaite d'un homme qui nous a tous mis un peu mal à l'aise par l'ampleur de ses exploits. Egomanie subitement révélée de l'homme en question.

Il regarda l'écran où se reflétait le visage de Grosvenor avec une expression de regret :

— Monsieur Grosvenor, je suis très déçu de vous avoir entendu faire une pareille déclaration.

— Monsieur Korita, dit Grosvenor gravement, si j'avais adopté toute autre attitude, vous n'auriez même pas eu le privilège de m'entendre dire à ces messieurs... pour nombre desquels j'éprouve une réelle admiration en tant qu'individus, ce que je leur ai dit, et ce qui me reste encore à leur dire.

— Je suis persuadé, dit Korita, que les membres de l'expédition feront ce qu'il faut, sans mesurer le sacrifice personnel imposé.

— Il est difficile de le croire, dit Grosvenor. Je vois que beaucoup d'entre eux ont été influencés par le fait que mon plan exige une prolongation de cinq ans de notre voyage. Je reconnais que c'est là une cruelle nécessité, mais je vous assure qu'il n'y a pas d'autre solution.

Il s'interrompit, puis remarqua brièvement :

— Je m'étais d'ailleurs attendu à cette réaction, et m'y étais préparé.

Puis, s'adressant à l'ensemble de l'assistance :

— Messieurs, vous m'avez forcé à prendre une

mesure qui, je vous l'assure, m'est plus pénible que je ne saurais le dire. Voici mon ultimatum.

— Ultimatum ! s'exclama Kent, qui pâlit brusquement.

Grosvenor feignit de ne pas l'avoir entendu.

— Si à 10 heures demain mon plan n'a pas été accepté, je prendrai la direction des opérations à bord. Chacun y fera ce que je lui ordonnerai, qu'il le veuille ou non. Bien entendu, je présume que les savants vont réunir leurs connaissances afin de me résister. Je vous préviens tout de suite que toute résistance sera vaine.

La rumeur qui s'était élevée ne s'était pas encore tue lorsque Grosvenor coupa la communication entre lui et le poste de contrôle.

26

Une heure environ après la réunion, Grosvenor fut appelé sur son communicateur par Mc Cann.

— J'aimerais venir vous voir, dit le géologue.

Grosvenor répondit avec une bonne humeur :

— Montez donc !

— Je suppose, fit l'autre d'un ton hésitant, que vous avez mis des pièges dans le couloir.

— Ma foi... oui, si vous voulez, reconnut Grosvenor, mais vous n'en ressentirez aucun inconvénient.

— Supposez que j'arrive avec la secrète intention de vous assassiner ?

— Ici, chez moi, fit Grosvenor avec une assurance dont il espérait qu'elle impressionnerait ceux qui écoutaient leur conversation, vous ne pourriez même pas me tuer avec une massue.

Mc Cann hésita encore, puis finalement prit une décision :

— D'accord, je monte ! dit-il, puis il coupa la communication.

Il ne devait pas être bien loin, car une minute à peine s'était-elle passée que les détecteurs dissimulés dans le couloir signalaient son approche. Bientôt, sa tête et ses épaules apparurent sur un écran de communicateur et un interrupteur de relais se mit en position. Comme il s'agissait d'un des éléments d'un processus automatique de défense, Grosvenor le débrancha à la main.

Quelques secondes plus tard, Mc Cann franchissait la porte ouverte. Il fit une pause sur le seuil, puis s'avança, la main tendue.

— Je n'étais pas si tranquille que ça. En dépit de ce que vous m'avez dit pour me rassurer, j'avais l'impression que des batteries étaient braquées sur moi. Et pourtant, je n'ai rien vu. (Il scruta attentivement le visage de Grosvenor :) Est-ce que vous me bluffez ?

Grosvenor dit lentement :

— Moi aussi, je suis inquiet, Don. Vous avez ébranlé ma foi. Franchement, je ne m'attendais pas à ce que vous veniez chez moi avec une bombe.

Mc Cann parut ahuri.

— Mais je vous assure que je n'en ai pas. Si vos instruments indiquent...

Il se tut, enleva son manteau et commença à se fouiller. Brusquement il pâlit, et ramena devant leurs yeux un objet gris, mince comme une gaufre et long d'environ cinq centimètres.

— Qu'est-ce que c'est que ça ? demanda-t-il.

— Un alliage de plutonium stabilisé.

— *Atomique !*

— Non, il n'est pas radioactif, sous cette forme-là du moins. Mais il peut être transformé en gaz radioactif par dissolution, au moyen du faisceau d'un transmetteur à haute fréquence. Et le gaz en question nous brûlerait tous les deux.

— Grove, je vous jure que j'ignorais avoir cette chose sur moi.

— Avez-vous dit à quelqu'un que vous veniez ici ?

— Naturellement. Toute cette partie de la fusée est bloquée.

— Autrement dit, il vous a fallu demander la permission de venir.

— Oui, à Kent.

Grosvenor réfléchit un moment, puis dit :

— Voyons, essayez de vous souvenir. Est-ce qu'à un moment quelconque, au cours de votre entrevue avec Kent, vous avez eu l'impression qu'il faisait chaud dans la pièce ?

— Mais... oui, en effet, je me souviens. J'ai même cru que j'allais étouffer.

— Combien de temps cela a-t-il duré ?

— Une seconde, à peu près.

— Hmm... Autrement dit, cela veut dire que vous êtes resté sans conscience environ dix minutes.

— Sans conscience ? (Mc Cann était furieux.) Ça alors ! Ce petit salaud m'a drogué !

— Je pourrais probablement vous dire quelle dose exacte on vous a donnée, dit Grosvenor posément. Il suffirait d'une analyse du sang.

— Eh bien, faites-la. Comme cela, on prouverait...

Grosvenor secoua la tête :

— Tout ce que l'on prouverait, c'est que vous avez été soumis à l'expérience. Mais cela ne signifierait pas encore que vous ne vous y êtes pas prêté de votre plein gré. Ce qui me paraît bien plus convaincant, c'est le fait que personne de sensé ne permettrait que du plutonium 72 soit dissous en sa présence. Mes nullificateurs automatiques indiquent qu'ils essaient de le dissoudre depuis au moins une minute.

Mc Cann était très pâle :

— Grove, cette fois j'en ai assez de ce vautour. J'admets que j'étais en proie à un cas de conscience et que je lui ai promis de lui rapporter notre entretien... mais j'avais l'intention de vous prévenir que tout ce que nous dirions serait répété à Kent.

Grosvenor sourit :

— Ne vous inquiétez pas, Don. Je vous crois. Asseyez-vous.

— Et ceci, qu'en fait-on ?

Mc Cann lui tendit la bombe.

Grosvenor prit l'objet et le porta au petit coffre

où il mettait tout son matériel radioactif. Il revint et s'assit.

— Je crois, dit-il, que nous allons être attaqués. La seule façon dont Kent puisse justifier son comportement vis-à-vis des autres et de s'assurer que nous serons sauvés à temps pour que les médecins puissent soigner nos brûlures radioactives. (Il se tourna vers un écran :) Nous allons suivre les opérations.

L'attaque fut d'abord enregistrée sur plusieurs détecteurs électroniques du type œil électrique. Il y eut des étincelles sur un tableau de bord mural et une sonnette tinta.

Bientôt, ils virent les assaillants sur l'écran. Ils étaient une douzaine, vêtus de combinaisons interplanétaires, et ils avançaient dans le couloir. Grosvenor reçonnut von Grossen et deux de ses assistants de la section de physique, quatre chimistes dont deux de la section de biochimie, trois des hommes de Gourlay et deux officiers artilleurs. Trois soldats formaient l'arrière-garde, portant respectivement un vibrateur mobile, un canon calorifique, et un grand distributeur de bombes de gaz.

Mc Cann se tortilla sur sa chaise, visiblement mal à l'aise :

— N'y a-t-il pas ici une autre entrée ?

— Si, fit Grosvenor, elle est gardée.

— Et en bas et en haut ?

Mc Cann indiquait le plafond et le plancher.

— En haut, c'est un dépôt et en bas une salle de cinéma. Gardés aussi tous les deux.

Ils se turent. Le groupe, dans le couloir, s'arrêta :

— Je suis étonné de voir von Grossen, dit Mc Cann. Je croyais qu'il vous admirait.

— Je l'ai piqué au vif en le qualifiant d'amateur, comme les autres. Il est venu se rendre compte de quoi j'étais capable.

Dans le couloir, les hommes paraissaient se consulter. Grosvenor continua :

— Mais vous, qu'est-ce qui vous a amené ici ?

Mc Cann répondit, sans quitter l'écran des yeux :

— Je voulais que vous sachiez que vous n'étiez pas complètement seul. Plusieurs patrons m'ont dit de vous faire savoir qu'ils étaient avec vous. Mais n'en parlons pas maintenant ; ce qui se passe est bien plus intéressant.

— Mais si, parlons-en justement.

Mc Cann ne parut pas entendre.

— Je ne vois pas comment vous allez les arrêter, fit-il, inquiet. Ils ont là de quoi brûler vos murs.

Et, comme Grosvenor ne répliquait pas, Mc Cann se tourna vers lui et dit :

— Je vais être franc avec vous. Je suis sûr que vous avez raison, mais je n'aime pas vos méthodes, qui me paraissent un peu trop amorales.

Il oubliait, semblait-il, qu'il s'était détourné de l'écran.

Grosvenor dit :

— Il n'y a qu'une seule méthode, c'est de me présenter aux élections contre Kent. Comme il n'occupe son poste que par remplacement, et qu'il n'a pas été élu, je pourrais probablement amener une élection d'ici un mois.

— Pourquoi ne le faites-vous pas ?

— Parce que, fit Grosvenor, avec un frisson, j'ai peur. Cette chose... dehors, est pratiquement mourante de faim. D'un instant à l'autre, elle peut se décider à essayer une autre galaxie, et qui sait si elle ne jettera pas son dévolu sur la nôtre ? Nous ne pouvons pas attendre tout un mois.

— Et pourtant, dit Mc Cann, vous nous avez dit que votre plan était de faire sortir l'ennemi de la galaxie où nous nous trouvons. Vous avez estimé que cela nous prendrait un an.

— Avez-vous déjà essayé d'arracher un morceau de viande à un carnivore ? demanda Grosvenor. Il essaie de le retenir n'est-ce pas ? Il se bat même pour ne pas le lâcher. Mon idée, c'est qu'à l'instant où notre ennemi comprendra que nous essayons de le chasser, il se raccrochera aussi longtemps que possible à ce qu'il a.

— Je vois, acquiesça Mc Cann. Qui plus est, vous admettrez qu'avec votre programme, vos chances de l'emporter dans des élections sont minimes.

Grosvenor secoua fortement la tête.

— Je gagnerai. Vous ne me croyez peut-être pas. Mais il n'en est pas moins vrai qu'il est extrêmement facile d'amener à ses vues des gens pris par leurs plaisirs, leurs émotions ou leurs ambitions. Je n'ai pas inventé la méthode, on l'utilise depuis des siècles. Mais tous les efforts faits pour l'analyser sur le plan historique n'ont jamais été jusqu'à la racine des choses. Il n'y a pas si longtemps, les relations entre la physiologie et la psychologie n'étaient connues que sur un plan purement théorique. C'est le nexialisme qui a permis de réaliser les applications pratiques qu'elles permettent.

Mc Cann réfléchissait.

— Quel avenir envisagez-vous pour l'homme ? demanda-t-il enfin. Désirez-vous que nous devenions tous nexialistes ?

— A bord de cette fusée, c'est une nécessité. Pour la race humaine, dans l'ensemble, cela me semblerait assez difficilement réalisable. A la longue, toutefois, personne n'aura plus d'excuse pour ne pas connaître tout ce qu'il pourrait savoir. Pourquoi l'homme resterait-il ignorant ? Pourquoi devrait-il lever vers le ciel de sa planète des regards stupides, ignorants et superstitieux et penser que son sort se joue en dehors de lui ? Il y a eu sur Terre assez de civilisations détruites pour prouver ce qui arrive lorsque l'homme réagit aveuglément devant certaines situations ou dépend de doctrines autoritaires.

Il haussa les épaules :

— Pour l'instant, nous pouvons nous fixer un but plus accessible, à savoir rendre les hommes sceptiques. Le paysan illettré mais malin, à qui il faut mettre des preuves sous les yeux pour qu'il croie, est le père spirituel du savant. A tous les niveaux de l'entendement, le sceptique compense en partie son manque de connaissances en exigeant qu'on lui *montre !* J'ai l'esprit ouvert, dit-il, mais vos paroles seules ne suffisent pas à me convaincre.

Mc Cann était pensif.

— Avec votre nexialisme, remarqua-t-il, vous allez rompre le processus de l'histoire cyclique. Est-ce là votre dessein ?

Grosvenor hésita, puis dit :

— Je dois reconnaître que je n'étais pas très conscient de l'importance de l'histoire cyclique avant de rencontrer Korita. Mais il m'a impressionné. Evidemment, je suppose que la théorie est, sur divers points, sujette à révision. Ainsi des mots comme *race* et *sang* me paraissent particulièrement dénués de signification. Mais l'ensemble paraît corroboré par les faits.

Mc Cann avait reporté son attention sur les assaillants. Il semblait déconcerté.

— Ils n'ont pas l'air pressés de commencer. Je n'imagine tout de même pas qu'ils sont arrivés jusqu'ici sans avoir d'abord mis sur pied un plan ?

Grosvenor ne disait rien. Mc Cann le regarda curieusement :

— Mais dites donc, est-ce qu'ils ne se seraient pas déjà heurtés à votre défense ?

Et, comme il n'obtenait toujours pas de réponse, le géologue sauta sur ses pieds, se rapprocha de l'écran et examina de plus près le tableau qui s'offrait à ses yeux. Il était particulièrement intéressé par deux hommes qui se tenaient agenouillés.

— Mais enfin, que font-ils ? demanda-t-il en désespoir de cause. Qu'est-ce qui les arrête ?

Grosvenor se décida enfin à lui fournir des explications.

— Ils sont en train d'essayer de ne pas tomber à travers le plancher.

En dépit des efforts qu'il faisait pour garder son calme, il y avait une certaine fièvre dans sa voix.

Les autres ne se rendaient pas compte que ce qu'il faisait était tout nouveau pour lui. Il connaissait la théorie, certes, depuis un certain temps déjà. Mais ceci était l'application pratique. Il venait d'entreprendre une opération qui jamais encore, nulle part, n'avait été réalisée exactement de cette façon-là. Il s'était servi d'éléments de plusieurs sciences et avait improvisé sa tactique de façon qu'elle s'adapte avec précision au milieu dans lequel il opérait.

Et le résultat répondait à son attente. Il ne s'était pas trompé. Et, bien qu'il l'eût prévu, le fait de voir son succès le plongeait dans une sensation presque euphorique.

Mc Cann revint s'asseoir à côté de lui.

— Est-ce que le plancher va vraiment s'effondrer ? demanda-t-il.

Grosvenor secoua la tête.

— Vous ne comprenez pas, dit-il. Le plancher ne subit aucune modification. Ce sont eux qui s'enlisent dedans. S'ils continuent à avancer, ils tomberont à travers.

Il eut un rire joyeux.

— Je donnerais cher pour voir la tête de Gourlay quand ses hommes viendront lui raconter le phénomène. La voici sa téléportation par « ballon », sa notion d'hyperespace, plus un peu de géologie des pétroles et deux applications de chimie mécanique.

— Quelle est la part de la géologie dans l'histoire ? demanda Mc Cann. (Mais il s'interrompit :) Ah mais... vous pensez aux dernières méthodes d'extraction du pétrole, sans perforation : on crée en surface des conditions telles que tout le pétrole qui se trouve dans les parages arrive. (Il plissa le front.) Oui, mais il y a là un facteur qui...

— Il y a une douzaine de facteurs, mon ami, dit Grosvenor. Je vous le répète, c'est du travail de laboratoire. A courte distance, on obtient des réactions de toutes sortes, sans grande dépense d'énergie.

— Pourquoi n'avez-vous pas essayé quelques-uns de vos trucs contre le chat, ou le monstre écarlate ? demanda Mc Cann.

— Je vous l'ai déjà dit. Il s'agit d'une situation que j'ai créée de toutes pièces. J'ai travaillé pendant des heures pour mettre toute mon installation sur pied, chose que je n'ai jamais eu le temps de faire quand nous avons été attaqués par nos monstres. Croyez-moi, si j'avais été le chef de l'expédition, nous n'aurions pas perdu autant de vies au cours des deux épisodes dont vous parlez.

— Et pourquoi n'avez-vous pas imposé votre direction ?

— Il était trop tard. Le temps était trop mesuré. Et d'ailleurs cette fusée a été construite bien des années avant la naissance même de l'institut nexialiste et je considère que nous avons encore eu de la chance d'être admis à bord.

— Je ne vois pas comment vous allez vous emparer du pouvoir demain, puisqu'il faudrait, pour cela, que vous sortiez de votre laboratoire.

Il se tut et regarda l'écran. Soudain, il s'exclama :

— Ils ont apporté des radeaux anti-gravité. Ils vont passer au-dessus de votre plancher.

Grosvenor ne répondit pas. Il avait déjà vu, lui aussi.

27

Les radeaux anti-gravité obéissaient aux mêmes principes que le système de pesanteur artificielle. On avait découvert que la réaction à laquelle était soumis un objet qui n'obéissait plus aux lois de l'inertie était d'ordre moléculaire, mais n'était pas inhérente à la structure de la matière. Un champ de gravitation artificielle déplaçait légèrement les électrons dans leur orbite. Ceci créait une tension moléculaire qui provoquait un regroupement léger, mais généralisé.

La matière ainsi traitée présentait toutes les caractéristiques de l'immunité aux effets normaux de l'accélération ou du ralentissement. Une fusée pourvue d'un système de ce genre pouvait s'arrêter net dans l'espace même si sa vitesse avant cet arrêt était de plusieurs millions de kilomètres par seconde.

Les assaillants de Grosvenor embarquèrent leurs armes sur les radeaux, grimpèrent eux-mêmes à bord et les soumirent à une intensité de champ suffisante. Puis, au moyen de l'attraction magnétique, ils avancèrent vers la porte ouverte, à une soixantaine de mètres de là.

Ils franchirent une quinzaine de mètres, puis ralentirent, s'arrêtèrent complètement et commencèrent à reculer. Puis ils s'arrêtèrent à nouveau.

Grosvenor, qui s'était affairé devant son tableau de bord, rejoignit Mc Cann.

— Qu'est-ce que vous avez fait ? lui demanda le géologue ahuri.

Grosvenor répondit sans hésitation :

— Vous avez vu qu'ils se propulsaient en pointant des aimants de direction vers les murs d'acier, devant eux. Je leur ai opposé un champ de répulsion, ce qui n'a rien de nouveau en soi. Mais en fait, il s'agit ici d'un processus thermique qui rappelle plutôt la façon dont vous et moi maintenons un certain degré de chaleur dans notre corps. Maintenant, il ne leur reste plus qu'à utiliser des moteurs à réaction, des hélices propulsives ordinaires ou même... (il rit) des rames.

Mc Cann, qui regardait toujours l'écran, ne partageait pas l'hilarité de Grosvenor :

— Ils ne vont pas s'occuper de cela. Ils vont lâcher leurs projecteurs. Vous feriez bien de fermer la porte !

— Attendez !

Mc Cann était visiblement très inquiet.

— Mais la chaleur va entrer ici. Nous allons rôtir !

Grosvenor secoua la tête :

— Je vous l'ai dit, j'ai employé un processus thermique. Soumise à un nouvel apport d'énergie, toute la surface métallique ambiante va chercher à maintenir son équilibre à un niveau légèrement plus bas. Tenez... regardez !

Le projecteur calorifique mobile devenait blanc. Mc Cann jura.

— De la glace, marmonna-t-il. Mais comment...

Les murs et le plancher se couvraient de glace. Un air glacé passa à travers la porte. Mc Cann frissonna.

— Un équilibre légèrement plus bas, dit-il ahuri.

Grosvenor se leva :

— Je crois qu'il est temps qu'ils rentrent chez eux.

Après tout, je ne tiens pas à ce qu'ils tombent malades.

Il s'approcha d'un instrument posé contre un mur de la première pièce. Il s'assit devant un clavier aux touches de différentes couleurs réparties en vingt-cinq rangs de vingt-cinq touches chacun. Mc Cann s'approcha lui aussi et demanda :

— Qu'est-ce que c'est que ça ? C'est la première fois que je vois un appareil de ce genre.

D'un mouvement rapide, presque nonchalant, Grosvenor appuya sur sept des touches, puis toucha une pédale. Une note claire, mais douce, très musicale, se fit entendre. La note s'éteignit mais les harmoniques restèrent dans l'air plusieurs secondes après.

Grosvenor leva la tête :

— Quelles associations cette musique a-t-elle provoquées chez vous ?

Mc Cann hésita. Une curieuse expression s'était peinte sur son visage.

— J'ai vu un orgue jouant dans une église. Puis le tableau a changé et je me suis retrouvé dans une réunion politique ; le candidat avait fait jouer de la musique entraînante pour mettre ses électeurs éventuels de bonne humeur. (Il s'interrompit et conclut dans un souffle :) Alors, c'est comme cela que vous pourriez l'emporter aux élections ?

— Entre autres.

— Fichtre, vous avez un pouvoir terrible.

— Cela ne m'affecte pas, dit Grosvenor.

— Mais vous êtes conditionné. Vous ne pouvez pas espérer conditionner toute la race humaine.

— Un bébé est conditionné quand il apprend à marcher, à remuer les bras, à parler. Pourquoi ne pas étendre le conditionnement à l'hypnotisme, aux réactions chimiques, aux effets de la nutrition ? C'était déjà possible il y a des centaines d'années. Cela éviterait un tas de maladies, de douleurs morales et toutes les catastrophes provoquées par l'ignorance de l'homme devant ce qui se passe dans son corps, et dans son esprit.

Mc Cann reporta son attention sur l'instrument à clavier :

— Comment marche-t-il ?

— C'est un composé de cristaux et de circuits électriques. Vous savez que l'électricité peut déformer certaines structures cristallines. Cet appareil permet de produire une vibration ultra-sonique qui n'affecte en rien l'oreille, mais agit directement sur le cerveau. Je peux jouer de cet instrument comme un musicien du sien, et créer chez des individus des dispositions d'esprit et des émotions trop profondes pour qu'ils puissent y résister sans entraînement préalable.

Mc Cann retourna vers sa chaise et se rassit. Il avait pâli.

— Vous me faites peur, dit-il à voix basse. Je vous l'ai déjà dit, je trouve vos méthodes amorales.

Grosvenor le regarda attentivement. Puis il se tourna vers l'instrument et pressa un bouton. Cette fois, la musique était plus triste, plus douce. Longtemps l'air, autour d'eux, en resta saturé, bien après que les notes se furent tues.

— Quelle réaction, cette fois ? demanda Grosvenor.

Mc Cann hésita de nouveau, puis dit d'un ton mal assuré :

— J'ai pensé à ma mère. J'ai eu subitement le désir de rentrer chez moi, de...

Grosvenor plissa le front :

— Très dangereux, dit-il. Si j'intensifiais cela un tant soit peu, certains des hommes pourraient chercher à retrouver la position qu'ils avaient dans le ventre de leur mère.

Il fit une pause :

— Et ceci ?

Cette fois, il fit entendre un son de cloche, avec des tintements qui se faisaient écho dans le lointain.

— J'étais un bébé, dit Mc Cann, et c'était l'heure d'aller au lit. Dieu, que j'ai sommeil !

Il ne parut pas remarquer qu'il avait brusquement employé le présent. Malgré lui, il bâilla.

Grosvenor ouvrit un tiroir et en sortit deux casques de matière plastique. Il en tendit un à Mc Cann :

— Tenez, mettez ça.

Lui-même mit l'autre casque, tandis que son compagnon l'imitait avec une visible répugnance.

— Je crois que je n'ai aucune disposition pour jouer les Machiavel, remarqua Mc Cann d'un ton désabusé. Mais vous allez me dire que ce n'est pas la première fois que l'on emploie des sons sans signification pour faire naître des émotions et influencer des gens.

Grosvenor, qui était en train de régler une aiguille sur un cadran, interrompit son travail pour répondre :

— Les gens jugent que quelque chose est moral ou ne l'est pas suivant les associations qui se présentent à leur esprit sur le moment ou lorsqu'ils considèrent un problème rétrospectivement. Cela ne veut pas dire qu'aucune éthique ne soit valable. Personnellement, ma morale est qu'on doit être utile au plus grand nombre, à condition de ne pas exterminer, torturer ou priver de leurs droits les individus qui ne se conformeraient pas à ce principe. La société doit apprendre à sauvegarder le malade et l'ignorant.

Il était excité maintenant :

— Remarquez, je vous prie, que jamais, auparavant, je ne me suis servi de cet instrument. Je n'ai jamais usé de méthodes hypnotiques, sauf lorsque Kent a envahi mon espace de travail, mais j'ai l'intention de le faire maintenant. Depuis le début du voyage, j'aurais pu attirer des gens ici d'une douzaine de façons qu'ils ne soupçonnent même pas. Pourquoi ne l'ai-je pas fait ? Parce que l'institut nexialiste a son code de morale qui s'applique à ses élèves et qui entre en ligne de compte dans ce qu'on leur apprend. Je peux briser les règles de morale qui m'ont été apprises, mais cela me serait extrêmement difficile.

— Ne le faites-vous pas maintenant ?

— Non.

— Il me semble alors que cette morale nexialiste est bien élastique.

— C'est exact. Du moment que je suis persuadé, et je le suis en ce moment, que mes actes sont justifiés, aucune considération émotionnelle ou nerveuse ne doit m'arrêter.

Mc Cann se taisait. Grosvenor poursuivit :

— Je crois que vous avez en tête l'image d'un dictateur, moi en l'occurrence, qui s'emparerait d'une démocratie par la force. Cette image est fausse, car sur une fusée comme celle-ci on ne peut gouverner que par des méthodes quasi démocratiques. Et surtout, n'oubliez pas que, au retour, on pourra me demander des comptes.

Mc Cann soupira :

— Vous devez avoir raison, dit-il.

Il regarda l'écran. Grosvenor suivit son regard et vit que les assaillants s'efforçaient de se propulser en avant en s'aidant du mur. Leurs mains tendaient à aller droit dans le mur, mais il y avait une résistance. Ils avançaient très lentement. Mc Cann s'enquit :

— Qu'allez-vous faire maintenant ?

— Je vais les endormir... comme ceci.

Il appuya sur le levier de son instrument.

La cloche retentit, plus fort, semblait-il, qu'auparavant. Malgré cela les hommes, dans le couloir, s'effondrèrent de sommeil.

Grosvenor se leva :

— Ceci va se répéter toutes les dix minutes, et j'ai mis des résonateurs partout pour enregistrer les vibrations et les répandre. Venez.

— Où allons-nous ?

— Je veux installer un interrupteur de circuit dans le compteur électrique principal de la fusée.

Il alla chercher l'interrupteur et, un instant plus tard, s'engagea dans le couloir, suivi de Mc Cann.

Partout où ils allaient, ils trouvèrent des hommes endormis. Au début, Mc Cann manifesta son émerveillement par des exclamations. Mais, peu à peu, il se tut et une expression troublée passa sur son visage. Il dit :

— On a peine à croire que, au fond, les êtres humains ont si peu de défense.

Grosvenor hocha la tête.

— C'est encore pire que vous ne croyez, dit-il.

Ils étaient parvenus dans la chambre des machines, et Grosvenor alla poser son interrupteur. L'opération dura moins de dix minutes. Il descendit en silence de l'escalier menant au standard électrique, sans expliquer ni ce qu'il avait fait, ni ce qu'il comptait faire.

— N'en parlez pas, dit-il à Mc Cann. S'ils s'en aperçoivent, il faudra que je revienne et que j'en mette un autre.

— Vous allez les réveiller maintenant ?

— Oui. Dès que j'aurai regagné mes bureaux. Mais d'abord, j'aimerais que vous m'aidiez à transporter von Grossen et les autres dans leurs chambres. Je veux qu'il soit dégoûté de lui-même.

— Vous croyez qu'ils vont céder ?

— Non.

Il avait raison. Aussi le lendemain, à 10 heures, pressa-t-il un bouton qui renvoya le courant électrique à travers l'interrupteur de circuit qu'il avait installé.

Partout, sur la fusée, les lampes allumées de façon permanente se mirent à vaciller légèrement. C'était une version nexialiste des méthodes de suggestion des Riims. Instantanément tous les membres de l'expédition furent, sans qu'ils s'en rendissent compte, profondément hypnotisés.

Grosvenor se mit à son instrument provocateur d'émotions. Il concentra son jeu sur des notions de courage et de sacrifice, de devoir envers la race en face du danger. Il provoqua même la notion complexe que le temps passait à une cadence double, et même triple de la normale.

Ceci posé, il mit en marche le communicateur général qui touchait chacun à bord et donna quelques ordres précis. Avant d'en terminer, il informa les hommes que, désormais, chacun d'eux répondrait instantanément à un mot de passe, sans même savoir ce qu'était ce mot ou s'en souvenir après qu'il lui ait été donné.

Puis il leur fit complètement perdre le souvenir de toute l'expérience hypnotique.

Il retourna dans la salle des machines et enleva l'interrupteur de circuit.

Il regagna son bureau, réveilla tout le monde et appela Kent. Il lui dit :

— Je retire mon ultimatum. Je suis prêt à me rendre. Je viens de comprendre que je ne peux pas aller à l'encontre des vœux de tous les autres membres de l'expédition. J'aimerais que vous convoquiez une nouvelle réunion, à laquelle j'assisterai en personne. Bien entendu, j'y insisterai une fois de plus pour que nous lancions toutes nos forces à l'assaut de l'être intelligent de cette galaxie.

Il ne fut pas surpris d'entendre les chefs de section déclarer, avec un étonnant ensemble, qu'après réflexion les faits exposés leur paraissaient démontrer clairement que le danger était grave et qu'il fallait immédiatement s'employer à le combattre.

Kent reçut l'ordre de poursuivre l'ennemi par tous les moyens, et sans considération des sacrifices individuels que devraient consentir les membres de l'expédition.

Grosvenor, qui n'avait pas interféré avec le caractère de chaque individu, observa non sans amusement que Kent lui-même mettait une certaine répugnance à reconnaître qu'il fallait passer à l'action.

La grande bataille entre l'homme et son ennemi allait commencer.

28

L'Anabis s'étendait, immense et informe, à travers tout l'espace de la seconde galaxie. Des milliards de parties de son corps étaient animées de frémissements, très légers, cherchant automatiquement à se dérober aux radiations et à la chaleur destructrice de deux cents milliards de soleils étincelants. Mais l'Anabis ne relâchait pas sa pression sur les myriades de planètes, cherchant à assouvir sa faim inépuisable sur le quadrillion de points tremblants où mouraient les créatures dont elle tirait sa vie.

Ce n'était pas assez. L'effroyable certitude qu'elle était menacée de famine de façon imminente s'infiltrait jusqu'aux plus lointaines frontières de son corps. A travers les innombrables et infimes cellules de son organisme lui parvenaient des messages, de près et de loin, proclamant qu'il n'y avait pas assez de nourriture. Il y avait longtemps, maintenant, que toutes ses cellules avaient dû se restreindre.

Lentement, l'Anabis avait acquis la conviction qu'elle était soit trop grande... soit trop petite. Elle avait commis une erreur fatale en se laissant grandir avec une telle insouciance à l'aube de son existence. A ce moment, l'avenir semblait sans limites, et l'espace galactique où son corps pouvait sans cesse s'étendre, infini. L'Anabis s'était donc développée, avec cette joie orgueilleuse de l'organisme de basse naissance qui prend conscience de sa stupéfiante destinée.

Car elle était de basse naissance. Au commencement, elle n'était qu'un gaz émergeant d'un marais couvert de brume. C'était un gaz inodore, insipide, incolore et, pourtant, inexplicablement, c'était une combinaison dynamique. Et la vie fut là.

D'abord, ce ne fut qu'une bouffée de brume invisible. Ardemment, elle se déployait au-dessus des eaux bourbeuses qui lui avaient donné naissance, se tordant, plongeant, chassant sans cesse et avec une vivacité, un besoin croissant, s'évertuant à être présente quand quelque chose... n'importe quoi... était tué.

Car la mort des autres, c'était sa vie.

Elle ignorait que le processus grâce auquel elle survivait était l'un des plus complexes qui eussent jamais été engendrés en chimie naturelle. Ce qui l'intéressait, c'était l'excitation du plaisir, et non la connaissance. Quelle joie ne ressentait-elle pas lorsqu'elle pouvait fondre sur deux insectes qui se livraient une lutte à mort, les envelopper et attendre, tremblant dans le moindre de ses atomes gazeux, attendre que la force vitale du vaincu vînt se pulvériser contre ses propres éléments.

Une période indéfinie avait suivi, durant laquelle toute la vie de l'Anabis s'était bornée à cette chasse incessante en quête de nourriture. Son monde était un étroit marécage, un milieu gris et nuageux, dans lequel s'écoulait son existence satisfaite, active, idyllique, presque inintelligente. Mais, malgré le peu de soleil qu'elle recevait autour du marais, l'Anabis grandit imperceptiblement. Il lui fallut bientôt davantage de nourriture, plus que ne pouvaient lui en fournir des insectes mourants.

Ainsi se développèrent en elle des germes de ruse, des fragments de connaissance. Elle apprit à distinguer les insectes-chasseurs des insectes-proies. Elle apprit les heures pendant lesquelles chaque espèce chassait, les endroits où les créatures s'embusquaient.

Celles qui volaient étaient plus difficiles à surveiller, mais l'Anabis découvrit bien vite qu'elles avaient aussi leurs habitudes. Elle apprit à user de sa forme vaporeuse comme une brise pour diriger ses victimes sans soupçon vers leur destin. Elle trouva bientôt de quoi se nourrir en quantité suffisante, puis plus que suffisante. Elle grandit encore et, de nouveau, ressentit la faim. La nécessité lui apprit qu'il y avait de la vie au-delà du marais. Et, un jour, alors qu'elle s'était aventurée plus loin qu'elle ne l'avait jamais fait jusqu'alors, elle tomba sur deux gigantesques bêtes, couvertes d'armures, et qui se livraient une lutte impitoyable. L'excitation qu'elle ressentit lorsque la force vitale du vaincu se répandit en elle, la quantité d'énergie qu'elle en tira, lui procurèrent une extase que jamais encore elle n'avait éprouvée. En l'espace de quelques heures, et tandis que le vainqueur dévorait sa victime encore frémissante, l'Anabis grandit de cent millions de fois son volume.

Durant l'unique journée et la nuit qui suivirent, elle enveloppa toute la jungle environnante. Elle s'étendit par-dessus tous les océans, tous les continents et jusqu'aux lieux où les nuages éternels ne laissaient passer qu'une pure lumière solaire. Plus tard, quand vinrent les jours de l'intelligence, elle fut capable d'analyser ce qui s'était passé alors. Chaque fois qu'elle gagnait en masse, elle absorbait certains gaz de l'atmosphère environnante. Pour cela, il fallait deux agents, et pas seulement un. Il y avait la nourriture qu'il fallait trouver. Et il y avait l'action naturelle des rayons ultraviolets du soleil. Dans le marais, bien au-dessous des couches supérieures de cette atmosphère chargée de vapeur d'eau, seule une infime quantité des ondes courtes nécessaires lui était parvenue. Aussi les effets avaient-ils été de petite envergure, localisés et seulement à l'échelle planétaire.

En émergeant du brouillard, l'Anabis se trouva de plus en plus exposée à la lumière ultraviolette. L'expansion dynamique qui en résulta se poursuivit, sans marquer de ralentissement, pendant des siècles et des siècles. Le second jour, l'Anabis avait atteint la planète la plus proche. Puis, en peu de temps, elle s'étendit jusqu'aux limites de la galaxie et, machinalement, rechercha les soleils d'autres systèmes stellaires. Mais là, elle rencontra la défaite, car ces lieux lointains n'abandonnaient rien, semblait-il, à sa manière tâtonnante.

Elle acquit la connaissance comme elle avait acquis sa subsistance. Et, au début, elle crut que les pensées lui appartenaient en propre. Graduellement, elle se rendit compte que l'énergie électrique nerveuse qu'elle absorbait sur chaque scène de mort lui apportait la substance mentale à la fois d'un animal victorieux et d'un animal mourant. Pendant un temps, ce fut là son niveau de pensée. Elle apprit les ruses de plus d'un chasseur carnivore, et les tactiques d'évasion des pourchassés. Mais, de-ci, de-là, sur plusieurs planètes, elle prit contact avec un degré d'intelligence entièrement différent : elle rencontra des êtres qui savaient penser, des civilisations, la science.

D'eux elle apprit, parmi beaucoup d'autres choses, qu'en concentrant ses éléments elle pouvait faire des trous dans l'espace, passer à travers, et ressortir très loin de son point de départ. Elle apprit à transporter de la matière de cette façon. Elle commença tout naturellement à transformer des planètes en jungles, car c'était dans les mondes primitifs qu'elle trouvait le plus facilement la force vitale qui lui était nécessaire. Elle transporta de grandes tranches de jungles existantes à travers l'hyperespace. Elle projeta des planètes froides plus près de leurs soleils.

Ce n'était pas assez.

Les jours de sa puissance n'étaient, semblait-il, qu'un moment. Partout où elle se nourrissait, elle se développait. En dépit de son énorme intelligence, elle ne parvenait nulle part à établir un équilibre. Avec une horreur qui l'envahissait tout entière, elle se voyait condamnée dans un avenir mesurable.

L'arrivée de la fusée lui apporta de l'espoir. En se faisant dangereusement mince sur un point, elle suivrait la fusée jusqu'à l'endroit d'où elle venait. Ainsi commencerait une lutte désespérée pour survivre, en sautant de galaxie en galaxie, en s'étendant toujours davantage dans la nuit immense. Durant ces années, elle devait placer son espoir dans l'assurance qu'elle pourrait toujours transformer des planètes en jungles et que l'espace n'avait pas de fin...

Aux hommes, la nuit importait peu. *Le Fureteur* était ramassé sur une vaste surface de métal déchiqueté. La lumière sortait de tous les hublots. D'énormes projecteurs inondaient de lumière des rangées de machines qui perçaient d'immenses trous dans le monde de fer. Au début, on n'avait enfourné le fer que dans une seule machine qui sortait des torpilles à la vitesse de une par minute et les lançait immédiatement dans l'espace.

A l'aube, le lendemain matin, la machine elle-même commença à être fabriquée et des robots jetaient du fer dans toute nouvelle machine sortie. Bientôt, une centaine, dix milliers de machines produisirent les minces torpilles sombres. Celles-ci étaient projetées en nombre toujours croissant dans la nuit environnante, éparpillant de tous côtés leur substance radioactive. Ces torpilles déverseraient leurs atomes destructeurs pendant trente mille années encore. Elles étaient conçues pour rester dans le champ de gravitation de leur galaxie, mais sans jamais tomber sur une planète ou dans un soleil.

Tandis que montait à l'horizon l'aube rougeâtre du second matin, Pennons, ingénieur en chef, fit son rapport sur le communicateur général :

— Nous en produisons maintenant neuf mille à la seconde, et je crois que nous pouvons en toute tranquillité laisser les machines terminer le travail. J'ai fait placer un écran partiel autour de la planète pour éviter l'interférence. Encore une centaine de mondes de fer bien placés, et notre gros ami commencera à sentir des creux dans ses organes vitaux. Il est temps de nous mettre en route.

L'heure vint, des mois plus tard, où ils décidèrent que leur destination serait la nébuleuse NGC-50347. Lester, l'astronome, expliqua la raison de ce choix :

— La galaxie en question, dit-il tranquillement, est à neuf cents millions d'années-lumière d'ici. Si cet être gazeux nous y poursuit, il perdra sa stupéfiante substance dans une nuit qui n'a presque littéralement pas de fin.

Il se rassit, et Grosvenor, se levant, prit à son tour la parole :

— Je suis bien certain, dit-il, que nous savons tous que nous n'irons pas jusqu'à cette lointaine nébuleuse. Il nous faudrait des siècles, et peut-être des millénaires, pour l'atteindre. Tout ce que nous voulons, c'est amener l'ennemi à un endroit où il mourra de faim. Nous saurons qu'il nous suit si nous entendons les murmures de ses pensées. Et nous saurons qu'il est mort lorsque ces murmures auront cessé.

Et ce fut exactement ce qui arriva.

Le temps avait passé. Grosvenor entra dans l'auditorium de la section nexialiste et constata que sa classe s'était encore agrandie. Tous les sièges étaient occupés et l'on avait apporté des chaises des pièces voisines. Il commença sa conférence du soir :

— Les problèmes dont s'occupe le nexialisme sont des problèmes entiers. L'homme a divisé la vie et la matière en compartiments distincts d'être et de connaissance. Et bien que, parfois, il emploie des mots qui indiquent qu'il a conscience que la mesure est un tout, il continue à se comporter comme si cet univers unique et changeant se composait de diverses parties, chacune fonctionnant séparément. Les techniques dont nous parlerons ce soir...

Il fit une pause. Tandis qu'il parcourait des yeux son auditoire, son regard s'était soudain arrêté tout au fond de la salle sur un visage familier. Après un moment d'hésitation, il poursuivit :

— ... vous montreront comment on peut surmonter cette disparité entre la réalité et le comportement de l'homme.

Il entreprit d'exposer ces techniques. Dans le fond de la salle, Gregory Kent prenait ses premières notes sur la science du nexialisme.

Et, avec ses quelques êtres civilisés à bord, *Le Fureteur* poursuivait, à une vitesse toujours croissante, son voyage à travers une nuit qui n'avait pas de fin.

Et pas de commencement.

Science-fiction

Depuis 1970, cette collection est leader du genre en France. Elle a publié la plupart des grands classiques (Asimov, Van Vogt, Clarke, Dick, Vance, Simak) mais elle a aussi révélé de nombreux jeunes auteurs qui seront les écrivains de premier plan de demain (Tim Powers, Joan D. Vinge, Tanith Lee, Scott Baker, etc.). La S-F est reconnue aujourd'hui comme littérature à part entière, étudiée dans les écoles et les universités. Elle est véritablement la littérature de notre temps.

ANDERSON Poul	**La patrouille du temps** 1409***
ANDREVON Jean-Pierre	**Cauchemar... cauchemars !** 1281**
ASIMOV Isaac	**Les cavernes d'acier** 404***
	Les robots 453***
	Tyrann 484***
	Un défilé de robots 542***
	La voie martienne 870***
	Les robots de l'aube 1602*** & 1603***
	Le voyage fantastique 1635***
	Les robots et l'empire 1996**** & 1997****
	Espace vital 2055***
	Asimov parallèle 2277****
BAKER Scott	**Kyborash** 1532****
BELFIORE Robert	**La huitième vie du chat** 2278***
BLISH James	**Semailles humaines** 752**
BOGDANOFF Igor & Grishka	**La machine fantôme** 1921***
BRIN David	**Marée stellaire** 1981*****
	Le facteur 2261*****
BRUNNER John	**Tous à Zanzibar** 1104**** & 1105****
	Le troupeau aveugle 1233*** & 1234***
CHAYEFSKY Paddy	**Au-delà du réel** 1232***
CHERRYH C.J.	**L'épopée de Chanur** 2104***
	Choc en retour 2289**** (déc.87)
CLARKE Arthur C.	**2001- l'odyssée de l'espace** 349**
	2010- Odyssée deux 1721***
	Avant l'eden 830***
	Les fontaines du paradis 1304***
	Chants de la Terre lointaine 2262****
CURVAL Philippe	**Le ressac de l'espace** 595***
DEMUTH Michel	**Les galaxiales - La Terre en ruine** 996***

DICK Philip K.	Dr Bloodmoney 563 ***
	Simulacres 594 ***
	A rebrousse-temps 613 ***
	Ubik 633 ***
	L'homme doré 1291 ***
	Blade Runner 1768 ***
DONALDSON Stephen	Les Chroniques de Thomas l'Incrédule 2232 ****
DUVIC Patrice	Terminus 2122 **
FARMER Philip José	Des rapports étranges 712 ***
	Le noir dessein 2074 ******
	Le labyrinthe magique 2088 ******
FOSTER Alan Dean	Alien 1115 ***
	Aliens 2105 ****
FRÉMION Yves	Rêves de sable, châteaux de sang 2054 ***
GALOUYE Daniel F.	Simulacron 3 778 **
HAMILTON Edmond	Le retour aux étoiles 490 ***
HEINLEIN Robert A.	Double étoile 589 **
	Vendredi 1782 ****
	Job : une comédie de justice 2135 *****
	Le chat passe-muraille 2248 ******
HOWARD Robert E.	Conan le vagabond 1935 ***
	Conan l'usurpateur 2224 ***
JEURY Michel	La croix et la lionne 2035 ***
JONES Raymond F.	Renaissance 957 ****
KEYES Daniel	Des fleurs pour Algernon 427 ***
KLEIN Gérard	La saga d'Argyre :
	- Le rêve des forêts 2164 ***
	- Les voiliers du soleil 2247 **
LEE Tanith	La déesse voilée 1690 ****
	La quête de la Sorcière Blanche 2042 ****
	Tuer les morts 2194 ***
LEINSTER Murray	La planète oubliée 1184 **
LÉOURIER Christian	L'homme qui tua l'hiver 1946 **
	Mille fois mille fleuves... 2223 **
LEVIN Ira	Un bébé pour Rosemary 342 ***
	Un bonheur insoutenable 434 ***
LOVECRAFT Howard P.	L'affaire Charles Dexter Ward 410 **
McINTYRE Vonda N.	Le serpent du rêve 1666 ****
MERRITT Abraham	La nef d'Ishtar 574 ***
	Le gouffre de la lune 618 ****
MOORE Catherine L.	Shambleau 415 ***
	Jirel de Joiry 533 ***

POHL Frederik	La Grande Porte 1691 ★★★★
	Les pilotes de la Grande Porte 1814 ★★★★
	Rendez-vous à la Grande Porte 2087 ★★★★
	Casse-tête chinois 2151 ★★★★
POWERS Tim	Les voies d'Anubis 2011 ★★★★★
RAY Jean	Malpertuis 1677 ★★
RAYER Francis G.	Le lendemain de la machine 424 ★★★
ROBINSON Kim Stanley	Le rivage oublié 2075 ★★★★★
	La mémoire de la lumière 2134 ★★★★
RODDENBERRY Gene	Star Trek 1071 ★★
SHECKLEY Robert	Le robot qui me ressemblait 2193 ★★★
SILVERBERG Robert	Les monades urbaines 997 ★★★
	Le château de Lord Valentin 1905 ★★★★ & 1906 ★★★★
	Shadrak dans la fournaise 2119 ★★★★
SIMAK Clifford D.	Demain les chiens 373 ★★★
	Une chasse dangereuse 903 ★★★★
	Mastodonia 956 ★★★
SPIELBERG Steven	Rencontres du troisième type 947 ★★
SPIELBERG & KOTZWINKLE	E.T. l'extra-terrestre 1378 ★★★
	E.T. La planète verte 1980 ★★★
STEINER Kurt	Le disque rayé 657 ★★
STURGEON Theodore	Les plus qu'humains 355 ★★★
	Cristal qui songe 369 ★★★
THOMPSON Joyce	Les enfants de l'atome 2180 ★★★
VANCE Jack	Cugel l'astucieux 707 ★★
	Cycle de Tchaï :
	1- Le Chasch 721 ★★★
	2- Le Wankh 722 ★★★
	3- Le Dirdir 723 ★★★
	4- Le Pnume 724 ★★★
	Cugel saga 1665 ★★★★
	Rhialto le Merveilleux 1890 ★★★
VAN VOGT A.E.	Le monde des Ā 362 ★★★
	Les joueurs du Ā 397 ★★★
	La fin du Ā 1601 ★★★
	A la poursuite des Slans 381 ★★
	La faune de l'espace 392 ★★★
	L'empire de l'atome 418 ★★★
	Le sorcier de Linn 419 ★★★
	Les armureries d'Isher 439 ★★★
	Les fabricants d'armes 440 ★★★

VAN VOGT A.E. (suite)	***La guerre contre le Rull***	*475* ★★★
	Créateurs d'univers	*529* ★★★
	L'homme multiplié	*659* ★★
	Le colosse anarchique	*1172* ★★★
	À la conquête de Kiber	*1813* ★★
	Au-delà du village enchanté	*2150* ★★★★
VINGE Joan D.	***La Reine des Neiges***	*1707* ★★★★★
	Finismonde	*1863* ★★★
	Mad Max au-delà du dôme du tonnerre	*1864* ★★★
WALTHER Daniel	***L'Epouvante***	*976* ★★
WILLIAMS Paul O.	***Jestak***	*1878* ★★★
	Le cercle inachevé	*1920* ★★★
WINTREBERT Joëlle	***Les maîtres-feu***	*1408* ★★★
	Chromoville	*1576* ★★★

Univers présente chaque année les aspects les plus fascinants de la SF contemporaine :

Univers 1986 *2012* ★★★★ *inédit*
Univers 1987 *2165* ★★★★ *inédit*

Romans policiers

On a trop longtemps cru en France qu'il n'existait que deux sortes de romans policiers : les énigmes classiques où l'on se réunit autour d'une tasse de thé pour désigner le coupable, ou les romans noirs où le sexe et le sang le disputent à la violence. Des auteurs tels que Boileau-Narcejac, Ellery Queen, Ross Macdonald, Demouzon démontrent qu'il existe une troisième voie, la plus féconde, où le roman policier est à la foie œuvre littéraire et intrigue savamment menée.

ARNOLD Alan	**Le secret de la pyramide** 1945 ***
BAYER William	**Une tête pour une autre** 2085 ****
BOILEAU-NARCEJAC	**Les victimes** 1429 **
	Usurpation d'identité 1513 ****
BUCHAN John	**Les 39 marches** 1862 **
DEMOUZON Alain	**Adieu, La Jolla** 1207 ***
	Quidam 1587 ***
	La pêche au vif 1779 ***
	Château-des-Rentiers 2178 **
FALK Franz Rudolf	**On a tué pendant l'escale (Le paltoquet)** 1647 ***
FRANCIS Dick	**Le banquier** 2149 ****
FULLER Samuel	**La grande mêlée** 2118 ***
GARDNER Erle Stanley	**La vierge vagabonde** 1780 ***
	L'avocat du diable 2073 ***
	La prudente pin-up 2222 ***
IMBROHORIS Jean-Pierre	**La trajectoire** 1934 ****
	Toska 2245 ***
LEBRUN Michel	**Caveau de famille** 2033 **
LEONARD Elmore	**Stick** 1888 ***
LOTTMAN Eileen	**Le lendemain du crime** 2199 **
McBAIN Ed	**Pour des haricots** 1875 ***
	Blanche Neige et Rose Rouge 2072 ***
	Lightning 2177 ***
MCDONALD Gregory	**Fletch** 1705 ***
	Le culot de Fletch 1812 ***
	Fletch et les femmes mortes 1903 ***
	Fletch à Rio 2010 ***
	Fletch joue et gagne 2288 *** (déc.87)

MACDONALD Ross	Le frisson 1573 ***
	La face obscure du dollar 1687 ****
	La côte barbare 1823 ***
	A chacun sa mort 1959 ***
	La grimace d'ivoire 2034 ***
	Cadavre en eau douce 2133 ***
	Il est passé par ici 2246 ***
NORST Joel	L'arme fatale 2231 ****
PÉRISSET Maurice	Périls en la demeure 2221 **
QUEEN Ellery	La ville maudite 1445 ***
	Le roi est mort 1766 ***
	Le mot de la fin 1797 ***
	Un bel endroit privé 1811 ***
	Le quatre de coeur 1876 ***
	Le mystèrieux Monsieur X 1918 ***
	L'arche de Noé 1978 ***
	La dernière femme de sa vie 2052 ***
	Le mystère du théâtre romain 2103 ***
	Les dents du dragon 2148 ***
	La maison aux étrangers 2192 ***
	Les quatre côtés du triangle 2276 ***
QUENTIN Patrick	Puzzle pour fous 1994 ***
	Puzzle pour acteurs 2260 *** (oct.87)
SADOUL Jacques	L'héritage Greenwood 1529 ***
	La chute de la maison Spencer 1614 ***
SAYERS Dorothy L.	Le mort de la falaise 1889 ****
	Noces de crime 1995 ****
SPILLANE Mickey	En quatrième vitesse 1798 ***
THOMAS Louis C.	Manie de la persécution 2009 **
VILAR Jean-François	Passage des singes 1824 ***
	État d'urgence 2163 ***

Cinéma et TV

De nombreux romans publiés par J'ai lu ont été portés à l'écran ou à la TV. Leurs auteurs ne sont pas toujours très connus ; voici donc, dans l'ordre alphabétique, les titres de ces ouvrages :

A la poursuite du diamant vert 1667*** Joan Wilder
Alien 1115*** Alan Dean Foster
Aliens 2105**** Alan Dean Foster
Angélique, marquise des anges
L'ami Maupassant 2047** Guy de Maupassant
L'année dernière à Marienbad 546** Alain Robbe-Grillet
L'Australienne 1969**** & 1970**** Nancy Cato
Blade Runner 1768*** Philip K. Dick
Bleu comme l'enfer 1971**** Philippe Djian
La brute 47*** Guy des Cars
Cabaret (Adieu à Berlin) 1213*** Christopher Isherwood
Carrie 835*** Stephen King
Châteauvallon
1856****, 1936**** & 2140**** Eliane Roche
Christine 1866**** Stephen King
La couleur pourpre 2123*** Alice Walker
Coulisses 2108***** Alix Mahieux
Cujo 1590**** Stephen King
Dallas 1387**** & 1550**** Burt Hirschfeld
Des fleurs pour Algernon 427*** Daniel Keyes
2001 - l'odyssée de l'espace 349** Arthur C. Clarke
2010 - Odyssée deux 1721*** Arthur C. Clarke
Le diamant du Nil 1803*** Joan Wilder
Dynasty 1697** & 1894*** Eileen Lottman
E.T. l'extra-terrestre 1378*** Spielberg/Kotzwinkle
E.T. la planète verte 1980*** Spielberg/Kotzwinkle
L'exorciste 630**** William Peter Blatty
Les exploits d'un jeune don Juan 875* Guillaume Apollinaire
Le faiseur de morts 2063*** Guy des Cars
Fanny Hill 711*** John Cleland
Fletch 1705*** Gregory Mcdonald
Le Gerfaut 2206****** & 2207****** Juliette Benzoni
Isaura 2200** Bernardo Guimaraes
Jonathan Livingston le goéland 1562* illustré Richard Bach

Joy 1467 ★★ & **Joy et Joan** 1703 ★★	Joy Laurey
Kramer contre Kramer 1044 ★★★	Avery Corman
Le lendemain du crime 2199 ★★	Eileen Lottman
L'arme fatale 2231 ★★★★	Joel Norst
Love story 412 ★ & **Oliver's story** 1059 ★★	Erich Segal
Mad Max au-delà du dôme du tonnerre 1864 ★★★	Joan D. Vinge
Michigan Mélodie 1289 ★★	Jacqueline Monsigny
9 semaines 1/2 2259 ★★	Elizabeth McNeill
Mission 2092 ★★★	Robert Bolt
Les oiseaux se cachent pour mourir 1021 ★★★★ & 1022 ★★★★	Colleen McCullough
Orphée 2172 ★★	Jean Cocteau
Le paltoquet (On a tué pendant l'escale) 1647 ★★★	F.-R. Falk
Pavillons lointains 1307 ★★★★ & 1308 ★★★★	M.M. Kaye
La petite boutique des horreurs 2202 ★★★ illustré	R. & L. Egan
Platoon 2201 ★★★	Dale A. Dyle
Police 2021 ★★★	Catherine Breillat
Poltergeist I 1394 ★★★	James Khan
Poltergeist II 2091 ★★	James Khan
Racines 968 ★★★★ & 969 ★★★★	Alex Haley
Rencontres du troisième type 947 ★★	Steven Spielberg
Rosemary's baby 342 ★★★	Ira Levin
Sauve-toi, Lola ! 1678 ★★★★	Ania Francos
Le secret de la pyramide 1945 ★★★	Alan Arnold
Le secret de mon succès 2216 ★★★	Martin Owens
Shining 1197 ★★★★	Stephen King
Star Trek 1071 ★★	Gene Roddenberry
Terminus 2122 ★★	Patrice Duvic
Thérèse Humbert 1838 ★★	Laurence Oriol
37°2 le matin 1951 ★★★★	Philippe Djian
Les 39 marches 1862 ★★	John Buchan
Tropique du crabe 2198 ★★★	André Rossfelder
Un mari c'est un mari 823 ★★	Frédérique Hébrard
Vas-y maman 1031 ★★	Nicole de Buron

J'ai lu BD

La bande dessinée est aujourd'hui admise partout. On l'enseigne même à la Sorbonne. La série J'ai lu BD est la première collection de poche consacrée à ce genre. Elle réédite les bandes dessinées françaises et étrangères les plus célèbres. Les dessins ne sont pas ou peu réduits mais remontés au format ; ainsi un album de 48 pages donne 160 pages dans J'ai lu, et le papier est d'une qualité supérieure afin de permettre la reproduction des couleurs. J'ai lu BD est le panorama de la bande dessinée d'aujourd'hui.

ABULI, TOTH, BERNET	**Torpedo-1** BD25 (2★)
AUTHEMAN	**Vic Valence-1** BD41 (4★ c., nov. 87, Alfred 87)
BARBE	**Cinémas et autres choses** BD30 (2★)
BEAUNEZ	**Mes partouzes** BD24 (3★)
BINET	**Les Bidochon-1** BD4 (3★)
	Kador-1 BD27 (3★)
BOUCQ	**Les pionniers de l'aventure humaine** BD34 (6★ couleur, sept 87)
BRETÉCHER	**Les Gnangnan** BD5 (2★)
BRUNEL	**Pastiches-1** BD46 (5★ couleur, déc. 87)
COMÈS	**Silence** BD12 (5★)
DERMAUT & BARDET	**Les chemins de Malefosse-1** BD19 (5★ couleur)
ÉDIKA	**Débiloff profondicoum** BD38 (3★, oct. 87)
FRANQUIN	**Idées noires** BD1 (3★)
	Gaston-1/Gala de gaffes BD17 (3★ couleur)
	Gaston-2/Gaffes à gogo BD39 (3★ c., nov. 87)
GIARDINO	**Sam Pezzo-1** BD15 (3★)
GOTLIB	**Pervers Pépère** BD8 (3★)
	Rhââ Lovely-1 BD21 (3★)
(avec LOB & ALEXIS)	**Superdupont** BD33 (3★, sept. 87)
	Gai-Luron-1 BD43 (3★, déc. 87)
LAUZIER	**Zizi et Peter Panpan** BD23 (5★ couleur)
LELONG	**Carmen Cru-1** BD14 (3★)
LELOUP	**Yoko Tsuno** BD37 (5★ couleur, oct. 87)
LIBERATORE	**RanXerox à New York** BD3 (5★ couleur)
MALLET	**Les petits hommes verts** BD44 (4★ c., déc. 87)
MANARA	**HP et Giuseppe Bergman** BD20 (5★)
	Le déclic BD31 (4★, sept. 87)
MORCHOISNE, MULATIER, RICORD	**Ces Grandes Gueules...** BD16 (4★ c.)

MORDILLO	***Les meilleurs dessins d'Opus*** *BD10 (4★ couleur)*
PÉTILLON	***Mr Palmer et Dr Supermarketstein*** *BD13 (5★ c.)*
PRATT	***La ballade de la mer salée*** *BD11 (6★)*
QUINO	***Mafalda-1*** *BD2 (4★ couleur)*
ROSINSKI & VAN HAMME	***Thorgal-1*** *BD29 (5★ couleur)*
SEGRELLES	***Le mercenaire-1*** *BD32 (4★ couleur, sept.87)*
SERRE	***Les meilleurs dessins*** *BD6 (5★ couleur)*
	Humour noir *BD35 (5★ couleur, oct. 87)*
SERVAIS & DEWAMME	***Tendre Violette*** *BD42 (5★, nov. 87)*
SOKAL	***Canardo-1*** *BD26 (5★ couleur)*
TABARY	***L'enfance d'Iznogoud*** *BD9 (5★ couleur)*
TARDI	***Adèle et la Bête*** *BD18 (4★ couleur)*
	Brouillard au pont de Tolbiac *BD36 (4★, oct. 87)*
TILLIEUX	***Gil Jourdan/Libellule s'évade*** *BD28 (4★ couleur)*
VAN DEN BOOGAARD	***Léon-la-Terreur*** *BD45 (5★ couleur, déc. 87)*
VEYRON	***L'amour propre*** *BD7 (5★ couleur)*
WALTHÉRY & GOS	***Natacha, hôtesse de l'air*** *BD22 (4★ couleur)*
WEYLAND	***Aria-1/La fugue d'Aria*** *BD40 (5★ c., nov. 87)*

392
★★★

Impression Brodard et Taupin à La Flèche (Sarthe)
le 7 décembre 1987
1283-5 Dépôt légal décembre 1987. ISBN 2-277-12392-7
1er dépôt légal dans la collection : avril 1976
Imprimé en France

Editions J'ai lu
27, rue Cassette, 75006 Paris
diffusion France et étranger : Flammarion